청명제(清明祭).
귀갑묘(龜甲墓) 앞에서 일족의 선조에게 제사를 올리고 있다.
오키나와(沖繩) 요미탄촌(讀谷村).

기지(基地) 안에 있는 조상의 묘. 청명제 때는 자유롭게 드나들 수 있다.

묘 앞에 일가족이 모여 잔치를 연다.

악귀를 쫓는 돌 비석 '석감당(石敢當)'. 쓰보야(壺屋)에서

나하(那覇) 정원에서 딴 파파야로 절임음식을 만든다.

나하 마키시(牧志) 공설시장에서

나하 사쿠라자카(櫻坂)의 한 주점에서. 미야코(宮古) 출신의 여성.

나하 마키시 공설시장에서

나하 사쿠라자카의 환락가

슈리죠(首里城) 성터

구메지마(久米島)에서

바다의 아시아

5

국경을 넘는 네트워크

Vol. 5 UMI NO AJIA 5, EKKYO SURU NETWORK

edited by : Kei'ichi Omoto, Takeshi Hamashita, Yoshinori Murai and Hikoichi Yajima
Copyright ⓒ 2001 by Iwanami Shoten, Publishers
First published in Japanese in 2001 by Iwanami Shoten, Publishers, Tokyo.
This Korea edition published by Darimedia
by arrangement with the authors c/o Iwanami Shoten, Publishers, Tokyo.
through BookCosmos Agency, Seoul.

이 책의 한국어판 저작권은 BOOKCOSMOS.COM을 통한
저작권자와의 독점 계약으로 다리미디어에 있습니다.
신저작권법에 의해 한국 내에서 보호를 받는 저작물이므로
무단 전재와 복제를 금합니다.

바다의 아시아 5

국경을 넘는 네트워크

엮은이 | 오모토 케이이치(尾本惠市)
하마시타 다케시(濱下武志)
무라이 요시노리(村井吉敬)
야지마 히코이치(家島彦一)
옮긴이 | 김정환
감 수 | 김웅서 박사

다리미디어

바다의 아시아 5_ 국경을 넘는 네트워크

엮은이 오모토 케이이치 외
옮긴이 김정환
펴낸이 조은경

펴낸곳 다리미디어

2005년 12월 20일 초판 1쇄 인쇄
2005년 12월 24일 초판 1쇄 발행

등록번호 제 406-2004-000008 호

주소 413-832 경기도 파주시 교하읍 문발리 520-4 파주출판도시
전화 031 955 0508(대표) 팩스 031 955 0509

http://www.darimedia.com
E-mail : darimedia@hitel.net

ⓒ 오모토 케이이치 외, 2005

＊ 잘못된 책은 교환해 드립니다.
정가 18,000원

ISBN 89-88556-87-9 03900
ISBN 89-88556-82-8 (세트)

'바다'를 통해 본 아시아론(論)에 대해

하마시타 다케시 濱下武志

국경을 넘나드는 네트워크

우리는 영해(領海)란 표현은 자주 써도 경해(境海)란 표현은 잘 쓰지 않는다. 또 향토(鄕土)라는 말은 쓰지만 향해(鄕海)란 말은 잘 쓰지 않는다. 아니, 쓴다 하더라도 어쩐지 평소에 생각하던 바다의 이미지와 상당한 차이가 있는 것 같다. 바다는 지금까지 육지에 속한 곳, 또는 육지를 연결하는 수단으로 취급돼 왔다. 하지만《바다의 아시아》는 이러한 인식을 뒤집고자 한다. 예컨대, 바다를 둘러싼 아시아 상(像) 혹은 바다에 바탕을 둔 아시아 상(像)이란 무엇인가 하는 의문을 제기한다. 또한 지금까지 바다가 문화와 문명론, 나아가 인간의 사상 속에서 어떻게 논의되어 왔는가를 되짚어 보고자 한다.

와쓰지 데쓰로(和辻哲郞)의《풍토(風土)》(우리나라에서는《풍토와 인간》이란 제목으로 출판됐다-역주)는 인간의 생존 조건 중 하나로 기후를 이야기한다. 하지만 무엇보다도 중요한 바다를 그 '생존 조건' 안에 포함시키지는 않았다. 또한 우메사오 다다오(梅棹忠夫)의《문명의 생태사관(生態史觀)》은 내륙의 건조지대 이야기를 다루면서 바다에 대해서는 거론하지 않았다. 그 이유는 바다는 그저 바다일 뿐이지 육지처럼 지역적 특성에 따라 문화권 혹은 문명권으로 나눌 수는 없다고 생각했기 때문이다. 즉, 바다 자체가 본래 어떠한 경계선으로 나뉘어 있지 않기 때문에 그런 바다에 인위적으로 경계선을 긋는 문명론은 바다에 적용할 수 없다고 생각했던 것이다. 이것은 '인간 삶의 터전'인 바다가 아니라 오직 '자연(自然)'이라는 개념으로만 바다를 이해해 왔기 때문이다. 그러나 역사적으로 봤을 때, 바다는 인간의 바다, 인간이 사는 바다였지 바다 그 자체로는 의미가 없다.

오늘날 세계화와 지역화가 동시에 벌어지고 있는 이유를 해명하기 위해서는 19세기 이후 형성된 인문·사회과학의 분석적이고 대비적인 관점보다는 바다가 지닌 종합적이고 융합적인 관점이 더 도움이 될 것이다. 왜냐하면 현대 사회가 직면한 자원, 환경, 에너지, 인구, 식량 등의 문제가 모두 바다와 직결돼 있기 때문이다.

바다를 둘러싼 유교(儒敎)와 국가

지금까지 바다와 육지는 서로 대립적인 존재로 논의되었다.

어디 그뿐인가? 민족이나 국가, 또는 문화로 경계를 지어 바다를 의식적으로 무시하려고 하는 역사적 동기가 존재해 왔다고 할 수 있다. 국가 측면에서 표현한 '쇄국(鎖國)'과 '해금(海禁. 바다 밖으로 나가지 못하게 함-역주)', 그리고 이와 대비되는 '개국(開國)'과 전해(展海. 바다로 나아감-역주)라는 해석 방법이 그 대표적인 예다. 아시아의 바다에는 이념적·사상적으로 분단되었다는 생각이 작용되고 있었음을 먼저 떠올려야만 한다. 그것은 동아시아에 존재하는 유교, 민족, 국가주의의 사상적 복합 구조가 만들어 낸 결과였다.

이제 '유교와 바다'에 대해, 류큐학(琉球學. 17세기까지 오키나와에 존재했던 류큐 왕국을 연구하는 학문-역주)의 아버지라 불리는 이하 후유(伊波普猷)가 쓴 《고류큐(古琉球)》(1912년 초판)에 실린 '삼조문답(三鳥問答) – 백 년 전 류큐 유생(儒生)의 농촌관'을 살펴보자. 이 이야기를 쓴 마쓰나가 페친(松永親雲上)은 1798년 류큐 왕부에서 관생(官生. 류큐에서 중국으로 건너간 관비(官費) 유학생) 소동이 일어났을 때 나하(那覇)의 구메촌(久米村)에서 300킬로미터 가까이 떨어진 구메 섬(久米島)으로 흘러 들어간 유학자다. 그는 그곳에서 '삼조문답' 1편(篇)의 초고를 쓰면서 까마귀, 백로, 매를 등장시켜 당시의 정치 실정을 풍자했다.

구메 섬 구시카와 촌(具志川村)의 지방 공무원 사무소 서남쪽에 기미다케(君嶽)라는 언덕이 있다. 바다 한가운데 솟아나 있고 그

위에 초목이 무성하기 때문에 사람들은 이 언덕을 영산(靈山)이라 받들었으며 누구 하나 그 안으로 들어가는 이가 없었다. 밤이 되면 이 언덕에는 섬에 사는 새들이 모여든다. 새들이 모이기에는 더없이 훌륭한 곳이다. 그런데 이곳에서 오랫동안 함께 살아온 까마귀, 백로, 매가 어느 달 밝은 밤에 달구경을 하게 됐다.

(중략)

까마귀 그럼, 이 섬의 영고성쇠(榮枯盛衰)에 대해 한 번 이야기해 볼까? "세 명이 길을 걸으면 반드시 배울 것이 있다"라는 성현의 가르침도 있으니, 우리 세 마리가 나누는 문답에도 어느 정도 옳은 소리가 있다고 할 수 있겠지. 백로는 논에서 사니까 논에 관한 일을 잘 알고 있을 테고, 매는 들을 날아다니니까 밭에 관한 일을 잘 알겠지. 나는 촌락을 떠돌고 있기 때문에 인가(人家)에 관해선 모르는 일이 없어. 자, 그럼 예전부터 지금까지 일어났던 영고성쇠 이야기를 해보자.(중략)

까마귀 요즘은 농사가 잘 되지 않아 제때 세금을 못 낸 이들이 많아졌어. 그런 사람들은 관청에 불려가 혼이 나기도 하고 심한 경우엔 채찍질을 당하기도 해. 상전을 모시는 일도 옛날보다 몇 배나 많아져 아주 자질구레한 일을 처리할 짬조차 나지 않아, 몸도 쇠약해져서 논밭에 나가 일을 할 수가 없지. 40세까지의 여인네들은 새벽 한 두시까지 포옥(布屋)에서 베를 짜고, 나이가 더 많은 부인들은 베 짜는 이들의 밥을 짓느라 눈코 뜰 새 없이 바쁘지. 그러다 다들 집에 돌아오면 머리를 맞대고 이것은 어떻게 처리할까, 저것은 어떻게 할까 고민하며 한숨을 쉬니 차마 눈뜨고 볼 수가 없단다.

백로, 매 (이구동성으로) 그렇게까지 앞날이 막막하단 말이야? 태평한 시대에 어떻게 이렇듯 비참한 처지에 놓이게 됐을까? (눈물을 흘린다)

까마귀 (두 마리 새에게) 만약 너희들이 이런 곳의 담당 관리가 된다면 어떻게 정치를 하겠니?

백로 제일 먼저 논부터 손질해야지. 그렇게 하면 농사가 잘 될 테니 여유가 생겨 저절로 체납자가 사라질 거야.

매 아니, 논은 일 년에 한 번밖에 경작하지 않잖아. 풍작으로 여유가 생겼다고 해서 밭농사를 소홀히 하면 일년 내내 먹을 식량이 부족해지겠지. 그럼 또다시 고통 받게 될 거야. 나는 가장 먼저 집을 정리해 소나 말, 돼지를 키우게 할 거야. 그리고 여기서 나오는 비료를 논밭에 뿌려 논과 밭이 모두 풍작을 이루게 할 거야. 난 그렇게 구제하고 싶어. (두 마리의 새가 서로 먼저 말하려고 하는 바람에 제법 소란스러워진다)

까마귀 (짐짓 생각이 깊은 듯) 지금 나온 말들은 모두 아전인수(我田引水. 자기 논에 물 대기라는 뜻으로, 자기에게만 이롭게 되도록 생각하거나 행동함을 이르는 말-역주) 격인 의논이야. 어쨌든 개인적인 생각은 버리고 공평하게 의논해 보자. 우리 셋의 주장은 모두 중요하기 때문에 어느 하나라도 그냥 지나쳐서는 안 돼. 나는 모든 주장이 타당하다고 보기 때문에 이 논의를 계속 진행시키고 있는 거라고. 집을 정리하려면 우선 조세(租稅) 처리를 서둘러야 하고, 가능한 한 공역(公役)을 줄여야 하고, 또 일하는 시간을 늘려 농사에 힘을 기울이도록 하는 것이 좋아. 눈앞의 이익만 생각해서 소나 말 따위가 다 자랐다고 도나키섬(渡名喜島) 사람들에게 파는 행위도 엄격히 금지해야 하고, 가축이 충분히 자라면 더 번식시키는 방법도 생각해 보고 싶어.

여기에는 남자는 농사를 짓고 여자는 베 짜는 일을 하는 농촌의 모습과 토지를 지키며 납세에 충실한 유교적인 가족 모습이 나와 있다. 흥미로운 사실은 삼조(三鳥)가 바다와 밀접한 류큐에 있으면서도 '바다'에 대해서는 한 마디도 언급하지 않았다는 점이다. 바다를 제외한 생업과 사회규범을 다루고 있을 뿐이다. 동시에 당시 해역에 바탕을 두고 조공(朝貢) 무역으로 재정을 운용하고 있던 류큐 왕부를 비판한 농본주의적 입국론(立國論)이 나와 있다.

이 '삼조문답'은 메이지(明治) 시대 초기에 문명을 논한 나카에 쵸민(中江兆民)의 《삼취인경륜문답(三醉人經綸問答)》(1887)(술에 취한 세 사람이 각기 다른 입장에서 메이지유신 후 근대화 정책을 강력하게 추진하던 19세기 후반의 일본 사회 진로에 대해 대화를 나누는 책-역주)을 상기시킨다. 이 책에는 서양을 대표하는 '양학신사(洋學紳士)'가 시론(時論)을 계몽해야 한다고 주장하고 있다. 또한 일본과 국학(國學)을 대표하는 '조금 시대에 뒤처진 호걸군(豪傑君)', 아시아와 중국을 가리키는 '남해 선생(南海先生)'과 '한학 선생(漢學先生)'이 등장한다. (이상주의적 평화주의자인 양학신사(洋學紳士)는 절대적 평화론을 주장하면서 만일 군사력의 완전 철폐로 인한 군사력의 공백을 틈타 외적이 침략해 와도 "이쪽이 몸에 조금의 쇠 덩어리도 지니지 않고 한 발의 총알도 지니지 않고 예의 바르게 받아들인다면 그들은 어떻게 할까요? 칼을 휘둘러 바람을 가르면 칼날이 아무리 날카롭다고 해도 바람을 어떻게 할 수는 없겠지요. 우리들은 바람이 되지 않겠습니까?"라고 말한다. 다시 말하면 '영토가 좁고 인구가 적은 나라의 경우는 '도의'로 자신을 지켜야 한다고 역설한다. 이에 대해 일본 전통의상을 애용하는 국가주의자 호걸(豪傑)은 사람에게 피할 수 없는 악(惡)의 요소가 있듯이 나라에게도 피할 수 없는 전쟁 곧 '나라의 분노'가 있다고 말한다. 따라서 나라 간의 다툼을 피하는 것은 겁쟁이일 뿐이며 오히려 전쟁을 통해 나라는 경제적으로도 강성해질 수 있다고 말한다. 이에 대해 현실주의자로 등장하는 남해 선생은 외교방침은 평화우호를 원칙으로 하되 무력을 사용하지 않고, 언론, 출판 등에 대한 정부의 개입을 점차 완화해 교육이나 상공업을 점차 번성시켜야 한다고 말한다.-2001년 7월 23일자 〈시민의 신문〉에서-역주)

이 글에서는 바다를 '서양(西洋)'과 '양학(洋學)'으로 표현하고 있는데 이 말은 근대, 국가, 혹은 민주주의를 암시하고 있다. 그러나 앞서 언급한 '삼조문답'과 마찬가지로 나카에 쵸민의 근대국가관 역시 바다를 무시하고 있다. 아니, 오히려 바다를 핑계로 육지와 영역을 논의했다고 말할 수 있다. 동시에 남해 선생의 '남해'라는 말을 남해(南海)에서 남양(南洋)으로 뻗어 나가려는 대륙 중국의 '남중국해'라는 표현에서 따왔다는 것이 눈길을 끈다.

홍길동이라는 소설

월경(越境)이란 자신이 속해 있는 영역에서 벗어나려고 하는 힘이다. 사실 황해를 둘러싸고 있는 역사, 전승, 구전, 바람, 꿈은 개별적인 귀속감의 표현 이상으로 많았다. 특히 이동을 금지한 유교의 모국(母國)을 자처해 왔던 한국의 역사론 속에서 극히 많은 해유록(海遊錄)과 표해록(漂海錄), 해양문학, 해양 전설이 존재한다는 사실은 눈길을 끈다. 한 예로 서울 연세대학교 설성경 교수의 홍길동 분석을 살펴보자. 홍길동은 조선왕조 중기의 의로운 지사(志士)이며, 류큐에 건너온 사람으로 구전되는 역사와 소설 속의 인물이다.

홍길동, 그는 분명 조선시대에 실존했던 인물이며 《조선왕조실록(朝鮮王朝實錄)》에도 그의 이름이 기록돼 있다. 그럼에도 그를 실존인물로 간주하는 사람이 있는가 하면, 단지 소설 속 등장인물로만 보는 사람도 있다.

그를 실존인물로 보는 사람들이 내세우는 근거는 《조선왕조실록》이다. 실록에는 홍길동이 연산군 6년(1500년)에 의금부에 체포됐다는 기록이 남아 있다. 이 기록이 사실이라면 홍길동은 실존했다고 보아야 한다. 실존하지 않은 인물이 의금부에 체포됐다는 것은 불가능하기 때문이다.

그러나 여기에서 주의해야 할 점은 소설 속 홍길동이 과연 《조선왕조실록》의 홍길동과 동일 인물인가 하는 점이다. 작가인 허균(許筠)이 나라를 어지럽힌 비적 홍길동을 본떠 서자로 태어난 영웅의 이야기를 지어냈을 수도 있다.

오늘날의 학자들 중에는 허균이 연산군 때 활동했던 비적 홍길동의 이름, 임꺽정이라는 의적의 성격, 그리고 서자로 태어나 난을 일으킨 이몽학(李夢學)의 출생배경을 섞어 《홍길동전》을 지었다고 분석하는 사람도 있다. 또한 어떤 학자는 《홍길동전》이 중국의 《수호전(水滸傳)》을 본뜬 것이라고 주장하기도 한다.

그러나 홍길동이 만약 소설 속 주인공에 그치지 않고 일본의 류큐로 건너가 그곳의 시조(始祖)가 됐다고 한다면 과연 그를 어떻게 해석해야만 할까? 민주주의 효시라 일컫는 영국 크롬웰(Cromwell)의 공화정치보다 150년이나 앞서 만민평등을 주장한 반체제 운동가이며, 서자 차별법으로 서자의 신분상승을 금지하려고 하는 조선왕조에 대항한 의적이라고 한다면, 이 홍길동을 과연 어떻게 해석해야 한단 말인가?

이 수수께끼를 풀기 위해서는 홍길동의 기록을 왜곡하고, 축소하고, 은폐하려고 했던 역사적 비밀을 파헤치는 작업이 선행돼야만 한다. 홍길동의 흔적을 찾아내는 작업은 《고려사(高麗史)》나

《조선사(朝鮮史)》의 탐색은 물론이고, 전설이나 민담의 채록, 유적지 답사, 나아가 일본 오키나와 열도의 하테루마 섬(波照間島), 미야코 섬(宮古島), 이시가키 섬(石垣島), 구메 섬(久米島)까지 찾아 헤매던 25년에 걸친 길고 긴 여정이었다.

이 기나긴 역사 탐험은 홍길동이 500년이 지난 오늘날에도 한국인을 대표하는 3인칭 대명사로 사랑받고 있는 이유를 밝혀내는 작업이었다.

(설성경《實在人物 洪吉童》중앙M&B출판사, 서울, 1998년)

바다를 둘러싼 홍길동에 관한 소개는 마치 요시츠네(義經) 전설(작자 미상의 일본 고전 영웅소설-역주)을 방불케 하는 면이 있다. 이처럼 바다가 키워낸 상상과 사상의 세계는 끝이 보이지 않을 정도로 무한하다.

바다를 통해 본 아시아론

경계(境界)는 꼭 자연적인 경계만을 의미하지 않는다. 역사·사회·문화적 가치판단을 가르는 경계를 의미하기도 한다. 말하자면 도덕이나 논리, 사상의 경계를 뜻한다.

아시아론(論)은 아시아의 경계를 어떻게 해석하느냐에 따라 다양하게 논의돼 왔다. 아시아라는 말은 먼저 유럽의 바깥 지역이라는 인식에서 출발하였고, 이후에 아시아 사람들이 스스로 자기 지역을 가리킬 때 쓰는 말로 전용된 역사를 가지고 있다. 후쿠자와 유키치(福澤諭吉)의 《탈아(脫亞)》, 오카쿠라 덴신(岡倉天心)의 《아시아는 하나》, 쑨원(孫文)의 《대아세아주의(大亞細亞主義)》 등은 각각 정치적·문화적·사상적 경계를 아시아에 도입했던 본보기다. 이들 책에서는 유럽에 대항하는 아시아의 내셔널리즘이나 지역주의를 발견할 수 있다. 이것은 동서관계를 통해 본 아시아론이다.

그러나 아시아의 자기의식(自己意識)이 높아짐과 동시에 유럽과 비교하려는 인식에서 벗어나 아시아 자체의 역사적 원인을 탐색하려는 연구도 깊이 있게 진행됐다. 문명론적·지정론(地政論)적 아시아론이나, 화이질서(華夷秩序)에 바탕을 둔 조공체제에 관한 연구가 바로 그것이다. 거기에 아이누(일본 홋카이도의 원주민-역주)·쓰시마(對馬)·류큐·대만(臺灣)을 통해 살펴본 아시아론, 곧 해역 교역 네트워크 론이 등장하기도 한다.

그런가하면 유럽의 제국(帝國)통치나 일본의 식민지 정책 등, 이전과 다른 광역(廣域)통치가 나타나면서 민족주의나 국가건설이 문제로 떠올랐다. 이것은 식민지·제국주의라는 역사적 시대에 형성된 아시아론이다. 이 시기의 바다 세계는, 예컨대 류큐는 오키나와 현(懸)으로서 내셔널리즘의 내부에 편입됐으면서도 자기들만의 민속·습관·대외관계를 유지하고 있었다.

제2차 세계 대전이 끝나고 아시아와 아프리카 지역의 급격한 민족 독립 운동을 거쳐, 1980년대 말에 일어난 냉전체제의 붕괴는 새로운 아시아 연구와 아시아 상(像)을 요구했다. 특히

1970년대 아시아 NIES(신흥 공업 경제 지역-역주), 1980년대 동남아시아 경제의 급격한 발전, 1980년대 이후의 중국 개혁개방 정책은 나라를 넘나드는 복합적인 지역관계를 출현시켰다. 그 중 화교(華僑)나 인교(印僑)의 네트워크, 베트남이나 한국의 네트워크, 오키나와 네트워크는 일찍이 이산(離散)으로 인식했던 상황이 일변하면서 서로 간의 유대를 강하게 나타냈다. 이것은 아시아 지역 네트워크 속에서 새롭게 국가의 역사성을 자리매김해야 한다는 과제가 등장했음을 의미한다.

또한 1997년에는 홍콩이 중국에 반환되면서 일국이제도(一國二制度)라는 역사적이면서도 종주(宗主)적인 지역통치를 상기시키는 관계가 새롭게 창조됐다. 국가 간의 상호관계만 다루던 아시아 연구는 이제 해국중국(海國中國)이나 일국이제도 지역의 등장, 나라를 넘나드는 네트워크를 총체적으로 파악해야만 한다.

바다를 통해 살펴보는 아시아론은 이제까지 아시아를 둘러싼 경계, 경계의식 및 귀속감에서 벗어나 바다를 바탕으로 아시아에서 일어난 장기간의 역사 변동을 함께 살펴보면서 종주(宗主)·주권(主權)·네트워크의 상호작용이나 해역·지역 관계를 논의해가야만 한다. 그렇게 된다면 바다를 포함한 지역론, 곧 바다와 육지의 교섭론(交涉論)이 구체적으로 논의될 수 있다. 예컨대, 바다의 출구이자 육지의 출구인 '항구'라는 하나의 경계를 넘게 됨으로써 바다와 육지는 역사적인 순환구조를 가졌다는 사실이 명확해질 것이다.

본서의 구성과 특징

본서는 황해의 특성, 역사 속의 바다 세계, 삶과 바다, 이동과 교류 이렇게 네 부분으로 구성돼 있다. 모두 바다 세계의 기본적인 특징을 그리고 있으며, 각 글은 다른 글과 일맥상통하는 부분이 있다. 동시에 황해의 고유한 특징을 나타내는 지표를 분명히 밝히려고 애쓰고 있다. 지역적으로는 동해를 둘러싼 북동아시아에서 동남아시아의 자바 세계까지, 또 시대적으로는 고대부터 20세기까지를 모두 아우르고 있다. 이어서 각 논고(論考)의 특징을 개관해 보자.

〈동해의 특성〉

먼저 모테기 도시오(茂木敏夫)의 《중국과 바다》를 통해 중국의 전통적 세계관 속에서 바다가 어떻게 자리매김 되어 왔는지를 살펴보고, 이로써 중국이 갖고 있는 바다에 대한 견해가 어떠한 변천 과정을 겪었는지 추적해 본다. 이어서 청조(淸朝) 말기에 새로운 바다 세계와 관계를 맺게 됨으로써 중국의 전통 지리학에 유럽의 인식 방법이 도입됐음을 설명한다. 또한 베이징을 중심으로 한 근대 정치 운동사(運動史)가 웨이위엔(魏源)의 《해국도지(海國圖志)》에 이르러 남쪽과 바다라는 역동적인 관점에서 새롭게 파악됐음을 지적한다.

후루마야 다다오(古廐忠夫)의 《중국해와 동해》는 일본을 둘러싼 해역과 지역이 일본·시베리아·한반도·중국 대륙과 영향을 주고받는 관계임을 오랜 역사를 통해 설명한다. 또한 '우라니혼(裏日本)'(혼슈(本州)의 중앙부에는 해발 3천 미터 정도의 높은 산맥이 여럿 있는데, 이 산맥을 일본에서는 '알프스'라 부른다. 그 동쪽(태평양쪽)을 오모테니혼(表日本), 동해 쪽을 우라니혼(裏日本)이라 한다-역주)은 지금까지 '발전하는' 태평양이나 '오모테니혼(表日本)'과 늘 대비되었는데 이러한 논리와 심리는 현대 세계에 대응하는 이념으로 재해석될 필요성과 가능성을 시사한다.

〈역사 속의 바다 세계〉

시라이시 다카시(白石隆)의 《중국해의 역사 사이클》은 7~11세기의 말레이 세계, 18세기의 말라카 해협에서 술라웨시, 마르크 제도에 이르는 동인도의 해역을 근거지로 삼은 '부기스인의 바다'가 '바다의 만다라'라 할 수 있는 왕들의 세계였음을 강조한다. 이 '역사의 흐름'이 작용한 세계에 비해 필리핀에서 자바에 이르는 지역은 이들의 전통적 세계와는 또 다른 세계였으며, 중국인과 네덜란드 인 간에 성립된 왕권이 양자의 중간에 놓여 이들에 의해 동요되었음을 설명한다.

모리모토 아사코(森本朝子)의 《해저 유물이 말하는 아시아 해저 고고학》은 한국 신안 앞바다에서 발굴된 원나라에서 규슈로 향하던 배를 중심으로 발견·발굴·조사·연구 과정을 매우 자세하게 추적한다. 또한 해저고고학이라는 학문이 각각의 단계에서 충실히 이루어져야 하며, 그 과정이 쉽지 않음을 바다 사람들(海民)의 시점, 발굴자의 시점, 연구자의 시점에서 서술한다. 특히 목간(木簡. 글을 적은 나뭇조각. 종이가 없던 시대에 문서나 편지로 쓰였다-역주)의 발견이 바다의 논리를 분명히 밝히는 데 결정적인 역할을 했다고 강조한다.

우라노 다츠오(浦野起央)의 《남중국해를 둘러싼 국가 분쟁》은 황해 남부에서 벌어지고 있는 섬 영역 분쟁과 자원 획득 경쟁에서 각국이 주장하는 바와 그 인정 방법, 역사적 문제가 어째서 오늘날까지도 계속되고 있는지에 대한 경위를 풀어헤친다. 중국을 둘러싼 '남중국해'의 문제라고 할 수 있는 난사 제도(南沙諸島. Spartley 제도-역주)의 귀속분쟁은 국제적인 관심이 요구되는 '공유의 바다'란 시점에서 커다란 과제로 떠올랐다.

〈삶과 바다〉

하루나 아키라(春名徹)의 《표류의 바다》는 우선 '표류'라는 경험은 '기술(記述)'이라는 넓은 의미의 문화적 운용을 매개로 해야 비로소 성립하는 '사건(事件)'이라고 해석한다. 황해라는 넓은 영역에서 표류와 송환이 이루어졌던 것은 여러 동아시아 나라에 존재했던 표류민의 송환 관행이 후에 제도화됐기 때문이지, 결코 반작용에 따른 결과가 아니라고 지적한다. 또한 각종 표류 기록을 통해 동아시아 바다 세계를 살펴보고, 표류 연구의 역사학 방법과 과제를 알아본다.

도미야마 가즈유키(豊見山和行)의 《바다의 신앙》에서는 아시아의 바다에서 신봉되던 신들의 세계가 밝혀진다. 특정 영역이나 해변·곶 등을 성지(聖地)로 떠받드는 것처럼 극히 제한된 범위의 항해 수호신이 존재하는가 하면, 국가나 민족을 초월한 광대한 해역에서 신봉되는 항해 수호신도 존재한다. 마조·히즈르(이슬람교도의 바다 수호신-역주) 등의 바다 신을 서로 비교하면서 류큐에 존재했던 바다 신과 여성 신(女性神)의 역할을 알아보고, 그 발자취를 따라가 본다. 바다 신앙과 뭍 신앙의 상호 연관성과 마조가 보살(菩薩)로 불리던 점 등이 시선을 끈다. 바다는 실로 거대한 신앙권(信仰圈)이자 신들의 세계임을 잘 나타내고 있다.

〈이동과 교류〉

세가와 마사히사(瀨川昌久)의 《종족 네트워크》는 중국의 종족 네트워크가 어떻게 바다를 이용했는지, 바다를 넘어 어떻게 퍼져나갔는지를 다룬다. 또한 이를 바탕으로 방대한 지역의 역사 주기(週期)에 의거하여 중국 동남부의 종족 문제를 논한다. 여기에서는 시대에 따라 다르게 나타나는 중국 동남부의 이민 활동이 분명하게 드러난다. 중국 동남부는 '동남 연해'와 '링난(嶺南)'으로 나뉘는데 각각 독자적인 이민 주기를 갖고 있으며, 이 주기가 종족(宗族)의 형성과 성쇠에 직접적인 영향을 끼친다고 지적한다. 그리고 농본주의(農本主義)에 바탕을 둔 지금까지의 종족관(宗族觀)과 달리, 해양이민(海洋移民)의 시점에서 화남지역(華南地域)과 종족의 관계를 논한다.

마에히라 후사아키(眞榮平房昭)의 《류큐 네트워크》는 16세기에 중국 연해에서 활발히 활동한 후기 왜구, 그리고 류큐와 일본이 당시 이들과 맺고 있던 관계 등을 설명한다. 당시 해적은 일종의 직업이었으며, 해적을 많이 배출한 곳은 근대 이후에도 계속해서 이민자를 송출했다. 여기에서는 이민 세계를 밝혀내는 역사적인 열쇠가 새롭게 등장한다.

〈사진으로 읽는 바다〉

고다마 후사코(兒玉房子)의 《아시아 바다의 역사와 문화》는 사진기 렌즈를 통해 바라본 오키나와, 그리고 사진사의 독백이 그려내는 마음 속 풍경이 아름답게 어우러진다.

《황해의 세계》는 역사적으로 밀도 높은 교류와 교섭이 반복되던 곳이다. 다양한 지역에서 네트워크가 형성됐고, 이 네트워크를 둘러싸고 신이 등장했으며 왕권이 엇갈렸다. 이러한 작용과 더불어 국가 간의 이해가 서로 대립하고 충돌했으며, 타 지역의 표류 세계와 신앙 세계가 서로 겹쳐지기도 했다. 말하자면 이곳은 국경을 초월한 해역 세계였다.

바다의 아시아 5 국경을 넘는 네트워크

| 목차 |

'바다'를 통해 본 아시아론(論)에 대해 | 하마시타 다케시 濱下武志   5

| 제1장 | **중국해의 특징**

중국과 바다 | 모테기 도시오 茂木敏夫   31
1. 중국 전통의 바다   31
2. 광동 지역의 사회와 남양   38
3. 《해국도지》의 위치   46
4. 영해라는 사상   55

중국해와 동해 | 후루마야 다다오 古厩忠夫   59
1. '환동해바다'와 '동북아시아'   59
2. '일본해'라는 호칭   61
3. 동해의 대안 북반부 – 극동 러시아   66
4. 동북아시아 – 동아시아의 내부 영역   74
5. 근대의 환동해·동북아시아   82
끝으로   95

바다의 아시아 5 국경을 넘는 네트워크

| 제2장 | **역사 속의 바다 세계**

중국해의 역사 사이클 | 시라이시 다카시白石隆　101

아시아 해저 고고학 | 모리모토 아사코森本朝子　125
1. 신안 침몰선의 발견과 인양　129
2. 발굴 성과　136
3. 불붙은 논의　138
4. 목간의 출현과 그 의의　142
5. 항해 전후의 중국 상황　146
6. 신안 침몰선의 적재 화물에 대해　148
끝으로　157

남중국해를 둘러싼 국가 분쟁 | 우라노 다츠오浦野起央　159
1. 황해 남부・난하이 제도의 위치　159
2. 근대 이전의 난하이 제도　163
3. 제국주의와 난하이 제도　168
4. 남해 제도를 둘러싼 각축　173
5. 난하이 제도 문제에 대한 해결 시나리오　184
6. '공동의 바다'는 실현될 수 있을까?　188

바다의 아시아 5 국경을 넘는 네트워크

| 제3장 | **삶과 바다**

표류와 바다 | 하루나 아키라 春名徹 195
1. 표류라는 '사건' 195
2. 기술에 의해 인지된다는 말의 뜻 197
3. 기록의 총체로서의 제도 201
4. 세계인식과 표류 203
5. 반토우, 문화비교의 감각 205
6. 표류민 송환을 가능하게 했던 조건 212
7. 나는 누구인가? 218
8. 이룰 수 없는 월경(越境) 225

바다의 신앙 | 도미야마 가즈유키 豊見山和行 232
1. 마조 해역과 류큐 열도 235
2. 관음 해역과 류큐 열도 243
3. 항해 수호신으로서의 기코에 오키미(聞得大君) 248
끝으로 257

바다의 아시아 5 국경을 넘는 네트워크

| 제4장 | **이동과 교류**

종족 네트워크 | 세가와 마사히사瀨川昌久 261
1. 중국 동남부에서의 '종족' 발달 261
2. 종족, 씨에도우(械鬪), 화교의 해외 돈벌기 266
3. 화교와 종족 조직의 변용 274
4. 종족의 부흥과 해외 이주자들의 공헌 280

류큐 네트워크 | 마에히라 후사아키眞榮平房昭 287
1. 동아시아 세계와 왜구 289
2. 노비무역의 시대 298
3. 근세 동아시아 국제관계와 해적문제 302
끝으로 308

| 사진으로 읽는 바다 | 아시아 바다의 역사와 문화 | 고다마 후사코兒玉房子 310

감수를 마치고 314

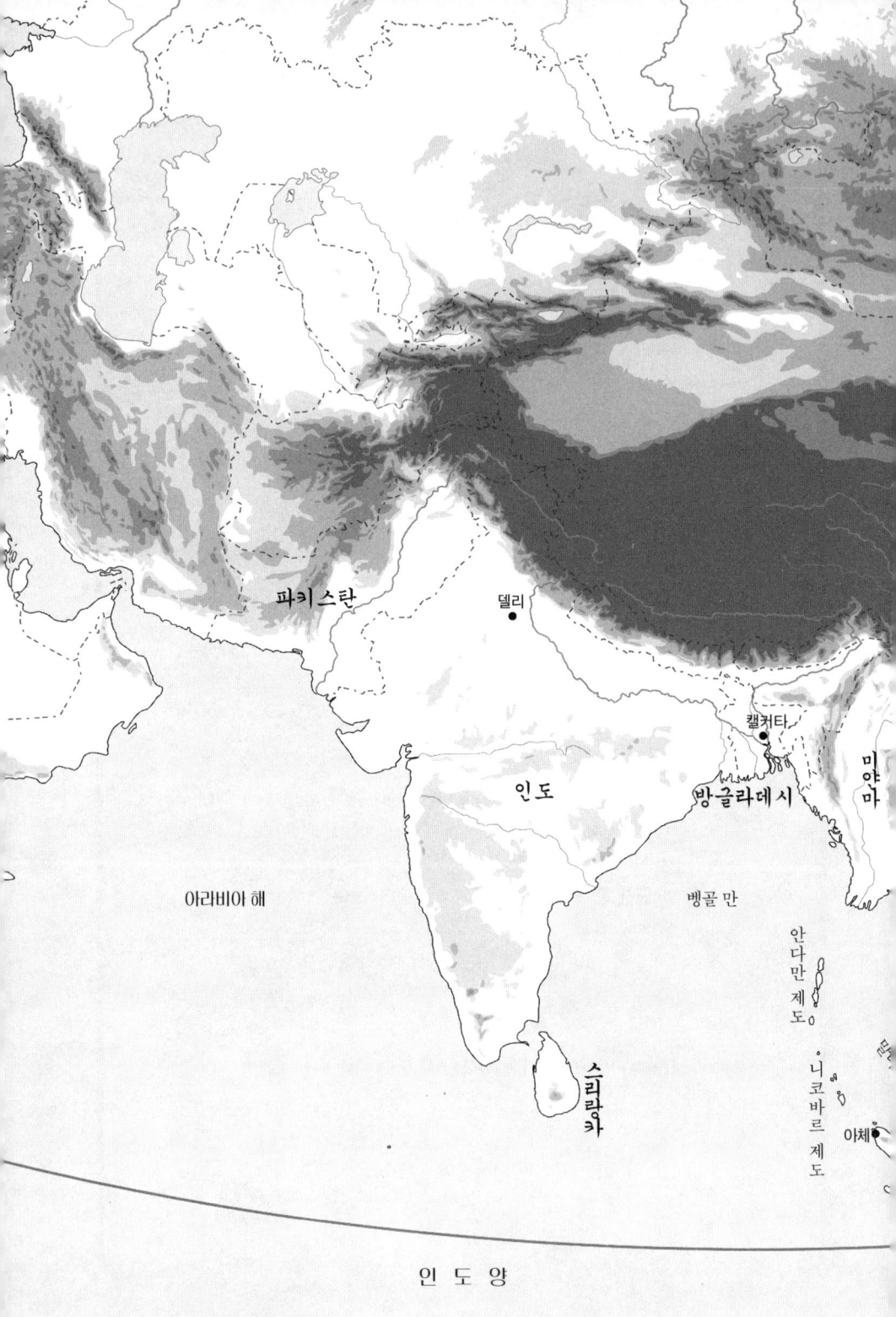

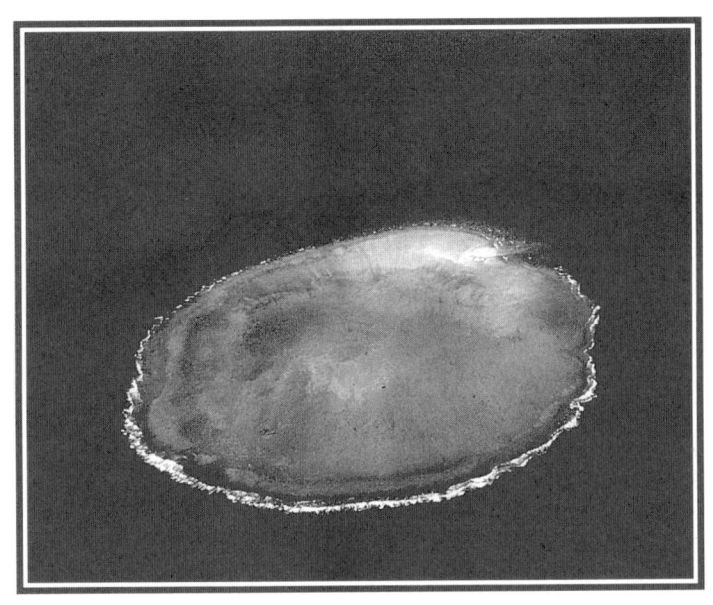

제1장

중국해의 특성

이 바다의 달콤한 신비를 사람들은 모르지만, 점잖게 요동치는
모양은 이 아래 어떤 영혼이 숨어 있다는 것을 말해 주고 있다.
- 허먼 멜빌(Herman Melville)

앞 사진 | 하늘에서 내려다본 오키나와의 산호초

중국과 바다

모테기 도시오 茂木敏夫

1. 중국 전통의 바다

왕조국가와 바다

　동아시아의 해역에서 중국 상인들이 대형 정크 선에 중국 물산을 가득 싣고 중국 연안 지역과 황해를 오가며 각지와 교역을 하게 된 것은 12~13세기의 일이다. 중국의 인구나 경제의 중심이 화북(華北)에서 화중(華中)·화남(華南)으로 이동했기에 가능한 일이었다. 또한 당대(唐代)에 들어서면서 중국 상인과 어부들이 소형 범선(帆船)을 타고 중국 동남쪽 항구를 오가던 아라비아 상인의 조선(造船)·항해 기술을 습득한 것은 물론, 대형 정크 선까지 만들어 그들을 능가하게 됐기 때문이다.

　뿐만 아니라 남송(南宋)과 이를 잇는 원(元)나라가 해외무역을 장려했기 때문에 창장 강(長江) 이남의 동남 연해지역은 취안저우(泉州), 광저우(廣州), 닝보(寧波)를 거점으로 남양(南洋, 창장 강 이남의 해역) 각지로 출항하여 무역을 통해 번영을 누렸다. 항해에 종사하는 사람들을 위해 저우취페이(周去非)의《영외대답(嶺外代答)》(1178년)이나 자오뤼쿼(趙汝适)의《제번지(諸蕃志)》(1351년) 등, 각지의 정보를 수록한 지리서가 이른바 핸드북(handbook)(여러 가지 내용을 간략하게 추려 엮은 작은 책자-역주) 형태로 만들어져 널리 유포됐다.

또한 15세기 초, 명(明)나라의 영락제(永樂帝) 시대를 전후로 하여 모두 7회에 걸쳐 파견된 정화 함대(鄭和艦隊. 삼보태감 정화, 그는 환관의 최고 직인 태감에 오른 다음 영락제로부터 정(鄭)이라는 성을 하사받아 정화라 불리기 시작한다. 성조 영락 3(1405)년부터 27년간 모두 7차의 해외 항해를 한 유명 인물이다. 중국어로는 쩡허라 읽는다-역주)(1405~1433년)는 이슬람 상인이 주도하는 인도양, 그리고 아라비아 반도에서 아프리카 동해안까지 대규모 지역을 넘나들었다. 그 후 이를 수행했던 사람들의 견문록인 공쩐(鞏珍)의《서양번국지(西洋番國志)》(1434년), 페이신(費信)의《성차승람(星槎勝覽)》(1541년) 등이 잇달아 간행되면서 해역 세계에 관한 정보가 착실하게 쌓여갔다.

그러나 명나라는 건국 초기인 1381년부터 해금정책(海禁政策)을 실시하여 백성들의 해외 도항을 금지했고, 무역의 형태도 해외 여러 나라의 사절(使節)이 가지고 오는 조공무역(朝貢貿易)

1-1 황해 남부를 지배한 정크 선의 표준모양

으로 제한했다. 정화 함대 역시 이러한 해금정책 아래에서 여러 나라에 조공을 권유하기 위해 파견된 함대였다. 함대의 파견이 중단된 이후 난징(南京)에서 베이징(北京)으로 천도를 한 명나라는 몽골과 전쟁을 벌여 정책의 초점을 내륙에 두기 시작했다.

그러나 주변국들은 계속해서 중국과의 무역을 원했다. 조공무역만으로는 필요한 만큼의 물자를 얻을 수 없었기 때문에 연안 지역에서는 민간 사무역(私貿易. 밀무역(密貿易))이 활발하게 일어났다. 연해 지역의 사람들이 느끼는 바다와 베이징(중앙)이 느끼는 바다가 전혀 달랐음을 짐작할 수 있다.

명나라를 친 청(淸)나라는 내륙에서는 북방 내륙 민족의 몽골대칸이라는 입장을 고수했고, 명나라의 영토를 계승한 동남쪽의 중국 문화 세계에서는 중국의 정통 왕조라는 입장을 고수했다. 청나라는 명나라 이후의 경제 발전과 인구 증가에 따른 사회 변동을 인정함으로써 향신(鄕紳)이라는 지역 사회의 지식층에게 신임을 얻어 나라를 안정시켰다. 대만에서 반청(反淸) 활동을 펼쳤던 쩡청공(鄭成功)과 대항하던 시기에는 천계령(遷界令. 청나라 초기에 연해의 경계를 정하고 이것을 역내(域內)로 옮긴다는 뜻으로, 이른바 해금을 더욱 강화한 해금령. 천계령에 따라 연해 주민이 20킬로미터 오지로 강제 이주됐다-역주)을 내려 해금정책을 더욱 강화했으나, 1683년에 대만이 평정되면서 해금(海禁)을 풀고 일정 범위 안에서 해외 무역을 다시 허가했다. 이후, 베이징 조정(朝廷)은 연해 지역의 실정을 감안하여 관리를 느슨히 하기도 하고, 중국 전체의 균형과 안녕을 고려하여 관리를 더욱 강화하기도 했다. 물론 이것 역시 어디까지나 황제의 자의(恣意. '예려(叡慮) : 왕의 걱정을 높여 이르는 말-역주)에 의한 것이었지만 말이다.

예컨대, 1717년에는 남양의 순다 칼라파(바타비아) 등에 무역을 하러 갔다가 그곳에 머물며 귀국하지 않는 자가 속출했다. 그래서 강희제(康熙帝)는 쌀의 유출, 선박의 밀매, 나아가서는 그들이 해적과 결탁하여 중국의 정보를 흘리지 못하도록 국내에서의 연안 무역이나 일본 무역을 없애고 남양으로의 출항을 금지했다.(《성조실록(聖祖實錄)》 271권 '강희 56년 정월 경진조(庚辰

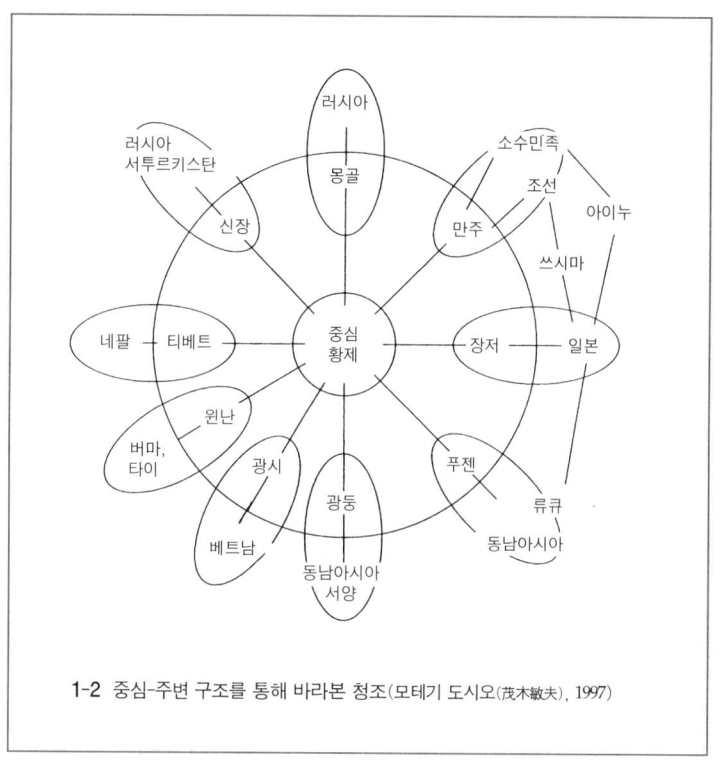

1-2 중심-주변 구조를 통해 바라본 청조(모테기 도시오(茂木敏夫), 1997)

條)'). 그러나 1727년, 경지가 적고 인구가 조밀한 푸젠(福建)에 사는 주민들을 위해 푸젠 총독 가오치저우(高其倬)가 남양 무역의 필요성을 주청(奏請)하자, 옹정제(擁正帝)가 이를 받아들여 남양의 도항금지조치를 철폐했다.(《세종실록(世宗實錄)》54권 '옹정 5년 3월 신축조(辛丑條)').

　이렇듯 조공과 책봉(冊封)을 축으로 구축된 이 시기의 대외적 체제는 **1-2**에 나와 있듯이 외부와 맞닿은 한 지역 사회가 외부의 지역 사회와 일종의 네트워크를 형성하고 있었다. 이러한 네트워크는 그들 지역 사회가 가지고 있는 독자적이면서도 상당히 자유로운, 말하자면 지역 상호간에 내재한 다양한 지역 논리를 용인한 교역 네트워크였다. 그리고 이 네트워크는 황제(중앙·중심)의 권위 아래서 관리되고, 원만하게 통합됐다.

항로가 모여 있는 바다

일반적으로 중국은 창장 강을 경계로 바다를 남양과 북양(北洋)으로 나누어 인식했다. 남양은 기점이 되는 항구(광저우, 혹은 취안저우)에서 침로(針路, 나침반이 가리키는 방향, 또는 배나 비행기가 나아갈 방향)에 따라 동서로 나뉘어 있었다. 이 분류 방법에 대해서는 일본의 학자, 미야자키 이치사다(宮崎市定)가 상세하게 정리해 놓았다.

미야자키에 따르면, 동남양과 서남양은 중국의 전통적인 사해(四海) 중 하나인 남해를 동남·서남으로 나눈 것으로, 취안저우 혹은 광저우를 기점으로 남해를 통과하는 남북의 자오선에 의해 동서로 나뉘었다. 그 자오선은 **1-3**에 나와 있듯이 취안저우와 수마트라, 그리고 동부 삼불제(三佛齊)를 잇는 선이다. 본래 서남쪽으로 그려야 할 자오선을 이렇게 잘못 그린 이유는 무역풍의 영향으로 항로가 정남쪽으로 향한다고 생각했기 때문이다. 이러한 생각은 명나라 초까지 계속됐다. 그러나 명나라 후기에는 그러한 오차가 점점 줄어들어 광둥(광저우)과 문래(브루나이), 그리고 지민(티모르)을 잇는 선을 자오선으로 받

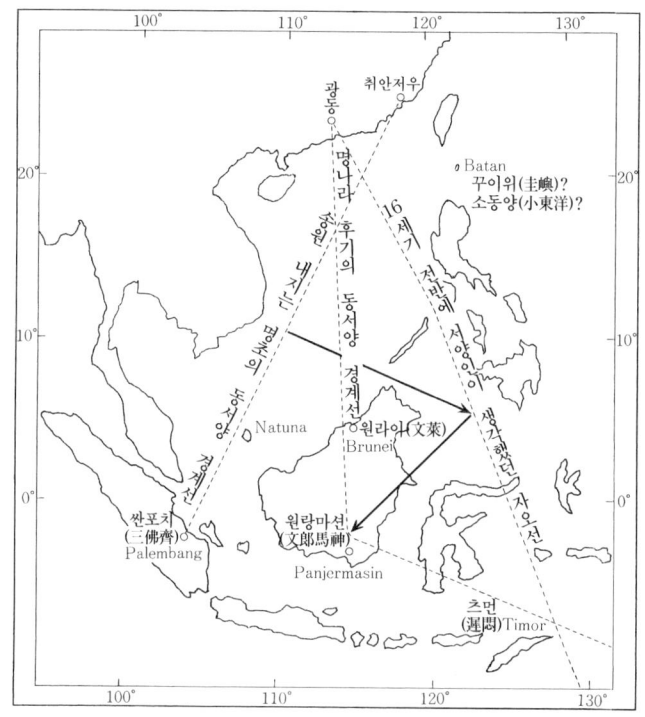

1-3 동서양 경계선 변천도(미야자키 이치사다(宮崎市定), 1992)

아들이게 됐다. 티모르 섬으로 크게 꺾인 이유는 당시 서양인이 생각했던 자오선의 영향을 받았기 때문으로 여겨진다.

미야자키는 또한 "광저우에서 출발한 선박이 제번(諸番)으로 가려면 호두문(虎頭門)을 나와 대양으로 들어간 뒤 동서 이로(二路)로 나뉜다"(《천하군국이병서(天下郡國利病書)》120권 '해외제번입공호시(海外諸番入貢互市)')라고 했다. 명대에는 광을 기점으로 침로에 따라 남양이 동서로 나뉘었다고 논증했는데, 아마도 당시 사람들에게 바다는 광둥과 각 지역을 연결하는 항로의 집결지 같은 존재였을 것이다. 류큐를 오가는 조공선은 푸젠에서 떠나고, 샴(暹羅, 지금의 태국-역주)을 오가는 조공선은 광저우에서 떠난다는 말처럼, 당시 각 나라를 오가던 조공무역은 베이징으로 들어가는 길이 각각 분리되어 있었다. 또 그와 동시에 개별적인 두 나라간의 조공관계는 하나의 조공체제 아래서 관리됐다. 이는 당시 사람들이 생각하던 바다에 대한 개념과 전혀 무관하지 않다.

2. 광둥 지역 사회와 남양

중국과 남양의 접점

여기에서는 지역의 논리를 계속 받아들이면서, 중앙의 정비 실태를 청대의 광둥에 입각하여 바다를 살펴보려고 한다. 광둥은 중국의 외곽 지역이기 때문에 중국이라는 광대한 시장을 등지고 있는 형세에 있다. 또 한편으로는 동남아시아나 동아시아로 펼쳐진 남양의 북쪽에 자리 잡고 있어 남양이라는 해역과 중국이라는 대륙의 접점이이기도 한다. 광둥은 명대에 중국 해양무역의 중심지 가운데 하나였으며, 청대에는 연해 지역에 설치된 네 개의 해관 중에서 월해관(粤海關)이 있기도 했다.

또한 1757년, 유럽 선박이 중국에 내항하려면 광저우(유럽인은 광저우를 캔톤 'Canton'이라 불렀다) 항구 하나만을 이용해야 했다. 때문에 월해관의 감독 아래서 '행상(行商)'이라는 특허 상인이 유럽 선박에 관한 무역, 납세, 관청과 연락하기 등 모든 일을 청부맡는 형태로 유럽에 대한 무역이 행해졌다. 이것이 이른바 캔톤 시스템이다. 이러한 체제 아래서 대유럽(특히 영국) 무역의 규모가 급속도로 확대됐다.

그 외에 광저우를 입항지(入港地)로 지정받은 샴의 조공무역, 그리고 그 연장선상에서 구상된 민간무역에 의해 샴에서 운반되던 싼 값의 쌀은 18세기부터 19세기 초까지 광둥 사람들에게 없어선 안 될 식품으로 자리 잡았다. 이렇듯 광둥 사회에서 남양 무역은 필수불가결한 것이었다.

그렇다보니 광둥 사람들뿐 아니라 광둥으로 부임하는 지방관에게도 안정된 외국무역을 통해 지역 사회의 번영을 유지하는 일이 가장 중요한 과제로 떠올랐다. 이 일을 수행하기 위해 관례를 벗어나, 부당한 요구를 하거나 아편 밀수를 하던 영국 상인에 대해서도 전면적인 대결을 피하는 일이 종종 벌어지기도 했다. "기미정책(羈縻政策, 주변의 정복 지역을 직접 통치하지 않고 해당 지역의 유력자를 포섭해 중국의 관작(官爵)을 수여하여 중국의 지배에 반항하지 않도록 하는 것-역주)을 펴서 단절시키지 말지어다"(1817~1826년 동안 양광총독(兩廣總督)을 지낸 루완위엔(阮元))라는 말처럼 광둥의 지방관들은 영국 상인을 잘 구슬리며 신중하고 원만하게 대처했다.

그러나 아편의 피해와 수입으로 인해 발생하는 은(銀)의 유출로 향촌의 황폐화를 못 마땅히 여기던 베이징 조정은 이러한 광둥 관신(官紳. 지방관과 향신)의 자세가 문제를 야기한다고 생각할 수밖에 없었다. 1820년, 개혁을 부르짖던 경세사상가(經世思想家) 바오스천(包世臣)은 아편 문제를 해결하기 위해서는 광저우의 외국무역을 전면 금지해야 한다며 강경론을 주장했다 (《제민사술(齊民四述) '경진잡저(庚辰雜著)'》). 이후 단속적으로 격론을 주고받던 '아편을 둘러싼 이른바 엄금론(嚴禁論)과 이경론(弛禁論)의 논쟁'은 이러한 중앙(=육지)이라는 베이징 조정의 입장과 지방(=바다)이라는 광둥 사회의 입장 차이에 기인한 것이었다. 즉, 베이징은 중국 전체의 안정을 도모하고자 했으나 광둥 사회는 이미 남양의 교역권에 휘말려 무역을 관둘 수 없는 입장이었다. 게다가 이미 광둥 사회는 당시 런던을 중심으로 하는 세계 경제의 연장선상에 놓여 있었다.

1830년, 동인도회사의 대표 '대반(大班)'(영국인은 타이판 taipan이라 불렀다. 중국어 발음으로는 따반이라 하며, 옛날 외국 상사(商社)의 지배인을 뜻한다-역주)이 갑자기 3년 후에 "동인도 회사를 해산하겠다"라고 발표했고, 이로써 무역 안정을 희망했던 광둥 사회는 충격에 휩싸였다. 무역독점권이 철폐된 것이었다. 그 결과 1834년에 대반을 대신하여 영국 정부에서 파견된 무역 감독관 네피아는 캔톤 시스템의 관례에서 벗어나 국가를 대표하는 외교관으로 대우해달라고 요청하여 광둥의 관청과 마찰을 일으켰다. 이러한 상황 변화를 심각하게 받아들인 광둥의 관신들은 즉각 대응에 들어갔다. 광둥의 해외를 정비하기 위한《광둥해방휘람(廣東海防彙覽)》, 외국무역의 실정을 정리하여 광둥무역의 현재 상황과 과제를 탐구하기 위한《월해관지(粵海關志)》가 광둥의 지식인들에 의해 편찬됐다. 이러한 편찬 과정을 통해 해외에 대한 자료가 광둥으로 모여들었다. 이후 광둥으로 부임해온 린저쉬(林則徐)가 서양의 정보를 수집할 때 도움을 준 량팅고우(梁廷枏)의《해국서설(海國四說)》역시 이러한 작업의 부산물이다.

  그런데 이 시기보다 조금 앞선 1820년에 지앙쑤성(江蘇省) 창저우(常州)의 유명한 지리학자 리자오뤄(李兆洛)는 광저우를 방문하여 서양인과 광둥무역의 실태를 접하고는 해외 사정에 관심을 품게 됐다. 광저우에서 서양 여러 나라의 위치나 대소강약(大小强弱), 서양의 풍습이나 정치 제도 따위를 캐기 위해 외이(外夷)에 정통한 광둥 사람을 찾던 리자오뤄는, 1782~1795년에 걸쳐 외국 선박에 고용돼 동남아시아는 물론 유럽, 아메리카, 아프리카를 돌아다닌 씨에칭가오(謝淸高)의 구술(口述)을 우란씨우(吳蘭修)가 듣고 적은《해록(海錄)》을 접하게 됐다. 리자오뤄는 이 책과 이미 간행된 지리서를 합쳐《해국기문(海國紀聞)》을 펴냈다('해국기문서(海國紀聞序)'). 전통 방법을 고수하며 몽고와 러시아를 포함한 내륙 세계의 지리를 연구하던 리자오뤄가 남양으로 펼쳐진 광둥의 바다를 접하게 된 것이다.

남양에 진출한 서양

동인도 회사의 문제와 네피아 사건에 대한 선후책(先後策)을 마련하기 위해 광둥의 지식인들이 서양의 정보를 수집하던 1830년대, 서양에 관한 정보는 이미 그들 가까이에 있었다. 그 유력한 정보원(情報源) 가운데 하나가 19세기 초부터 중국에 대한 포교 활동에 뜻을 둔 개신교 선교사들의 중국문헌 출판 활동이다.

활동의 중심에 있던 로버트 모리슨(Robert Morrison. 중국 최초의 선교사-역주)은 런던 선교회(The London Missionary Society)에서 파견돼 1807년에 마카오에 도착했다. 그는 2년 뒤부터 동인도 회사의 상관(商館)에서 통역 근무를 하며 중화사전 편찬과 성서의 중국어 번역, 중국어로 된 교의(敎義) 해설서 집필에 매달렸다. 1813년, 모리슨을 돕기 위해 런던 선교회에서 파견된 윌리엄 밀느(William Milne)가 광둥에 도착했다. 밀느는 이듬해에 남양의 화인(華人) 네트워크에 눈을 돌리고, 중국어 조수인 광둥인 량파(梁發)와 함께 자바·말라카·페낭으로 포교 여행을 떠났다. 이후 밀느는 말라카로 본거지를 옮기고 광둥의 모리슨과 연락하며 포교활동을 펼쳤다.

당시 청조는 개신교를 금지하고 있었다. 때문에 그들은 활동의 중점을 중국어 출판에 맞추고 관청의 감시를 피해 말라카에 출판기지를 마련했다. 또한 1818년에 말라카에 영화 학원(英華學院. The Anglo-Chinese College)을 개설하여 중국인에 대한 교육은 물론, 인재 육성에 힘을 쏟았다. 앞에서 언급했던 량파는 이곳에서 신학을 공부한 뒤 중국으로 돌아와 포교 활동에 종사했다. 그가 쓴 《권세양언(勸世良言)》은 19세기 중반에 태평천국을 통솔하여 화중·화남을 석권했던 훙시우췐(洪秀全)이 개신교를 접한 계기가 되었다. 또한 1823~1827년에 이곳에서 공부를 한 쓰촨(四川) 사람 위엔더후이(袁德輝)는 귀국 후에 양광총독 리훙빈(李鴻賓)의 추천으로 베이징의 이번원(理藩院)(청대에 몽고·시장(西藏) 등의 외번(外藩) 일을 관장하던 관서-역주)에서 통역 일을 맡았고, 아편전쟁 때는 린저쉬(林則徐)의 밑으로 들어가 외국 정보에 대한 번역 작업에 종사했다.

1821년에는 런던 선교회의 메드허스트(W. Medhurst)가 바타비아에 학교와 인쇄소를 여는 등, 남양의 주요 화인 거주지에는 중국어 문헌 인쇄소가 속속 들어섰다.

그 후, 캔톤에 거류하고 있던 서양인들의 제창에 따라 중국인의 지력(知力)을 개발할 수 있는 책을 출판하고 서양의 과학기술을 그들에게 전수하기 위해 1834년 중국익지회(中國益智會, The Society for the Diffusion of Useful Knowledge in China)가 결성됐다. 당시 선교사들도 이들에게 힘을 실어주었다. 중국익지회는 싱가포르에 인쇄소를 건설하고 1835년부터 출판사업을 시작했기 때문에 서양인에 의한 중국어 문헌 출판은 말라카에서 싱가포르로 그 중심이 이동됐다. 당시 이들이 동남아시아 각지의 학교나 인쇄소에서 중국어 문헌을 다룰 때 현지 중국인이

표1 각 선교사가 1811~1842년에 출판한 중국어 문헌의 출판지(熊月之, 1994).
1834년에 결성된 중국익지회의 인쇄소가 싱가포르에 세워진 뒤부터는 출판의 중심이 싱가포르로 옮겨졌다.

	1811~1833년	1834~1842년	합계
말 라 카	41	2	43
바 타 비 아	20	11	31
싱 가 포 르	0	42	42
광 저 우	6	1	7
마 카 오	0	6	6
페 낭	0	1	1
방 콕	0	1	1
기 타	0	7	7
합 계	67	71	138

관여했으리란 사실은 쉽게 짐작할 수 있다.

　모리슨이 중국에 도착한 후부터 아편전쟁이 일어나기까지, 선교사들이 동남아시아 각지에서 출판한 중국어 문헌은 표 1과 같이 138부에 이른다. 이 가운데 106부는 종교 서적, 32부는 세계의 역사·정치·경제에 관한 서적이다.

　그 가운데서도 독일인 선교사 구츠라프(Karl F. A Gutzlaff)가 1833년에 창간한 월간지〈동서양고매월통기전(東西洋考每月統記傳)〉은 중국 대륙에서 최초로 강행된 월간지이다. 매달 세계 각국의 역사·지리·생활·풍속을 주로 알리고 같은 시기의 중국과 서양의 역사를 대비하여 소개하는 '동서사기화합(東西史記和合)'이나 세계 각지의 뉴스 등이 수록되었다. 이 월간지는 후에 중국익지회로 이관(移管)되어 싱가포르에서 1837년까지 계속 인쇄되었다.

또한 아메리카인 선교사 브릿지먼이 아메리카 합중국의 지지(地誌)를 정리한 《미리가합성국지략(美理哥合省國志略)》(미리가 합성국은 아메리카 합중국을 뜻한다-역주)(1838년)은 웨이위엔(魏源)의 《해국도지(海國圖志)》나 쉬지위(徐繼畬)의 《영환지략(瀛環地略)》에 인용되기도 했는데, 그 후 개정되어 1861년에 《연방지략(聯邦誌略)》이란 제목으로 다시 출판됐다. 이 책은 양무운동(洋務運動. 19세기 후반에 중국 청나라에서 일어난 근대화 운동. 태평천국 운동과 애로호 사건 등에 자극을 받아 증국번, 이홍장 등이 주동하여 군사, 과학, 통신 따위의 개혁을 꾀했다-역주) 때 중국 지식인들이 갖고 있던 아메리카에 대한 인식을 새롭게 했다. 이렇듯 광둥을 포함한 남양으로 진출해온 서양인들은 중국어로 된 정보를 발표했고, 이 정보는 서서히 퍼져나갔다.

광둥에서 서양을 느낄 수 있었던 것은 비단 중국어 문헌만이 아니었다. 사람들이 더욱 열심히 받아들였던 분야는 서양 의학이었다. 1805년에는 피어슨이 광둥의 아이들에게 종두(種痘. 천연두를 예방하기 위하여 백신을 인체의 피부에 접종하는 일-역주)를 실시했고, 그 후 행상들의 노력으로 이 종두가 광둥 사회에까지 널리 퍼지게 됐다. 또한 1835년, 파커가 개설한 병원 신두란의국(新豆欄醫局)에는 많은 환자가 몰려들었다. 광둥 사회의 지도자적 존재였던 행상 우뤄롱(伍絡榮)은 상관의 빈 방을 파커에게 무료로 대여하기도 했다. 이렇듯 1830년대의 광둥 지역 사회에

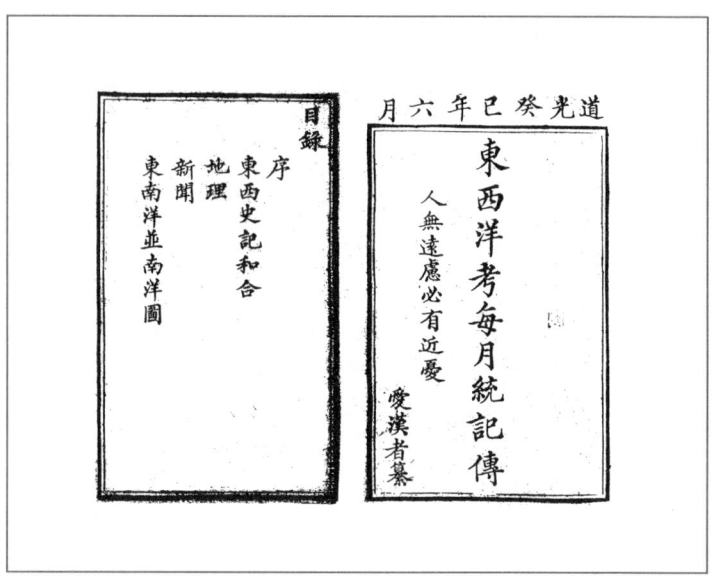

1-4 《동서양고매월통기전(東西洋考每月統記傳)》제1기의 표지. 1833년 8월 1일(음력 6월 16일) 광저우에서 창간되었다. 공자가 남긴 '人無遠慮, 必有近憂(사람이 먼 앞날을 걱정하지 않으면 반드시 가까운 시일에 근심이 생긴다)'(《논어》위령공衛靈公)를 적어 중국 지식인들이 갖고 있는 가치 체계와의 접합을 시도하고 있다.

서는 서서히, 그러나 확실하게 서양이 존재했다. 광둥에 존재하는 서양은 베이징에서 생각하는 먼 존재, 즉 '서이(西夷)'와 그 양상이 크게 달랐다.

3. 《해국도지》의 위치

앞에서 보았듯이 베이징의 조정과 광둥 지역 사회의 관점에는 큰 차이가 난다. 이러한 관점의 차이에 주목해 보면, 광둥을 무대로 일어난 아편 전쟁이나 광둥에서 수집된 정보가 정리된 것으로 보이는 《해국도지》의 역사적 자리매김은 새롭게 재검토되어야 한다. "서양(夷, 오랑캐)을 이용해서 서양을 공격하고, 서양을 이용해서 서양을 다스리고, 서양의 장기를 배워 서양을 제압한다"(《해국도지》 서문)라는 말로 상징되듯이, 중국 근대사상사의 첫 장은 근대 서양에 눈을 돌린 최초의 인물, 린저쉬(林則徐)나 웨이위엔(魏源)이 주로 장식하고 있다. 그러나 이 책에서는 광둥에서 수집한 정보를 웨이위엔이 어떻게 편찬했는가를 생각하면서 남양을 바탕으로 중국 근대를 재검토하려고 했다.

경세사상가, 웨이위엔

해양 세계에 대한 정보를 정리하고 편찬한 웨이위엔의 사고 양식과 문제의식에 관해 정리해보자. 먼저 그의 사상은 경세사상(經世思想. 경세란 세상을 다스린다는 뜻-역주)이라고 해석하는 편이 가장 적당하다. 곧 "수신제가치국평천하(修身齊家治國平天下)"라고 《대학(大學)》에 나와 있듯이 사대부의 책무는 백성의 생활을 안정시키고, 생활의 장(場)인 지역 사회를 안정시킨 후에 청조의 체제를 안정시키는 것이 목적이었다. 따라서 그는 이를 위해 18세기 말 이후로 쇠락의 기운이 두드러졌던 청조의 체제를 적극적으로 개혁해야 한다고 생각했다.

웨이위엔은 1820년대 중반부터 허창링(賀長齡), 타오주(陶澍),

린저쉬와 함께 장쑤 성의 민정개혁(民政改革)에 몰두했다. 그 가운데 지앙쑤시정사(江蘇市政使) 허창링의 청을 받고 편찬한 《황조경세문편(皇朝經世文編)》(1826년)은 청초(淸初) 이후의 경세에 관한 정책론을 정리한 것으로, 그 안에는 당시 웨이위엔이 품고 있던 개혁에 대한 열의가 여실히 드러나 있다.

이 문헌은 모두 120권, 8부문으로 되었는데 호정(戶政. 재정(財政)) 28권과 공정(工政. 수리(水利)·치수(治水)) 26권이 전체의 절반 가량을 차지한다. 제80권 '병정(兵政)'의 책머리에는 "답인문서북변역서(答人問西北邊域書. 타인이 서북 변방을 물을 때 답하는 글)"라 하여 과잉 인구를 신장(新疆)에 이주시킨다는 생각을 내놓는 등, 그의 시선이 내륙을 향해 있음을 쉽게 알 수 있다. 《경세문편》에 나와 있는 바다에 관한 내용은 병정 부문의 '해방'(海防. 바다로부터의 침입이나 피해 따위를 미리 막아 지킨다는 뜻-역주)에 나와 있지만 남양에 대한 부분은 '논남양사의(論南洋事宜)' 한 편뿐으로 대부분은 연안의 해구(海寇)에 대한 대책이 나와 있다.

그런 그가 아편 밀수 문제에 본격적으로 관심을 갖기 시작한 것은 아편 유입으로 인한 은 유출로 발생한 은값 폭등, 세(稅)부담에 따른 향촌 사회의 혼란을 목격하면서였다. 그는 대책을 마련하고자 했고 그리하여 내륙·내정(內政)에 주목하던 그의 시선이 바다와 만나게 된다.

아편 단속을 둘러싼 논의가 도광제(道光帝)의 눈에 띄면서 아편 문제는 흠차대신(欽差大臣)이 담당했다. 당시 이 흠차대신의 자격으로 광둥에 파견된 린저쉬의 문제의식 역시 웨이위엔과 크게 다르지 않았다. 그는 피폐한 지역사회 구제와 안정, 나아가 중국 전체의 안정을 회복시키기 위해 아편을 근절해야겠다고 마음먹었다. 영국을 비롯한 서양 여러 나라의 상황을 이해하기 위해 새롭게 협력자로 받아들인 위엔더후이(袁德輝)나, 《월해관지》 편찬에 종사하고 있던 광둥 지식인의 도움으로 남양을 통해 광둥에 쌓여있던 정보를 수집해 나갔다. 이렇게 하여 베이징의 시선, 곧 중국 전체를 생각하는 조정의 시선이 광둥에서 남양으로 뻗어나가는 시선과 만나게 된다.

린저쉬가 광둥에서 수집한 해외 자료는 전황(戰況)을 호전시키지 못한 책임을 지고 해임된 린쯔션(林自身)에 의해 1841년 웨이위엔에게 위탁됐다. 웨이위엔이 그 자료를 인수하여 편찬한 책이 바로 《해국도지》이다. 이 문헌은 먼저 1842년에 50권으로 정리됐다가 10년 후에 다시 100권으로 증정(增訂), 완성됐다.

《해국도지》의 구성

웨이위엔이 린저쉬로부터 인수받은 자료에는 광둥이 발행한 영자지(英字紙) 〈Canton Register〉와 〈Canton Press〉의 중국어 번역문을 정리한 〈오문신문지(澳門新聞紙)〉(오문은 마카오를 뜻함), 영국의 지리학자 휴 말레가 지은 《The Encyclopedia of Geography》의 부분 번역서 《사주지(四洲志)》, 스위스 국제법학자 바테르가 지은 《Low of Nation》의 부분 번역서 《각국율례(各國律例)》 등이 포함돼 있었다.

《해국도지》 50권의 서문을 보면 《사주지》를 제1자료로 삼고 여기에 '역대 역사서와 명나라 이후의 도지(島志), 그리고 최근 서이(西夷)의 지도와 문헌'을 덧붙여 이들을 비교, 검토하여 종합했다고 적혀 있다. 그 결과 동남양(동아시아·동남아시아), 서남양(인도)에 대해서는 대략 원서 《사주지》의 내용을 80퍼센트 덧붙였고, 대서양(아메리카), 소서양(아프리카), 북양(러시아), 외대서양(아메리카)에 대해서는 60퍼센트를 덧붙이게 됐다.

또한 웨이위엔이 린저쉬로부터 자료를 인수받아 창졸지간에 50권 본을 정리한 후, 10년이라는 세월 동안 나름대로 보정하여 완성한 100권 본을 읽어보면, 동남양에는 50권 본에 없는 내용이 많이 증보돼 있음을 알 수 있다. 그 증보된 부분에는 50권 본의 서문에서 그 자신이 언급했던 구상과는 색다른 편찬 자세가 드러난다.

예컨대 나중에 증보된 제13권 '동남양, 해도국(東南洋, 海島國)'의 갈류파도(葛留巴島) 항은 명말(明末)에 정리된 장씨에(張燮)의 《동서양고(東西洋考)》(1618년), 《황청문헌통고(皇淸文獻通考)》(사예고(四裔考), 1785년)를 바탕으로, 그곳에 정착한 화인(華人)의 유래 및 네덜란드 식민 지배와의 관계, 나아가 1732년에 일어난 화인학살사건에 관한 청조의 대응까지 자세하게 기록돼 있다. 계속해서 천룬지옹(陳倫炯)의 《해국견문록(海國見聞錄)》

(1730년), 씨에칭가오(謝淸高)의《해록(海錄)》(양병남이 필기한 판(版), 1820년), 〈동서양고매월통기전〉(계사(癸巳) 11월호1834년) 등의 기사가 정리돼 있다. 마지막에는 네덜란드 식민지를 직접 항해한 왕따하이(王大海)의《해도일지(海島逸志)》(1791년)가 자세하게 소개돼 있다.

또한 마찬가지로 나중에 증보된 제14권의 '갈류파소속도(葛留巴所屬島)'에는 주로 서양인의 글이 많이 나온다. 이와 동시에《양서(梁書)》,《송사(宋史)》,《명사(明史)》등의 '역대 역사서'를 소재로 서양인의 글과 전통적인 중국의 지리 인식을 접합시키려는 흔적이 보인다.

곧 '역대 역사서'(제13권에서는《황청문헌통고》)나 '명대 이후의 도지(島志)'(마찬가지로《동서양고》)에 의한 전통적 지리 인식을 전제로 하고, 여기에 남양 연해 지역에 축적된 두 계통의 새로운 정보를 덧붙여 편찬했다. 여기에서 말하는 두 계통이란, 하나는《해록》이나《해도일지》따위의 비교적 새로운 중국인 항해자의 견문록을 말한다. 그리고 또 다른 하나는 〈동서양고매월통기전〉과 같은 서양인의 정보를 말한다. 역사적으로 정보가 축적되지 않은 지역에 대해서는 서양인의 정보를 직접 이용하기도 했다. 바로 이것이 서문에서 말하는 '서양인으로 하여금 서양을 말하게 한다'가 아니겠는가.

이렇듯 웨이위엔이 전통적 지리 인식에 최근의 정보를 접합하는 새로운 편찬 형식을 도입했기 때문에《해국도지》가 동남

1-5 《해국도지》제3권에 수록된 서양식 '지구정배면도(地球正背面圖)'(정면)

양(해안 각국과 각 섬으로 2등분), 서남양, 대서양, 소서양, 북양, 외대양이라는 구성을 띠게 됐다고 생각한다.

이에 대한 첫 번째 근거로는 웨이위엔 자신이 지목한 《사주지》를 들 수 있다. 《사주지》는 이름 그대로 아시아, 아프리카, 유럽, 아메리카의 사주(四洲)로 세계를 분류한 책이다. 또한 이 시기의 지리서로서 《해국도지》와 나란히 거론되고 있는 《영환지략》 역시 마찬가지로 명말청초(明末淸初) 시기에 예수회 선교사가 소개했던 사대주(四大洲)에 따라 서양의 방식으로 세계를 분류했다.

웨이위엔 역시 곳곳에서 오대주(五大洲) 각 대륙에 의한 서양식 분류를 언급하고 있다. 각 대륙은 육지를 통합해 놓은 것이라 해석했고, 그 대륙을 통합해 놓은 서양식 세계 지도를 함께 수록했다.(1-5) 그러나 그가 받아들인 것은 침로에 의한 동남양·서남양이라는 중국의 전통적인 해양 구분 방식이었다.《동서양고》는 항로에 따라 '서양열국고(西洋列國考)'와 '동양열국고(東洋列國考)'로 분류했고,《해록》역시 베트남에서 인도 북쪽 해안까지의 아시아 대륙을 '서남해', 동남아시아 섬 지역을 '남해', 아프리카·유럽·아메리카를 '서북해'라 했다. 그리고 '서북해'를 다시 항로에 따라 섬과 대륙으로 분류했다. 웨이위엔은 서양식 지도와 대조를 이루기 위해, 항로를 통해 인식할 수 있는 범위를 기재해 나가는 방식을 취해 거대한 대륙을 하나의 형태로 완결시키지 않고 해안에 많은 공백을 두게 되는 중국식 지도(1-6)를 함께 수록했다.

웨이위엔은 이러한 편찬 방법을 통해 조공 관계나 남양에서의 화인 교역 체제로써 예부터 내려오는 중국과 남양의 관계를 재인식할 수 있게 됐다. 또한 최신 정보를 통해 이 지역에서 일어나는 서양의 진출 상황도 숙지할 수 있었다. 중국 전체의 안녕을 구상하는 경세사상가로서의 시선이 바다와 만나게 됐고, 그로 인해 최근 서양이 남양에 진출했다는 새로운 변화를 감지할 수 있었다.

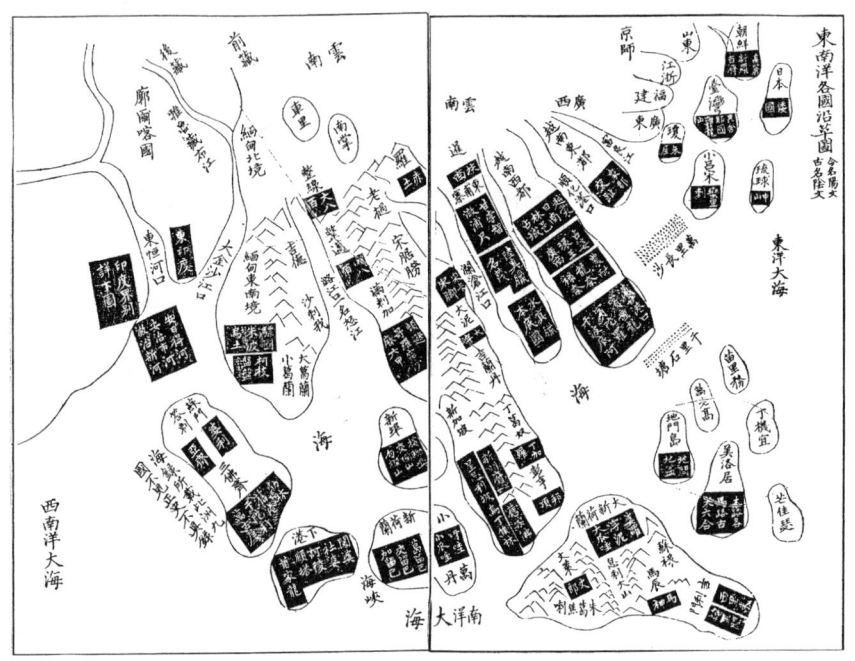

1-6 《해국도지》 제3권에 수록된 중국식 '동남양각국연혁도(東南洋各國沿革圖)'(중국 연해에서 벵골만까지)

다만 웨이위엔의 시선에는 중국 전체를 생각하는 이른바 베이징의 시선이 더 우월했다는 데 주의해야만 한다. 그런 의미에서 20년 정도 앞선 1820년, 내륙 지리학을 연구하던 리자오뤄의 시선이 광둥에서 '해국(海國)'과 만나게 돼《해국기문》을 탄생시켰던 것도 기본적으로는 웨이위엔의 경우와 같다고 할 수 있다. 그것은 오랜 역사를 자랑하는 중국의 지리서에 광둥에 축적돼 있던 바다에 관한 최신 정보를 접합시킨《해국도지》의 편찬 방법을 보면 바로 알 수 있다.

이러한 관점에서 생각해 보면 "서양의 장점을 배워 서양을 제압한다"라는 유명한 중국 근대사상사에서의 획기적인 표현도 어쩌면 베이징인 육지에서 시작된 것이 아닌가 하는 생각이 든다. 서양과 함께 남양이라는 장(場)을 공유하고 있던 광둥에게 서양은 좋다 나쁘다 말할 수 없는 긴밀한, 이미 공존하고 있는 존재였다. 종두는 고맙지만 아편은 곤란하다, 무역도 계속하지 않으면 안 된다 따위를 운운하고 있었지만 이런 말들은 이미 광둥 사회에 서양 문물이 뿌리내리고 있음을 시사했다. 이런 광둥 사회에서 '서양을 배워', '서양을 제압한다'는 식의 표현은 어쩐지 어울리지 않는다. 역시 이런 표현은 서양을 어디까지나 대상(對象)으로 여기고 뿌리치려던 베이징, 즉 육지의 발상이었던 것이다.

4. 영해라는 사상

《해국도지》는 전통적으로 중국이 생각하던 바다와 육지에 새로운 상황을 접합하려던 책이다. 이렇게 전통적인 테두리 안에서 세계를 인식하려던 시도는 이후 점차 사라지게 된다. 19세기가 되면 중국과 그 주변을 둘러싼 서양의 움직임이 크게 달라지고 중국은 위기를 맞는다. 이러한 상황에 대응하는 동안 중국이 느끼던 바다와 육지에 관한 전통 인식도 근대적인 사상으로 일변하게 된다.

　인식의 변화는 육지에서 시작됐다. 중국의 전통적인 지배는 황제의 덕에 감화된 백성들이 그들 스스로 교화돼 황제의 통치에 은혜를 느낀다는 데에 바탕을 두고 있다. 곧 황제를 흠모하는 백성들의 생활공간이 바로 황제가 통치하는 영역(領域)인 셈이다. 이는 근대 국가의 국경선처럼 절대적이지 않다. 황제의 덕이 최고조에 이르면 더욱 먼 곳에 사는 사람들이 황제를 흠모하여 황제 곁으로 다가오기 때문에 그 영역도 확대된다. 통치를 받아들이느냐 아니냐는 각자에게 달려 있어서 비록 영역 안에 살긴 해도 예외적으로 교화를 받아들이지 않는 완고하고도 사리에 어두운 백성들이 분명 있을 수 있다. 이런 경우에 이들은 교화의 바깥, 즉 화외(化外. 불교에서 부처의 교화가 미치지 못하는 곳. 또는 봉건적 관념에서 임금의 교화가 미치지 못하는 곳-역주)인 채로 방치된다. 이것이 바로 전통 중국이 판도(版圖)나 강역(疆域)이라 부르는 지배 영역이다. 국경선으로 에워싸인 범위 안쪽은 어느 곳이나 예외 없이 권력이 똑같이 침투해 있다고 여기는 근대 국가의 영토 관념과 너무나 차이가 난다.

　이 전통적인 지배 영역에 변화를 가져다주는 계기가 된 사건이 1894년에 일어난 일본의 대만 출병(出兵)이었다. 류큐의 귀속 문제로 출병했던 일본에 대해 청은 유효한 대응을 취할 수 없었다. 다음 해 교섭이 이루어져 일본이 군대를 철수시키자 실제로 방치하던 화외의 백성(생번(生番). ① 교화되지 않은 야만인.

② 대만의 고사족 가운데 대륙 문화에 동화되지 않고 야생적인 생활을 하는 번족을 일본인이 부르던 이름-역주)을 적극적으로 중국에 동화시켜 중국 전역에 예외 없이 황제의 지배가 미칠 수 있도록 체제를 재편성하기 시작했다. 이와 같은 움직임은 1870~1880년대 러시아와 국경선을 확정한 후에 신장에서도 나타났으며 이슬람교도의 반란을 진압할 때도 마찬가지였다.

이리하여 육지는 국경선으로 나뉘었고 영토라는 범위 안에 속하게 됐다. 물론 이러한 움직임은 비단 중국에서만 일어난 것은 아니었다. 일본 역시 근대 국가의 건설을 진행하던 초기에는 국경선을 정해놓지 않았다. 그로 인해 중국과 일본에 모두 속해 있던 류큐의 귀속이 문제가 되기도 했다. 육지에 경계를 지어 가르고, 그 경계 안에 들어가는 것은 19세기형 근대 국가 건설에 피할 수 없는 요건이기도 하다.

서양 열강이나 일본과 대치한 상황 속에서 영토 지배를 향해 재편을 진행하던 중국에서 이번에는 이 영토를 지키기 위해 해군을 개혁해야 한다는 의론이 일기 시작했다. 초대 일본 공사를 지냈던 허루장(何如璋)은 청으로 돌아온 지 얼마 지나지 않아 1882년에 신식 해군 건설을 제창했다. 그의 의견서에는 중국 연해와 창장강의 수비를 강화하고, 그런 연후에 북으로는 조선의 부산에 근거지를 두어 일본이나 연해주·아무르 강 하구를 평정하고, 남으로는 대만에 근거지를 두어 베트남이나 싱가포르 등을 평정하자는 제안이 들어 있었다(‘광서(光緒) 8년 9월

21일 한림원시강학사(翰林院侍講學士) 허루장주(何如璋奏)'중국근대사 자료업간《양무운동 2》). 이는 자신들의 영토뿐 아니라 번속국(藩屬國)인 조선, 베트남, 나아가 싱가포르로 대표되는 남양의 화인 사회에 이르기까지 바다 위를 자신들의 세력권 안에 두고자 함이었다. 육지를 영토화 했던 것처럼 바다에 경계를 지어 자신의 소유물로 삼으려는 발상은 결코 우연히 생겨나지 않았다.

이러한 발상의 연장선상에는 바다를 일정하게 잘라내어 그 부분을 자신의 것으로 삼고, 해저(=육지의 연장)는 물론 범위 내에 있는 모든 자원을 손에 넣겠다는 영해(領海)와 경제수역(經濟水域)의 발상이 존재한다. 이러한 사고방식을 바탕으로 아시아의 바다가 20세기에 각기 분할됐다. 오늘날의 난사(南沙) 제도나 센가쿠(尖閣) 열도를 둘러싼 분쟁 역시 이 연장선 상에 있다.

그러나 바다는 일정하게 잘라낼 수 없다. 항로의 집적(集積), 곧 선이 모여 있다는 옛날의 인식 방법을 떠올려 보면 근대 동아시아에서는 자유무역이라는 제도와 증기선이라는 기술에 의해 항구와 항구를 잇는 항로의 그물이 한층 다양하고 고밀도였다는 데 관심이 쏠린다. 또한 이러한 발상은 20세기 이후에 나타난 항공 노선과 비교해서 생각해도 상당히 유효하다.

육지를 각 나라로 나누고 그 경계선 안쪽을 동일하게 색칠한 세계지도는 근대의 세계지도로서 너무나도 간단명료했다. 이제부터는 빈틈없이 색을 칠해나가는 방법에서 벗어나 세계를 어떻게 표현하는가를 고민해야 한다.

중국해와 동해

후루마야 다다오 古厩忠夫

1. '환동해바다'와 '동북아시아'

환동해란 어디를 가리키는 것일까? 이슬람 역사를 연구하는 이타가키 유조(板垣雄三)의 〈n지역의 이론〉(이타가키, 1973년)에 따르면 지역이란 변하는 것이다. 요시 겐이치(芳井研一)가 지적한 바와 같이, 예컨대 산성비 문제를 연구하려면 중국 화북 내륙부도 포함해서 생각하지 않으면 안 된다. 1980년대 말에 '환일본해'라는 말이 등장했을 때 여기에는 '태평양 시대' 일본의 20세기에 대한 비판적 가치관이 녹아 있었다. 주변 각국의 경제성장 과정에서 발전에 뒤처진 혹은 희생된 지역이라는 의미도 담겨 있었다. 동시에 동서 냉전구조의 경계선으로 얼어붙어 있던 동해가 해동되기를 바라는 마음도 포함돼 있었다. 또한 자본주의국(資本主義國)·사회주의국(社會主義國)·전사회주의국(前社會主義國) 혹은 선진국·중진국·개발도상국의 공생과 협력 관계를 기대했기 때문에 소련·중국·북한·한국·일본·몽골은 모스크바·베이징·도쿄까지 포함한 국가 단위로 상정(想定)됐다. 이런 식으로 생각해 보면 환동해권에 대한 너무나도 엄밀한 선긋기는 의미가 없는 듯하다. '환동해권'이란 환동해권의 지역 구분을 종합하여 바다와 환경이라는 시점에서 동해와 동해로 흘러 들어오는 하천 유역을 가리킨다. 이 지역은 '동북아시아' '북동아시아' 란 더 고전적인 호칭을 가지고 있다. 이 호칭 역시 명확한 개념은 아니지만, 동북아시아에 대해 지리적으로 명확한 선긋기를 한 예다. 다음은 시미즈 노보루(淸水登)의 '삼해일육(三海一陸)', 곧 네 개의 작은 경제권(四小經濟圈)으로 동북아시아를 구분한 예를 소개하겠다.

서환해권西環海圈(환발해環渤海·황해권黃海圈) — 중국 화북 연안 각 성시(省市)·랴오닝 성(遼寧省), 조선(朝鮮)

중환해권中環海圈(환동해 지역) 조선·지린(吉林)·연해지방·연일본해도부현(沿日本海道府縣)

북환해권(환 오호츠크 해 지역) 사할린·하바로프스크·마가단·캄차카·치시마(千島)·홋카이도(北海島)

내륙권(환해권 후배 지역) 지린 성(吉林省)·헤이룽장 성(黑龍江省)·내몽고 동부·아무르·비로비잔

종종 지리적 구분을 논의하는 중국은 여기에 화북 일대를 덧붙이곤 한다. 본 장에서는 '환동해'와 함께 '동북아시아'라는 개념도 염두에 두면서 이야기를 풀어 나가려고 한다.

2. '일본해'라는 호칭

최근 '일본해'라는 호칭을 고쳐야 한다는 주장이 한국 등에서 일고 있다. 한국에서는 이 바다를 전통적으로 '동해'라고 부른다. 한국 정부는 1999년에 서둘러 국제 연합의 '지명전문가회의(UNGEGN)'라는 기관에 일본해라는 호칭 the Japan 또는 Sea of Japan을 the East Sea로 바꾸거나 함께 적어야 한다고 제소했다. 현재 해도(海圖)의 지명은 국제수로국(IHO)이 관할한다. IHO의 최초 간행물은 1928년에 나왔는데 일본의 주장을 받아들여 Japan Sea로 명기했다. 그 최신판은 1986년에 나온 제4판인데, 여기에도 Japan Sea로 명기돼 있다. 동해의 명기 문제가 붉어져 나온 것은 최근 10년 정도의 일이다.

역사적으로 보면 이 바다의 호칭은 한두 가지가 아니었다. 당대 이전의 중국 고지도나 문헌에서 조선반도 동부 해역은 별다른 호칭 없이 단순히 '해(海)' 또는 '대해(大海)'로 표기돼 있다. 《당회요(唐會要)》 등에는 '소해(少海)' 혹은 '소해(小海)'로 기록돼 있다. 원대에 일시적으로 '경해(鯨海)' 혹은 경천해로 불리다가 명청 시대에 들어서 '동해(東海)'라 불리게 된다. 문헌에서 '동해'란 호칭을 살펴보니 송(宋)·요(遼) 시대 이후부터 청대에 이르기까지 중국 사적(史籍)에 기본적으로 사용되고 있었다. 유명한 웨이위엔(魏源)의《해국도지(海國圖志)》에도 '동해'라는 명칭이 등장한다. 본래 중국 문화에는 바다에 고유 명사를 붙이는 전통이 없었기 때문에 일반적으로 '대해', '소해' 혹은 방위에 따라 '동해', '남해' 등으로 불렀다. 현재의 황해와 동중국해 등을 합친 일본해를 '동해'라 불렀음을 알 수 있다. 일본 역시 중화문화의 전통을 계승했지만 동해라고 부르기에는 방위상의 문제가 있어 호칭의 형식만 받아 '서해'라 부른 적도 있었다.

한국은 '동해'란 호칭을 중국보다 먼저 사용하고 있었던 것 같다. 최초로 '동해'라는 이름이 나타난 역사 문헌은《삼국지기(三國志記)》이다. 고구려 본기(本紀)의 시조 동명성왕(東明聖王)의 기록 가운데 '동해'라는 이름이 나온다. 서력(西曆)으로 치면 기원전 59년에 해당한다. 즉 '동해'는 삼국 건국 이전부터 사용하던 호칭이 되는 셈이다. 광개토왕비(廣開土王碑)에도 이 호칭이 나온다. 러시아 17~18세기의 지도에는 '동해'라는 뜻의 '보스트치노에 모리에'라는 말이 사용되고 있다. 러시아에 관한 대부분의 정보는 중국에서 들어오기 때문에 중국의 호칭을 따라 '동해'라는 호칭이 채택된 것은 당연하다. 그러나 러시아 인으로서 최초로 이 지역을 탐험했던(1803~1806년) 아담 크

루젠슈테르는 이 바다를 아폰스코에 모리에 즉 '일본해'로 기록했다. 이후 러시아는 이 호칭을 일반화하여 18세기 말에 완전히 정착시켰다.

그런데 최초로 이 바다를 '일본해'로 기록한 사람은 마테오 리치(중국 이름은 리마또우(利瑪竇))로, 1602년에 작성한 '곤여만국전도(坤輿萬國全圖)'에서였다. 마테오 리치는 현재의 황해 남부와 구별하기 위해 이름을 붙인 동해를 잠시 일본에 머물렀던 예수회의 이나시오 모레이라로부터 들었다. 그 후 유럽에는 선교사들에 의해 서서히 '일본해'라는 명칭이 보급되기 시작했다. Sea of Japan이 국제적으로 일반화된 것은 항해를 위해 통일된 해도가 반드시 필요했던 캡틴 쿡(영국의 탐험가 제임스 쿡을 말함. 폴리네시아, 멜라네시아, 미크로네시아로 이뤄지는 현재의 태평양 지도와 지리적 명칭들의 대부분은 쿡과 그의 탐험대의 손을 거쳐 만들어졌다-역주)의 대항해(1768~1779년) 시대 무렵이다.

'곤여만국전도'는 일본에도 전해졌고, 그 사본들은 널리 유포되었다. 그런데 재미있는 사실은 '일본해'라는 호칭 자체가 그리 주목을 끌지도 못했고 또 정착하지도 못했다는 점이다. 막부 말기까지는 '조선해(朝鮮海)'라고 기록한 지도도 상당히 많았다. '일본해'로 기록된 지도의 대부분은 란가쿠(蘭學. 일본 사람들은 서양 문물을 거의 네덜란드를 통해서 받아들였기 때문에 서양 학문을 네덜란드 학문 혹은 란가쿠(蘭學)라 불렀다-역주)의 계보를 잇는 지도였다. 그러나 메이지(明治) 시대로 접어들어 서양의 영향을 크게 받게 되면서 '일본해'라는 호칭으로 통일되기 시작한다. 뒤이어 부국강병 국위발양(國威發揚)과 같은 내셔널리즘(nationalism)이 '일본해'라는 명칭을 더욱 확고히 하게 된다.

일본은 동해의 대안(對岸. 한반도, 만주, 러시아 중국 등을 가리킨다-역주)에 진출하여 뒤쳐진 근대화를 빨리 따라잡고자 했다. 더구나 청일(淸日), 러일(露日) 전쟁을 승리로 이끌면서 동해를 일본의 영해라고 주장하는 목소리가 나날이 커져만 갔다. 예컨대 러일전쟁이 시작된 1950년(메이지 38년)에 니가타시(新潟市)에서 〈동북평론(東北評論)〉이라는 잡지가 발행됐다. 이 잡지 제8호에 실린 도쿄대학 마쓰나미 니치로(松波仁一郎) 교수의 '일본해에 대한 방인(邦人)의 활동'(방인은 자기 나라 사람, 자국인을 뜻함-역주)이란 글을 보면 "(일본해) 주변(四圍) 땅은 연해주를 제외하고 일반적으로 제국(帝國)의 영지이거나 보호국이다. 우리 나라가 이곳(일본해)을 가리켜 일본 영해라 부르는 것도 그다지 이치에 어긋나지 않는다"고 서술하고 있다. 이러한 주장은 일일이 열거할 수 없을 정도로 많다. 러일전쟁 이후 일본에서는 이름뿐 아니라 실질적으로도 동해를 일본의 영해로 삼아야 한다는 주장이 퍼지기 시작했다. 그리고 마침내 일본은 한국을 합병하게 됐다. 만약 일본이 러시아 연해주를 할양받았더라면 동해 주위는 모두 일본의 영토가 됐을 것이다.

만주사변(滿洲事變)으로부터 3개월 남짓 경과한 1932년 1월 5, 6일자 〈동경일일신문(東京日日新聞)〉에 '일본해의 호수화(湖

水化) 지금이 적시'라는 제목의 글이 게재됐다. 이 사설에는 "일본해는 신대(神代) 혹은 상고 시대(上古時代)에 오히려 지금보다 일본 국민에게 매우 친근한 바다였다", "오늘날의 일본해는……조선을 합병하고 가라후토(樺太) 남부를 회복함으로써 어느 정도 일본 영토 안에서 하나의 호수로 자리 잡았다"(신대는 신이 통치하던 제정일치의 시대를 말함. 가라후토는 일본이 사할린을 지칭하던 말-역주)라는 글이 실려 있다.

한국은 일본이 패전함과 동시에 없어져야 했던 '일본해'란 호칭이 아직 남아 있는 이유가 일본의 여전한 팽창주의 때문이라고 했다. '일본해'에서 식민지주의의 그림자를 본 것은 비단 한반도 사람들뿐이 아니다. 중국에서는 이미 1943년 7월에 충칭(重慶)에서 열린 여섯 학술단체(중국지리학회, 중국희소학회 등)의 연차총회에서 지리학회의 장꿔쥔(張國鈞)이 '일본해'라는 명칭을 '태평양'으로 개칭해야 한다고 제안한 바 있다. 동해의 호칭 문제 배경에는 일본 식민지주의와 근대국가의 해양 영역화가 버티고 있다. 연안 주민의 교류가 밀접해져 가는 오늘날, 제3의 이름이 고안되기를 기대한다. 21세기에 전개될 환동해권의 교류관계는 이 문제의 해결 방안이 말해 줄 것이다.

3. 동해의 대안 북반부 – 극동 러시아

극동 러시아의 민족

블라디보스토크에서 지도를 샀다가 깜짝 놀란 적이 있다. 일본이 지도의 남단에 있는 것이 아닌가. 블라디보스토크 역시 남단과 가깝다. 추코트 반도까지 수천 킬로미터에 달하는 광대한 타이가·툰드라 지대가 북으로 펼쳐져 있었기 때문이다. 이 북쪽의 광대함은 일찍이 일본인의 뇌리에도 각인된 적이 있다.

1-7의 지도는 시바 고칸(司馬江漢)의 '지구전도(地球全圖)' (1792년)로, 이 지역의 넓이를 표시한 일본 최초의 지도로 보인다. 지도에 표시된 북쪽의 길이는 당(唐)·천축(天竺. 천축은 중국에서 인도 또는 인도 방면에 대해 부르던 호칭-역주)을 향한 남쪽의 길이에 절대 뒤지지 않는다. 이 지도가 만들어졌던 시대의 사람들, 특히 동해연안 지대의 사람들은 언제나 근대의 우리들이 바라보았던 남쪽과 또 다른 지구 공간을 상상했음이 분명하다. 마미야 린조(間宮林藏)가 가라후토를 탐험하기 이전에 만들어진 이 지도에는 '일본해'(일본내해(日本內海)로 기록돼 있다)가 실제 크기보다 훨씬 크게 묘사돼 있다. 북(北)일본에 사는 사람들은 때때로 거친 북쪽의 자연에 순응하며 이 광대한 공간을 이용하고 있었다. 17세기에는 마쓰에 번(松江藩. 번은 제후가 다스리는 영지를 말함-역주)의 가신(家臣)들이 가라후토에서 어업을 시작했다. 지도에 상당히 어설프게 묘사된 캄차카 반도에도 러시아인보

다 몇 십 년 앞선 17세기에 이미 일본인이 들어가 연어잡이를 하고 있었다. 그리고 이 땅에 국민국가가 형성되는 19세기에 세계 3대 어장 중 하나라고 일컬어지는 이 북서 태평양을 둘러싸고 문제가 발생하게 됐다.

그러나 이 땅의 원주민은 러시아인도 일본인도 아닌 에벤키 · 나나이 · 오

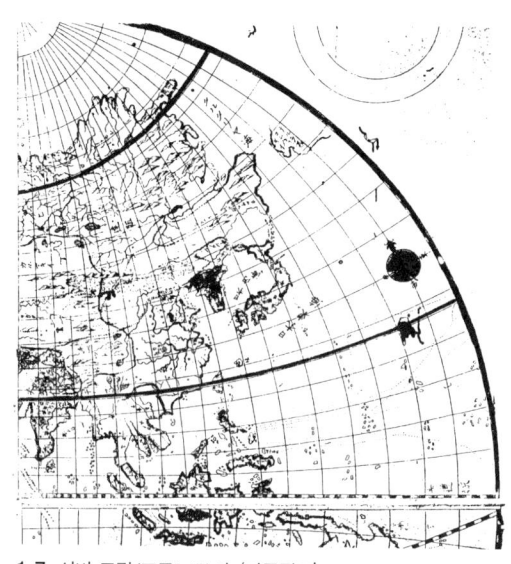

1-7 시바 고칸(司馬江漢)의 '지구전도'(1792년)
(아오야마 히로(青山宏夫), 1997년에서)

로치 등의 퉁구스 · 만주어계 및 코랴크 · 추크치 · 아이누 등의 팔레오 아시아 제어계의 이른바 '소수민족'들이다(표1).

이곳에는 졸참나무가 중심으로 하는 낙엽활엽수림대, 잣나무 등을 우선종(優先種)으로 하는 침활혼합림, 소나무림, 악화림(岳樺林) 등의 타이가 지대가 펼쳐져 있다. 또한 삼림한계선에는 소나무 지대, 툰드라 지대가 계속된다. 이곳에는 검은담비, 큰곰 · 반달곰, 주걱사슴 · 사향노루와 같은 각종 사슴류, 아무르 호랑이, 토끼류 등이 있고 툰드라 지대로 들어가면 순록이나 사향소 등이 서식한다. 스타노보이 산맥, 베르호얀스크 산맥 등이 경계선 역할을 하고 있고, 인간의 생활 방식도 이 산

표2 동시베리아의 소수민족 분포

	아무르강 북부 (하바로프스크주州, 기타)	아무르강 남부 (연해주, 사할린주)	캄차카반도, 오호츠크해 북방, 동북시베리아
퉁구스 만주어 · 북방파 (北方派)	에벤키족 : 동시베리아에서 레나강 유역, 서부 에니세이강 유역까지, 북부 시베리아에 널리 분포. 레나강 이북인 동시베리아 일대에 사는 에벤키족을 동에벤키라 한다. 거주 지역에 따라 분류한다. 에벤족 : 오호츠크해 연안부, 레나강 하류 유역(사하공화국 북부 일대)	나나이(골드) 족 : 쑹화강(松花江), 니아오수(烏蘇), 리장 강(里江), 아무르 상류 중류 하류 유역 오로치 족 : 아무르 강 하류 유역 지류(支流), 푼가리강 유역 울치 족 : 아무르 강 하류 유역 우데헤 족 : 아무르 강 지류인 우수리 강 지류, 미만 강, 비킨 강, 호르 강 유역 네기달 족 : 아무르강 지류인 암군강 유역 오로크(위르타) 족 : 사할린 섬 티미 강, 보로나이 강 유역	
팔레오 아시아 제어계 (諸語系)		니브히(길랴크)족: 아무르강 하류유역, 사할린 동해안 아이누족 가라후토 아이누 : 사할린(가라후토)섬 남부 치시마(쿠릴) 아이누 : 치시마(쿠릴)열도 일대 홋카이도 아이누 : 일본국 홋카이도	코랴크 족 : 캄차카 반도(러시아연방 코랴크 자치 관리 구역) 추크치족(추쿠챠) 족 : 추코트 반도(러시아 연방 마가단 주 동부, 추코트 자치 관리 구역) 이텔멘(캄차달) 족 : 캄차카 반도(러시아 연방 캄차카 자치주) 유카기르 족 : 레나강 중·하류 유역(사하 공화국부터 마가달 주 일대) 에스키모족 : 베링 해협, 북부 캄차카, 추코트 반도 해안 지역 알류트 족 : 알류샨 열도

출전) 藤本强, 2000년
* 팔레오는 라틴어로, 고대란 뜻-역주

(일본은 지금도 인접국가인 러시아·한국·중국에 대해 영유권 분쟁을 일으키고 있는데 분쟁지역마다 일본어로 지명을 붙여놓았습니다. 러시아의 사할린(Sakhalin)을 가라후토(樺太)로, 쿠릴(Kuril) 열도를 치시마(千島) 제도로, 그리고 한국의 독도(獨島)를 다케시마(竹島)로, 또한 중국의 디아오위 섬(釣魚島)을 센카쿠(尖閣) 열도라고 명명해 놓고 자국의 영토라는 주장을 펴고 있기 때문에 상대국가와 외교적 마찰을 빚고 있습니다-역자)

맥과 함께 달라진다. 스타노보이 산맥을 넘어 사하 공화국 안에 위치한 타이가 지대에서는 주로 소와 말을 기르고, 툰드라 타이가 지대에서는 주로 순록을 길러 생계를 꾸려 나간다. 예컨대, 니지니 하루비 촌락 부근을 경계로 나나이 족과 울치 족이 나뉘어 살듯이, 식물 집단의 경계선은 민족의 거주 경계선이 되기도 한다.

또한 아무르 강변에서는 고기잡이를, 산맥 주변 지역에서는 주로 수렵을 하는데, 소수민족은 이를 보충하는 형태로 산채·버섯·나무 열매·과일·견과류 등을 채집한다. 이러한 생활은 지금까지도 계속되고 있다. 과거와 다른 모습이라면 농경이 가능한 땅에 별장이나 저택을 짓고 밭을 만들었다는 정도이다. 수렵을 중심으로 하는 기술 위주의 생활은 그 대상이 되는 동물의 생태에 따라 형성된다. 모피 취득이 목적이라면 모피의 질이 가장 좋아지는 겨울철이 일년 중 제일 바쁜 시기가 된다. 고기를 얻고자 한다면 지방이 풍부해지는 늦은 가을이나 봄이 바쁜 시기다. 한약재로 쓰이는 사슴의 뿔을 얻고자 한다면 뿔이 재생되는 늦은 봄부터 초여름까지가 가장 바쁜 시기다. 고기잡이의 경우도 마찬가지다. 가라후토 송어는 6월 상순, 백연어는 10월부터 11월에 잡아 올린다.

캄차카 반도에는 추쿠치·코랴크·이텔멘 족 등이 유목과 수렵 생활을 이어나가고 있다. 툰드라의 에벤 족은 한 가족이 이천 마리나 되는 순록을 키우며 산다. 여름에는 순록이 이끼나 작은 나무를 뿌리째 먹지 못하도록 간간이 이동을 해야만 한다. 순록의 필수품은 순록이끼다. 만약 전체 먹이 중 15퍼센트 정도에 달하는 순록이끼를 먹지 못한다면 순록은 살아갈 수 없다. 순록이 툰드라의 순록이끼를 모조리 먹어 치우면 다시 자랄 때까지 약 30년의 시간이 흘러야 하기 때문에 순록을 이동시켜 한 곳의 이끼를 다 먹지 못하도록 하는 것이 에벤 족의 생존 조건이다. 순록도 이제는 진화하여 겨울철이 되면 심박수와 호흡수가 줄어들어 동면 상태에 들어간다. 이때는 여름철에 먹던 양의 삼분의 일정도만 먹어도 살아가는데 아무런 문제가 없다. 또한 번식을 조절하기 위해 순록의 생식기를 잘라 주는 일이나, 수컷 한 마리에 암컷 15마리가 되도록 수컷을 솎아 내는 일 역시 에벤 족에게 빼놓을 수 없는 일이다. 에벤 족은 매 끼마다 순록 고기를 먹으며 지낸다. 그들이 사는 집도 가는 나무 기둥 몇 개에 순록 가죽을 덮어놓은 형태로 매우 간단하다. 이 지역에 사는 소수민족들에게 공통된 점이 있다면 러시아 혁명을 맞이할 때까지의 약 2000년 동안 철기(鐵器)와 상관없는 이른바 석기 시대의 삶을 살았다는 것이다. 사람과 동물이 이처럼 미묘하고도 절묘한 균형을 이루며 공생하는 생활이외에, 또 어떠한 삶이 혹독한 자연 속에서 살아갈 수 있을까.

    이러한 식생(植生)과 동물의 생태로 규정된 생활 속에서 살아온 소수 민족이 아직까지도 그 모습 그대로 살아가고 있는 곳이 바로 동북아시아 북부이다. 조금이라도 조건이 달라졌다면 분명 생태계는 사라지고 말았으리라. 본래 그들의 수렵도 17~19세기에 모피 교역의 영향을 받고 어부의 기술이 진보하는 등 외부세계와 완전히 단절되지는 못했다. 식생도 동물의 생태도 모두 새롭게 달라지고 있다. 이들의 수렵 방식은 레나 강 유역에 사는 야쿠트 족의 수렵 방식이나 2500킬로미터 떨어진 중국 쑹화 강(松花江) 하류의 씨에저 족(嚇哲族. 러시아에서는 나나이 족이라 부르며 주로 수렵이 중요한 생활 수단이었다-역주)의 수렵 방식과 마찬가지로 온도차 따위의 자연 조건을 초월해 서로 비슷한 양상을 띤다고 한다. 이곳의 생활은 매우 혹독하다. 그러나 자연과의 공생을 포함해 우리들이 잃어버린 것, 또 다른 문명(Another Civilization)이 이곳에 있다는 것은 분명한 사실이다. 이것이 환동해 · 동북아시아가 다른 지역에 비해 독특하게 구별되는 가장 기본적인 성격이다.

동해의 대안(對岸) 북반부에 이러한 세계가 펼쳐져 있다. 역사적으로 보아도 지금의 중국 동북부 역시 유사 이전부터 투르크계 · 몽골계 혹은 퉁구스계 등, 알타이 어족에 속하는 민족이 한족과 접촉하며 살아온 지역으로 성격 또한 같았다.

일본으로의 전파-북방 경로

동북아시아 북방 문화는 일본과도 무관하지 않다. 역사를 거슬러 올라가 보면 아시아 대륙 동부에는 두 개의 문화 전통이 있었다. 중국을 중심으로 하는 동아시아의 문화 전통과 그 북

부에 펼쳐진 동북아시아의 문화 전통이 그것이다. 전자는 이른
바 '조엽수림 문화(照葉樹林文化)'(조엽은 표면이 매끈매끈하고 빛을
반사하여 광택이 나는 잎을 말함-역주)와 겹쳐지고, 후자는 '졸참나
무림 문화'로 이어진다. 일본 열도의 서쪽에서 들어온 것이 동
아시아 문화이고 열도의 북쪽에서 들어온 문화적 요소는 동북
아시아로 이어진다. 약 1만 5000년 전의 구석기 시대 말기에 북
방계 세석기(細石器)를 들고 일본 열도로 들어온 집단이 있었
다. 그들의 고향은 바이칼 호에서 아무르 강 유역이라고 한다.
당시엔 육지가 서로 이어져 있었기 때문에 그들은 사할린에서
홋카이도로 들어와 동북에서 니가타 주변까지 남하해 왔다. 시
나노 강(信濃川)과 우오노 강(魚野川)의 합류 지점에 그 유적이
남아 있는데(가와구치쵸 아라야 유적. 川口町荒屋遺跡), 이러한 유적
의 분포는 연어나 송어가 소하(溯河, 강을 거슬러 올라감-역주)하
는 강의 분포와 거의 일치한다. 동해와 그곳으로 흘러 들어가
는 하천은 연어나 송어의 문화권이기도 하다. 후지모토 쓰요시
(藤本强)에 의하면 이 북방경로는 일시적인 것이 아니라고 한
다. 그 후 계속돼 7~8세기부터 11세기에 걸쳐 아무르 강 중류
에서 홋카이도까지 번성했던 찰문(擦紋) 문화 · 오호츠크 문화,
그리고 아이누 문화로 이어진다.

   그 외에 동북아시아의 여러 민족과 홋카이도 · 일본해 연안
지역의 교류를 나타내는 사례는 일일이 셀 수 없을 정도이다.
아베노 히라부(阿部比羅夫. 7세기 후반의 무장. 고시노쿠니(越國)를 지

키기 위해 군사를 이끌고 미시하세(肅愼)와 아키타(飽田) 등의 에조(蝦夷) 인을 토벌했다고 전해진다. 에조 인은 아이누 족의 선조이며, 일본 동북 지방에서 살았다-역주)와 싸웠던 미시하세(肅愼) 인은 스즈야 식 토기(鈴谷式土器)를 가지고 사할린에서 남하한 말갈계 문화인(靺鞨系文化人)이었다는 설, 동인문화(同仁文化)·홋카이도 문화와 오호츠크 문화의 원류가 헤이룽 강(黑龍江. 다른 말로 아무르 강이라 한다-역주) 유역의 말갈 문화(靺鞨文化)로 거슬러 올라간다는 설, 동북아시아 여러 민족이 독화살을 사용했다는 공통점, 일본어가 퉁구스어계를 바탕으로 한다는 설, 연해주에 사는 퉁구스계 민족에게서 일본인의 뿌리를 찾는 설, 유전자 연구를 통해 일본인으로 특징지을 수 있는 유전자 정보가 중국 북부의 그것과 공통된다는 설, 유전자 변형으로부터 바이칼 호수 주변에 사는 부리야트 족이나 몽골 족·오로촌 족 등과의 공통성을 주장하는 설, 일본·동 시베리아·중국동북부·조선반도에서 신석기 시대 토기의 사용방법이 유사하여 이들이 서로 영향을 주고받았을 것이라는 설, 시베리아의 그라즈보코 문화와 중국 동북부·일본 동북 문화에서 석관(石棺)·토우(土偶)·공열문토기(孔列文土器) 등의 공통성, 샤머니즘에 나타나는 공통성 등, 야마구치 히로시(山口博)는 석기시대 이래의 문화적 관련성과 공통성을 지적했다. 서쪽 창구를 통해 들어온 압도적으로 많은 동아시아 문화에 비해 북쪽 창구를 통해 들어온 이들의 흔적은 매우 단편적이다. 그러나 이들의 흔적은 동아시아와 다른 또 하나의 창구가 있었음을 분명하게 말해 주고 있다.

4. 동북아시아-동아시아의 내부 영역

동아시아의 내부 영역

그렇다면 동해 대안의 남반부는 어떠한가? 가와치 요시히로(河內良弘)는 '동북아시아'를 가리켜 이렇게 규정했다. "동북아시아는 한민족(漢民族)의 거주권과 육지로 이어져 있다. 또한 유사 이전부터 투르크계 · 몽골계 혹은 퉁구스계 등의 알타이 어족에 속하는 민족이 이곳에 거주하고 있었다. 그리고 그들이 한민족과 정치적 · 문화적으로 복잡하게 뒤얽히면서 사회의 발전을 거듭해 온 특별한 문화권을 만들어 냈고, 그 문화권이 바로 동북아시아다."(가와치 요시히로, 1989년). 여기에서 가와치가 생각하고 있는 동북아시아는 동해 건너편의 남반부이다. 처음부터 남반부는 북반부와 동일한 특질을 가진 지역이었다. 그러나 동아시아 문화의 담당자였던 한족(漢族)과 조선족(朝鮮族)이 북쪽으로 뻗어 나감에 따라 중화 문화의 세례를 받게 됐고, 후에 거란족(契丹族) · 여진족(女眞族) 등이 이곳에 고대 국가를 형성했다. 하마시타(濱下)는 동아시아를 고정된 시선에서 바라보지 않았다. 그는 "어떤 때는 강한 구심력이 대두됐고, 또 어떤 때는 주변으로 뻗어 나가는 에너지가 넘쳐나는, 중심과 주변이 서로 교착하는 지역"이라고 특징지었다(하마시타, 1999년). 고구려·발해·요·금으로 이어진 시대는 중화제국 및 주변에서 한창 고대 국가를 형성하던 물결이 동북아시아에 밀어닥친 시기였다. 그 영향을 받아 동북아시아에 고대 국가가 형성됐고, 동북아시아는 다시 동아시아 세계로 진입해 들어갔다. 말하자면 동아시아와 동북아시아가 서로 일치되어 존재했던 시기인 셈이다. 이와 같은 면을 강조해보면 동북아시아는 동아시아의 내부 영역이라 할 수 있다.

고대국가 시대

동북아시아에서 고대국가가 형성됨에 따라 일본 역시 다양한 면에서 활기를 띠게 된다. 효고 현(兵庫縣) 이즈시쵸(出石町)의 하카사(袴狹) 유적에서 준구조선(準構造船) 15척의 선단(船團) 그림이 출토됐는데, 이를 통해 이미 고분 시대(古墳時代) 전기에 일본해를 왕래했던 커다란 세력이 존재했음을 추측해 볼 수 있다(《아사히신문(朝日新聞)》 2000년 5월 31일). 6세기의 조선반도에서는 삼국(三國)이 격렬하게 패권을 다투고 있었다. 일본에서도 야마토(大和) 대왕의 지배가 확대되고 있긴 했지만 호족들의 세력 확대도 만만치 않았다. 당시 야마토 대왕은 조선반도에서 백제(百濟)를 중요하게 보고, 550년과 562년에 모두 두 차례에 걸쳐 오토모노 사데히코(大伴狹手彥)를 파견하여 백제군과 함께 고구려를 쳤다.

그 후 570년, 고시노(越)의 해안(가나자와 시(金澤市) 주변)에 고구려 배가 도착했고, 각지의 호적들은 그들과 교역을 시작했다. 이러한 보고를 받은 야마토 대왕은 사신을 보내 고구려인을 야마시로(山背. 옛 나라 이름. 지금의 도쿄 부(東京部) 남부-역주)의 상락관(相樂館)에 맞이하여 정식으로 국교(國交)를 맺고자 했다. 고구려 사신은 573년, 다시 고시노 해안에 도착했다. 당시 '배가 부서져 익사한 사람'이 많았다(《일본서기(日本書紀)》)고 한다. 야마토 대왕은 고구려 사신들이 자주 길을 헤매는 것을 의심했고, 그들이 간사한 뜻을 품고 있지는 않을까 하는 마음에 인질을 잡아 놓고 남은 사람들을 귀국시켰다. 고구려인의 호송을 맡은 키비노 나니와(吉備直難波. 이름이 정확한지 확인할 수 없었습니다. 참고하시기 바랍니다-역주)는 동해에 고구려인 두 명을 던져 버렸다. 이듬해인 574년에 고구려 사신이 전에 보낸 사신의 소식을 확인하기 위해 다시 고시노 해안에 도착했다. 《일본서기》를 보면 이러한 설명 뒤에, 이 시기에 일어났던 조선반도의 세력 다툼과 일본에서의 세력 다툼이 밀접하게 관련돼 있으며, 합종연횡정책(合從連衡政策. 합종(合從)과 연횡(連衡)의 두 외교정책을 합한 말로, 국제무대에서의 외교적 각축전을 이르는 말이다. 합종의 종은 남북을, 연횡의 횡은 동서를 가리킨다-역주)이 채용됐음을 엿볼 수 있다.

663년, 백촌 강(白村江. 지금의 금강-역주)에서 나당연합군에게 패한 야마토 정권은 수도를 오미(近江. 시가 현(滋賀縣)의 옛 이름)

의 오쓰(大津)로 옮기고, 조선에 대한 외교의 주축을 고구려로 바꾸었다. 백제·신라와의 교류 경로는 오키(隱岐)제도·대한해협 방면이었고, 고구려와의 교류 경로는 동해 중앙부 와카사만(若狹灣)이었다. 때문에 당시 동해는 날로 번성했다. 고지마 요시타카(小嶋芳孝)가 지적했듯이, 고구려 배가 드나드는 고시노 지방의 관료와 야마토 정권 역시 밀접한 관계에 놓여 있었다. 고시노 지방의 여자가 시키(施基) 왕자를 낳은 것이 그 대표적인 예이다. 570년부터 고구려가 멸망한 668년까지, 118년 동안 고구려에서는 18번에 걸쳐 일본으로 사신을 보냈다. 6년에 한 번 정도 보낸 셈이다. 아스카 시대(飛鳥時代)에 이르면 백제나 신라 이상으로 고구려의 영향을 많이 받았음을 알 수 있다.

고대국가의 성립이 동북아시아에까지 미치자 동아시아의 국제 관계는 양자 관계(二者關係)에서 더욱 다각적인 모습으로 바뀌게 된다. 당·신라와 대립 관계에 놓여 있던 '해동성국(海東盛國)' 발해는 동아시아의 또 다른 강국인 일본과 동맹을 맺고자 727년에 군인 고인의(高仁義)를 수장으로 하는 24명의 사절단을 일본으로 파견했다. 그러나 그들은 쓰시마 해류에 휘말려 데와(出羽)의 '이치(夷地)'에 닿았고, 고인의를 비롯한 16명이 야마토 정권과 대립중이던 에조(蝦夷. 아이누라 읽히기도 한다-역주)인에게 살해를 당하고 만다. 살아남은 사람들은 간신히 헤이조쿄(平城京)에 다다를 수 있었고, 그곳에서 성대한 환영을 받았다. 일본은 발해의 사절단을 위해 배를 만들어 62명의 사절단을 편성하여 발해까지 데려다 주었다. 이것이 발해 사절단의 시작이다. 마침내 당과의 관계가 회복되어 군사적 위협이 사라지게 된 발해는 사절단의 목적을 교역에 두기 시작했다. 발해에서는 모피나 인삼 따위가 주로 건너왔고, 일본에서는 비단과 같은 섬유제품이 주로 건너갔다. 당시엔 난방 시설이 형편없었기 때문에 모피는 귀중한 방한 도구였다. 호랑이 가죽은 5품 이상, 표범 가죽은 3품 이상의 사람들만 착용하도록 제한된 적도 있다.

이 시기의 동아시아 국제 관계를 가장 설득력 있게 설명한 사람은 아마도 니시 섬 사다오(西嶋定生)일 것이다. 당시 국제 질서를 담당했던 '책봉체제(冊封體制)'는 당을 종주국으로 하는 중화제국의 '화이질서(華夷秩序)'의 체제에 주변 제국을 포함시키는 성격을 띠고 있었다. 평등한 관계는 아니었지만 대외 관계를 처리하는 장소와 방법을 제시하기는 했다. 그 '온화한 지배' 체제 아래서 전란을 피하고 안정적인 동북아시아의 국제 관계가 계속됐다는 점은 높이 살만하다. 동아시아 세계의 공통 지표로는 첫째 공통문자로서의 한자, 둘째 문화 표현 형식으로써의 유교, 셋째 정치 제도로써의 율령 제도, 넷째 중국에서 번역되고 정리된 중국 불교를 들 수 있다.

그런데 발해 사절단의 경로에 대해서 야마토 조정은 '쓰쿠시 미치(筑紫道)'(쓰쿠시는 규슈 북부 지방을 칭한다-역주)를 통해 다자이후(太宰府)로 오도록 엄명했다. 773년 노토(能登. 이시가와 현 북부, 노토 반도를 차지한 옛 나라 이름. 호쿠리쿠도(北陸道) 7국 중 하나-역주)에 도착한 조순불(鳥順弗)이 이끄는 제8회 발해 사절단은 입항을 금지하고 있는 호쿠리쿠도(北陸道)에 배를 대었다는 이유로 심한 꾸지람을 들었다. 그런데 사도몽(史都蒙)이 이끄는 제9회 사절단도 카가(加賀. 이시가와 현 남부를 차지한 옛 나라 이름. 호쿠리쿠도 7국 중 하나-역주)에 도착하고 말았다. 역시 꾸지람을 들은 사도몽은 "조순불에게 들은 대로 쓰시마 방면으로 향했지만 뜻하지 않게 금지된 땅에 도착했다"고 고했다. 이 사절단은 총 187명 중 141명이 사망했다. 고정태(高貞泰)가 이끈 21회 발해 사절단도 12월에 카가에 도착했다. 그들의 입경(入京) 허가를 놓고 조정에서는 격론이 오갔지만, 결국 고정태는 반년 이상 기다렸는데도 수도로 들어갈 수 없었다. 결국 고정태는 가지고 온 몽고 개를 조정에 바치고 빈손으로 돌아갔다.

두만강 하구에서 출항한다면 바다 저편에 일본 열도가 새처럼 날개를 펴고 기다리고 있을 것이다. 해류와 편서풍을 타고 남동쪽으로 향하면 일본에 도착할 수 있다(1-8). 사실 육지로 둘러싸인 바다이기 때문에 호쿠리쿠도의 어디쯤에 도착하는 것이 자연스럽다. 쓰쿠시미치(筑紫道)로 오라고 했던 조정의 명령은 무리가 있었다. 발해 사절단이 타고 온 배를 제조, 수리했던 곳도 노토의 하쿠이(羽咋)나 후쿠라(福浦)였고, 쓰루가(敦賀) 게히(氣比)의 마쓰바라(松原)에는 발해의 사절단을 위한 객관(영빈관)이 마련돼 있었다. 이 교류에 '고시 노쿠니(越國)'가 중요

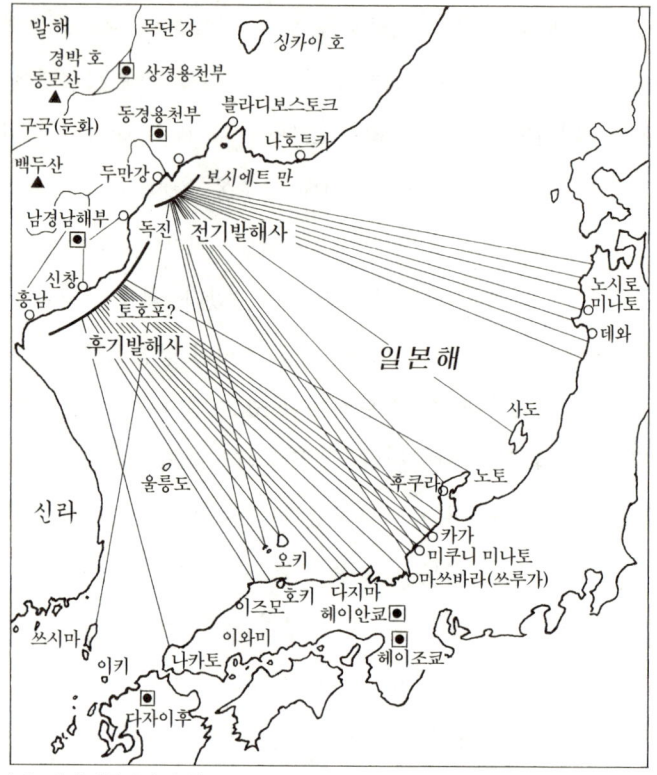

1-8 발해 사절단 추정 항로도(우에다 히데오(上田雄)《발해국의 수수께끼》고단샤(講談社))

한 역할을 담당했다. 발해가 파견한 사절단은 182년 동안 34회에 이르고, 83년 동안 일본이 파견한 사절단은 13회에 이른다. 합해서 평균을 내보면 대략 4년에 한 번 꼴이다. 교과서에 나오는 견당사(遣唐使)는 약 260년 간 16회에 걸쳐 파견됐기 때문에 평균을 내보면 약 20년에 한 번 꼴이다. 이 시대엔 일본도 당의 정치·경제 제도 및 문화를 수입하는데 적극적이었다. 물론 당에서 직접 수입하기도 했지만, 조선반도나 발해를 거쳐 수입하기도 했다.

동아시아의 범위

고대 동아시아 세계가 러시아 극동부를 뒤덮고 있었다는 사실을 우리는 때때로 간과해 버리곤 한다. 블라디보스토크에 있는 러시아

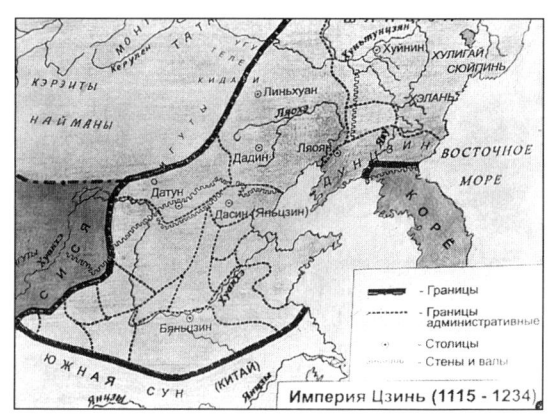

1-9 러시아 과학아카데미 극동지부, 역사학·고고학·민족지학연구소에 전시된 '금제국(金帝國)'의 지도

과학아카데미 극동지부 역사학·고고학·민족지학연구소 전시실을 보고 새롭게 인식한 사실이 있다(1-9). 그곳에 전시된 역사적 유물은 중화 문화의 영향을 매우 많이 받은 것들이었다. 사실 고대 러시아 연해주를 통치했던 나라는 발해, 요, 금, 그리고 원이었다. 이 나라들은 중국의 전제 정치 체제를 받아들인 국가였고, 일본인들은 중국사의 일부분으로서 요사(遼史)나 금사(金史)를 배우고 있었다. 그러나 사실 이 나라들의 역사는 러시아의 역사이기도 하며, 때로는 한국의 역사이기도 하다. 반대로 발해의 역사는 발해의 역사일 뿐 중국의 역사도, 러시아의 역사도, 한국의 역사도 아니라는 사실을 우리는 너무도 쉽게 잊어버린다. 동아시아와 중화 문명을 뒷받침하던 또 하나의 공간 동북아시아, 이것이 두 번째 기본 특질이다.

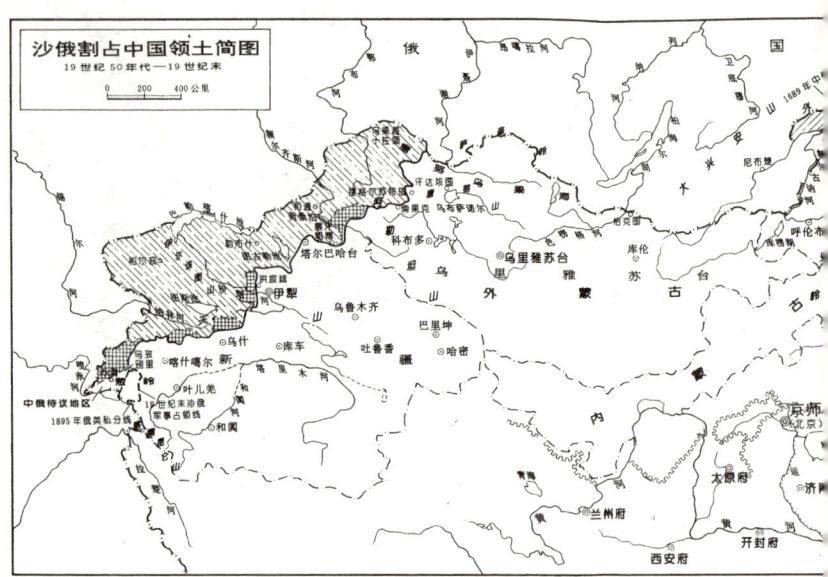

1-10 러시아의 영토 획득(빗금 부분) 《근대중국백년국치지도(近代中國百年國恥地圖)》 인민출판사(人民出版社)

5. 근대의 환동해 · 동북아시아

근대국가의 형성과 동북아시아

동북아시에 들어온 동아시아 체제는 오히려 근대에 들어서 한층 더 두드러진다. 이 시기에는 서쪽에서 러시아라는 유럽 세력이 등장하고, 국민국가가 형성되며 제국주의가 발전하여 각축을 벌인다. 나카미 다쓰오(中見立夫)는 다음과 같이 설명했다(나카미, 1999년).

만약 동북아시아에서 어떤 공통된 지역적 특질을 찾아낼 수 있

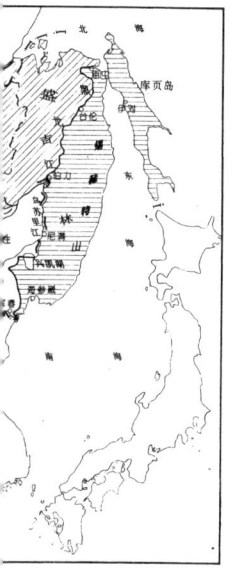

다면 과연 무엇이겠는가? 지역 이름조차 갖고 있지 못했던 이 지역은 시베리아에 대한 러시아인의 식민 정책, 홋카이도·치시마(千島)·가라후토(樺太)에 대한 일본인의 식민 정책, 그리고 중국 동북 지방으로 흘러 들어간 한인(漢人) 이민자들로 인해 '중국의 동북 지방'으로 변모해나가기 시작했다. 또한 일본이 조선에 식민 정책을 펴면서 일본인은 물론 조선인까지 이 지역으로 진출했고 이를 전후로 조선인은 중국 동북과 연해주 지방까지 이동을 했다. 말하자면, '동아시아'에서 인구 이동이 크게 일어나 '동북아시아'는 점차 매몰돼 동아시아의 일부분이 되든지 주변 부분이 됐던 것이다. ……한반도를 제외하고, '동북아시아'에서 주인행세를 했던 사람들은 모두 외부에서 들어온 이민자라 할 수 있다. 18세기 시베리아에 러시아 인이, 랴오둥(遼東)을 제외한 중국 동북에 한인이, 그리고 홋카이도에 일본인이 도대체 얼마큼 있었는가를 상기하기 바란다.

지금까지 살펴본 소수민족이 삶을 영위하고 있는 극동 러시아는 현재 러시아의 행정 구역상 사하 공화국·유다야 자치주·아무르 주·프리모르스키 주(연해주)·하바로프스크 지방·캄차카 주(코랴크 자치 관리 구역을 포함)·마가단 주(추코트 자치 관리 구역을 포함)·사할린 주로 나뉘어 있다. 면적은 620평방

킬로미터로 러시아 전역의 36퍼센트 정도를 차지하고 있다. 그들은 러시아 국민이다. 또한 남방은 중화인민공화국에 속하며 그곳에 사는 사람들은 중국인민이다. 1997년에 중국에서 출판된 《근대중국백년국치지도(近代中國百年國恥地圖)》를 보면 '사아할점중국영토간도(沙俄割占中國領土簡圖)'라는 지도가 수록돼 있다(1-10). 러시아가 차지하게 된 영토는 네르친스크 조약(1689년)에서 확정한 경계선과 아이군 조약(1858년), 베이징 조약(1869년)에서 결정한 경계선 사이의 지역으로 지도의 빗금 부분에 해당한다. 중국과 러시아뿐 아니라, 현재 환동해 국가간에는 일본과 러시아의 북방 영토 문제, 일본과 한국의 독도 문제처럼 더욱 구체적인 형태의 영토 문제가 있다.

그러나 이러한 영토 문제는 근대에 국민국가를 형성했던 민족·국가간의 문제다. 몽골제국을 형성했던 일부 하루하 족(몽골 족의 한 부류로 몽골 인의 대부분이 이 하루하 족입니다-역주)과 조선반도의 조선족을 제외하고, 중국과 러시아라는 두 대국 틈에 위치한 동북아시아 지역에서 살았던 여러 민족 집단은 근대에 들어서도 자신들의 국가를 이룩한 적이 없었고, 그럴 수도 없었다. 고난 끝에 근대 국가를 형성한 민족에게 과거의 역사는 국가의 발자취를 알리는 일이 된다. 앞에서 소개한 발해국사(渤海國史)가 그 전형적인 모습이다. 이성시(李成市) 교수가 말했듯이, 발해에 대한 역사 서술은 이른바 족속 문제(族屬問題)를 둘러싸고 있기 때문에 나라마다 그 서술이 다를 수밖에 없다. 중국 헤이룽장 성(黑龍江省) 동부에 있는 발해국 상경용천부 유적에 가보면 발해국에 대해 '중국의 한 소수민족이 세운 지방 정권'이라고 새긴 비석을 볼 수 있다. 그런가 하면 한국에서는 고구려의 유민 대조영(大祚榮)이 발해를 세웠다는 점, 발해의 지배 집단이 고구려인이었다는 점을 중시하고 있기 때문에 고구려의 부활과 재흥을 강조해서 한국사(韓國史) 속에 자리매김해 놓았다. 지금까지는 신라가 통일을 이룩했던 7~8세기를 한국 민족에 의한 신라·발해의 남북조시대로 보는 견해가 유력하다. 러시아에서는 발해를 말갈족이 세운 정권이라 주장하면서도 이웃한 여러 민족들의 영향을 인정하여 시베리아 지역에 형성된 국가에 포함시키고 있다. 그렇다면 발해는 시베리아 지역에 세워진 최초의 국가가 되는 셈이다.

　식생(植生)의 경계선을 따라 나뉘어 살고 있던 본래 주인공인 '소수 민족'에게 이러한 국경은 무의미하다. 오히려 그들을 자유가 없는 고된 생활로 몰아넣고 있었다. 10년 전에 중국 하얼빈(哈爾濱)에서 씨에저 족(嚇哲族)의 집을 방문한 적이 있다. 그들은 "현재 중국에 거주하는 씨에저 족은 808명이 줄었고 언어마저 사라지는 상황에 있지만, 러시아에는 동료가 많을 것이다."라고 말했다. 국경선으로 민족이 분단되고 왕래조차 하지 못한 채 살아가고 있는 씨에저 족과 같은 민족은 여전히 많다.

하이션와이(海參崴)에서 블라디보스토크로

1860년의 베이징 조약으로 네르친스크 조약 이후 청나라에 속해 있던 연해주가 러시아로 할양됐다. 이 때, 하이션와이(海參崴)라는 명칭이 '블라디보스토크'로 바뀌었다. '블라디보스토크'는 '동방을 지배하라'라는 뜻으로 러시아 제국이 이 도시에 부여한 사명을 직접적으로 표현하고 있다. 그렇다면 하이션와이는 무슨 뜻일까? 하이션(海參)은 해삼을 가리키고, 와이(崴)는 울퉁불퉁하여 평탄하지 않는 지역을 말하므로 여기에서는 '해삼이 나는 후미'(후미는 물가나 산길이 휘어서 굽어진 곳을 뜻함-역주)정도로 받아들이면 된다. 해삼이란 바다의 인삼이란 뜻이다. 동북아시아가 본고장인 뭍의 인삼, 즉 우리가 흔히 말하는 조선 인삼처럼 귀중한 한약재가 되기 때문에 바다의 인삼이라고 한 모양이다. 해삼의 역사는 일본에서도 오래됐다. 《고사기(古事記)》에는 '나마코(海鼠)'로 등장했고, 헤이안(平安)시대에는 조정에 바치는 공물로써 귀중하게 여겨졌다. 에도시대의 기타마에부네(北前船. 에도시대 회선(回船)의 일종. 기타마에(北前)란 '일본해'를 이르는 말-역주)가 홋카이도에서 실어오던 짐에는 어류와 말린 해삼이 나란히 있었다. 아마도 국경이 없었던 시대에는 약재로 쓰이는 귀중한 해삼을 구하기 위해 중국은 물론이고 한반도, 일본, 그리고 그 부근에 사는 여러 민족이 하이션와이로 몰려들었을 것이다. 다시 말해 1860년에 '블라디보스토크'로 명칭이 바뀐 것은 그 옛날 인심이 후했던 시대가 끝났음을 시사했다.

　동북아시아 여러 민족이 살아가는 땅에 가장 먼저 발을 디딘 외부 세력은 한족이었고, 그 다음은 로마노프 왕조가 이끄는 러시아 제국이었다. 그리고 근대에 들어서면서 일본이 이 땅을 근대화의 생명선으로 삼아 활발한 활동을 시작했다. 동해의 제해권(制海權)을 둘러싼 다툼은 끊이지 않았고, 블라디보스토크, 뤼순(旅順), 마이즈루(舞鶴), 텐진(天津)과 같은 군항(軍港)이 속속 들어섰다. 또한 동해는 일본의 근대화를 결정할 청일·러일전쟁의 무대가 되었다.

　이와 동시에 각 나라는 풍성한 해산물을 잡는 데도 통제를 가하기 시작했다. 처음에 어민들은 외부 국가들의 주권 쟁탈전에 관심이 없었다. 그러나 1908년 러시아 국경 부근인 북한에 상륙한 니가타 현(新潟縣)의 어부 7명이 습격을 받아 사망한 사건이 발생한 뒤로 사정은 달라졌다. 이후 러일전쟁이 끝나고 '러일어업협약(日露漁業協約)'이 체결됐다. 이로써 니가타 항구만 해도 백 척 이상의 배와 사천 명 이상의 어민들이 북양(北洋)으로 진출하게 된다. 그리고 오늘날까지 조업은 국가 간의 협정에 따라 이루어지고 있다. 에도시대의 제니야 고베에(錢屋五兵衛. 에도시대 카가(加賀)의 호상(豪商. 해운업자))를 비롯하여, 북양어업이나 홋카이도와의 장사를 통해 부를 축적한 이가 끊이지 않았다. 1916년 7월에 발행된 잡지 〈생활(生活)〉에 '일본 제일의 부호 촌'이라는 기사가 실렸는데, 이시가와 현의 하시다테 촌

(橋立村)과 세고에 촌(瀨越村)을 소개하고 있다. 남자들이 홋카이도 쪽으로 떠나 겨울이 돼서야 돌아오기 때문에 마을엔 여자와 아이들만 남아 마치 뇨고가 섬(女護島. 여자만이 산다는 상상의 섬, 또는 여자만 있는 곳-역주) 같다는 내용이었다. 사람들은 동해를 풍요의 바다라고 생각했다.

'일본해 호수론'과 백지도(白地圖)의 사상

블라디보스토크 항로가 개설되자 시찰여행(視察旅行. Inspection Tour. 해당 지역을 시찰하는 여행-역주)이 성행하기 시작했다. 상인을 양성하는 니가타 상업학교에서도 블라디보스토크 방면으로 시찰 여행을 떠난 적이 있다. 이 학교의 교우회 〈회지(會誌)〉 제6호(메이지(明治) 41년)에 실린 책머리 논설, '국민적 자각'이란 글에 다음과 같은 내용이 소개됐다.

조금이라도 민족의식을 잊는다면 그것은 국가가 한순간에 추락하는 것과 같다. 나로 하여금 대양(大洋)의 모래밭에 서게 해라. 국가 발전의 가능성은 저 건너편(피안. 彼岸)에 있고, 영원한 보물 창고도 바로 그곳에 있다……, 한국은 물론, 만주(滿洲), 남청(南淸), 인도지나(印度支那), 그리고 가라후토, 연안주(沿岸州), 발길 닿는 곳에 푸른 산이 있고 보물 창고가 있다…….

청일전쟁과 러일전쟁은 동해에 대한 국가주의를 북돋아 그곳으로의 진출을 꾀하는 데 큰 몫을 담당했다. 유럽과 미국을 뛰어넘겠다는 의욕에 불타오르던 일본인에게 혹독한 자연과 공생하며 금욕 생활을 영위하던 동북아시아는 미개하고도 영원한 보물 창고로 보였다. 마침내 일본인들은 '붉은 석양의 만주'마저 자신들의 좁은 국토에 부족한 자원·식량을 채워 줄 수 있는, 자유롭게 꿈을 펼치도록 하는 '백지도'로 간주해 버렸다.

1927년에 《조선 및 만몽(滿蒙)에서의 호쿠리쿠도인사(北陸道人史)》라는 책이 출판됐다. 그 서문은 "현재도, 앞으로도 인구 증가로 인한 식량문제는 매우 중요하게 다루어야 할 부분이다", "일본해를 동양의 지중해로 만들어야 하는 임무는 당연히 호쿠리쿠도가 짊어지지 않으면 안 된다", "조선 및 만주·몽고 방면, 이 미개한 넓은 토지는 우리나라 국민의 발전에 활용할 수 있는 가장 적절한 곳이다"라는 내용을 역설(力說)하고 있다.

계속해서 이 책은 동북아시아로 건너간 사람들의 기고문을 많이 게재하고 있다. 몇 부분만 인용해보겠다. "만주에서 살면 자연을 날아다니는 듯한 기분이 듭니다. …… 뜻이 있는 자여, 사람들로 북적대고 비가 많이 내려 음의 기운이 넘치는 땅에서 고통을 참으며 살기보다는 어서 빨리 해외(海外)로 나와 힘을 다해 노력합시다. 그렇게 함으로써 우리가 얻은 자금으로 고향을 위해 뜻있게 사용하도록 합시다."(이시가와-다롄(大連)) "만주에 사는 중국 민중 2천만을 상대로 크게 식산흥업(殖産興

業. 생산을 늘리고 산업을 일으킴-역주)에 노력하여 일중(日中)의 친선과 공존 번영에 모범을 보인 후 전국으로 확산시키자."(도야마(富山)-번시후(本溪湖)) "이렇게 중대한 제국의 인구문제와 식량문제를 해결하여 8천만 동포에게 안정을 제공하는 방법은 조선에서 찾아야 한다. 조선 이외의 어디에서도 이 방법을 찾을 수 없다."(이시가와-서울) "낡은 관습에 묶여 날 수 있는 기회가 희박한 고향에 비해 자유롭게 활동하며 천지를 개척할 수 있는 기회가 있어."(이시가와-충청도) "호쿠리쿠도의 인사(人士)들이 새로운 영토인 조선을 통치하는데 힘을 쓴다면……오랫동안 다른 현(懸)의 인사들로부터 우라니혼(裏日本)의 촌놈들이라 멸시를 받으며 살아온 모욕감을 단번에 해소할 수 있는……. 다가오는 새 시대에 선구자가 됩시다. …… 두려워서 주저한다면 인구문제, 식량문제는 결코 해결될 수 없습니다."(후쿠이(福井)-서울) 기고문은 인구·식량 문제에 대한 심각한 깨달음에서 시작한다. 그리고 백지도인 동해 대안으로 건너가 그곳에서 통치자 및 지도자를 육성하여 우라니혼에서 해방된다는 청사진이 두려울 정도로 명확히 드러나 있다.

   일본에서 쌀 소동이 일어난 때는 인구·식량 문제를 어떻게 해결하느냐가 가장 중요한 과제로 떠올랐던 시기였다. 앞에서 소개한 대안진출론(對岸進出論)이나 일본해 호수론(日本海湖水論) 역시 그 처방전의 하나로 제시된 것이다.

우라니혼의 다이쇼 데모크라시

　동해 대안에 쏠린 시선은 국권 확장을 위한 진출론과 백지론만이 아니었다. 대안 사람들과 좋은 관계를 유지해야 한다고 외쳤던 또 하나의 조류(潮流)가 있었다. 나이토 민지(內藤民治)·오바 가코우(大庭柯公)·마쓰오 고사부로(松尾小三郎)·이즈미 료노스케(和泉良之助)와 같은 사람들에게서 볼 수 있는 이른바 '우라니혼의 다이쇼(大正) 데모크라시'가 그것이다. 이 시기의 우라니혼론(裏日本論), '환일본해'론은 다이쇼 데모크라시(Taisho Democracy. 일본에 나타난 민주주의·자유주의 경향-역주) 시기의 반군국주의·민주주의·협조주의라는 경향을 보였다. 동시에 쌀 소동의 충격과 일본의 식량문제 등 이 지역이 당면한 상황을 바탕으로 환일본해권의 국제관계와 '우라니혼'의 역할을 고찰했다는 데 그 특징이 있다.

　예컨대, 마쓰오 고사부로의 《일본해중심론(日本海中心論)》은 쌀 소동이 일어난 이듬해에 〈해국공론(海國公論)〉이란 잡지에 연제된 글이다. 여기에는 "쌀 소동이 쌀의 산지에서 일어났다니, 이 얼마나 얄궂은 교훈이냐"며, 쌀의 생산지인 우라니혼에서 쌀 소동이 일어나 일본의 식량부족이 현실로 드러났다는 사실에 대한 충격이 잘 나타나 있다. 그 해결책을 환동해권에서 찾고 있다는 점은 《호쿠리쿠도인사(北陸道人史)》와 다르지 않다. 그러나 그 처방전은 완전히 다르다.

　마쓰오 고사부로는 공업의 발흥에 눈을 뜬 일본의 동남쪽과 오우(奧羽)의 끝에서 호쿠리쿠도 산인(山陰) 지역을 포함한 서북쪽을 비교·대조했다. 이 두 지역의 고르지 못한 발전으로 일본이 반신불수와 같은 지경에 빠졌고, 특히 동남쪽은 뇌충혈(腦充血.과로, 정신 흥분, 알코올 중독 따위에 의한 뇌혈관 비대가 원인으로 뇌수의 혈관이 충혈 되어 일어나는 병. 두통, 구토, 경련, 의식 장애 따위의 증상이 나타난다-역주)과 같은 현상에 시달린다고 했다. 또한 그는 "봉건시대 때는 민중주의(民衆主義, Populism)적 생활을 실천하기 위해 혼신의 힘을 기울였다. 그러나 메이지시대가 되면서 서양 문화를 받아들이는 데 앞장선 오모테니혼(表日本)이 미쓰이(三井)와 미쓰비시(三菱) 기업을 탄생시킬 만큼 자본적으로 성공한 것은 사실이지만 민중을 헤아리는 데는 실패했다"고 주장했다. 마쓰오 고사부로는 이 주장과 함께 '자본적 오모테니혼과 민중적 우라니혼'이라는 대립 구도를 제시했다. 흔히 자본적 오모테니혼은 서양 흉내 내기, 대륙의 군국주의, 제국주의 따위의 키워드로 상징된다. 마쓰오 고사부로는 다음과 같은 이야기도 했다. "군사상의 위력과 주먹심을 이용해서 다른 민족의 의지를 속박하는 일은 군국주의이며, 일본인들은 자국의 이익을 위해 어느 누구 하나 군국주의의 색채를 띠지 않는 이가 없다. 한일합방(韓日合倂), 만주의 영유(領有)가 그랬다. 심지어 바이칼 호 동쪽의 대제국을 꿈꾸는 반미치광이도 있지만, ……이와 같이 무분별한 동양의 평화는 몹시 위험했다. 최근 시베리아 출병이나 간도(間島) 출병은 자국을 지키려는 정도를 넘어선 행위다. 일본은 이러한 길을 걷지 말아야 한다."

그렇다면 일본은 어떠한 길을 걸어가야 하는가? 마쓰오 고사부로의 독특한 주장이 이제부터 펼쳐진다. "일본 역시 오대국(五大國)에 속하지만, 중국 대륙의 생산력을 제외하고는 그 존재가 매우 희미하다는 데 놀라지 않을 수 없다. 유럽의 영국처럼 각 대륙의 항만과 협력하는 방법 외에 일본이 살 길은 없다. 또한 일본은 자주적인 해운 정책을 한결같이 유지하면서 동해와 황해에서 활약하는 화물선이나 범선처럼 튼튼한 선박을 만드는 일이 중요하다. 지금이야말로 민족자결(民族自決)의 시대이며, 일본은 식량 고갈의 위험이 있는 섬나라임을 자각해야만 한다. 그리고 이제 와서 동양의 맹주 자리를 꿈꿀 필요도 없다······. 모두 근해(近海)의 평화를 저버려서는 안 된다. 지금 일본은 방향을 바꿔 일본해 중심의 동양평화정책을 취해야 한다. 연안의 크고 작은 항구를 예전과 같이 이용할 수 있는 민중적 해운정책, 말하자면 범선 위주의 경국론(經國論)이 일본이 가야 할 길이다."

마쓰오 고사부로가 주장하는 자유무역주의, 식민지를 포기한 소(小)일본주의, 평화주의 등은 같은 해 이시바시 단잔(石橋湛山)이 주장했던 의견과 일치한다. 마쓰오 고사부로의 독자성은 처방전으로서 제시했던 범선 위주의 경국론에 있다. 이 이론은 당시 유행했던 '해립국(海立國)' 이론에 바탕을 두었으며, 옛날 기타마에부네라는 배가 종횡무진으로 활약하던 시대를 동경한 데서 나온 이론이다. 여기에는 그가 주장했던 철도망국론(鐵道亡國論)과 함께 아나크로니즘(anachronism. 일반적으로 진부한 전시대적인 사상이나 언동을 냉소적으로 가리킬 때 쓰는 말. 역사소설이나 사극에 있어서는 등장인물의 풍속이나 사건이 본래의 시대상에 일치하지 않음을 이른다-역주)적 색채가 진하게 배어 있다. 그러나 당시 일본에 만연했던 제국주의적 대륙정책을 비판하여 국제적 감각을 잘 드러내고 있다. 뿐만 아니라 일본 국내의 입장에서 생각하면 오모테니혼 중심주의에 대한 안티테제(Antitheses. 반대명제-역주)로서, 경제효율 지상주의 비판, 생활본위주의, 민중주의 따위의 색채가 불가사의한 매력을 풍기고 있다.

마쓰오 고사부로의 역사적 범선주의에 기인한 민중적 우라니혼 론은 야지마 히코이치(家島彦一)의 다음과 같은 이야기를 떠올린다. "인도양, 특히 그 서해 지역(아라비아 해, 페르시아 만, 홍해를 포함)에서는 지금도 삼각돛을 단 목조선 다우(dau)가 항해와 무역활동을 하고 있다. ……과거 이천 년 이상의 역사를 가진 인도양의 해상운송과 무역의 여러 체계를 간직하고 있다."(야지마, 1993년) 마쓰오 고사부로는 이어서 몬순과 바다 표면에 발생하는 취송류(吹送流. 해면에 미치는 바람의 변형력으로 일어나는 해류-역주)를 최대한 이용해서 먼 곳까지 저렴한 경비로 사람과 물자를 운송할 수 있다는 점, 육지로 운송하기에는 사막, 산악, 하천, 섬, 소택지(沼澤地. 바닷물이 드나드는 염성 습지-역주), 맹그로브(mangrove. 열대산 홍수과(紅樹科) 리조포라속의 교목·

관목의 총칭. 습기나 해안에서 많은 뿌리가 지상으로 뻗어 숲을 이루어 홍수림으로도 불림-역주) 밀림과 같은 난코스가 인도양 주변에 많다는 점, 또한 근대에 만들어진 배가 항해하기 어려운 얕은 여울이나 간석지가 많고, 산호초가 없는 천연의 항구가 부족하다는 점 등이 아직까지 다우가 존재할 수 있는 이유라고 지적했다.

마쓰오 고사부로는 그 후 실제로 두만강 개발에 착수했다. 이때에도 수심이 얕은 두만강에 대형 선박의 접안설비(接岸設備)를 세우기보다는 무수한 소형 배로 교역을 해야 한다고 주장했다. 인도양과 다르게 동해에서는 근대화로 인해 범선을 추방하고 마쓰오 고사부로의 역사적 범선주의를 아나크로니즘으로 여겼지만, 일본해 주변에 사는 여러 민족의 공생을 목표로 삼았던 그의 주장은 앞으로의 환동해권 교류에서 놓쳐서는 안 될 또 하나의 관점을 제공하고 있다.

끝으로

본래 동해의 대안인 동북아시아에는 혹독한 기후 속에서 자라나는 식물과 이것을 먹고 사는 동물이 있었다. 그리고 이러한 먹이사슬에 맞춰 살던 인간이 있었다. 이 절묘한 균형 위에 형성된 공생 사회는 근대 문명이 발전하여 또 다른 인간이 침투해도 혹독한 자연으로 말미암아 근대문명에 대해 동조하지 않았다. 그곳에 사는 사람들은 샤머니즘에 젖어 거기에 어긋나는 생각은 아예 품지도 않았다.

근대 이전에 이 세계를 침입했던 것은 주로 동아시아·중화문명이었고, 근대에 들어서는 유럽과 아시아의 근대 제국주의 국가였다. 오늘날의 환동해·동북아시아는 관점이 다른 이 세 가지 색이 삼층 구조를 형성하고 있다. 또는 혹독한 자연과 조화를 이룬 공생 사회와 외부에서 들어온 중화문명, 근대문명이 서로 조화를 이루고 있는 지역이 동북아시아다. 환동해를 중심으로 보면 일본 열도의 북쪽과 남쪽의 관계에서도 그러한 모습이 나타나고 있다. 지금은 희박해진 이러한 모습은 종말을 느낀 시대에 나타나는 '북의 사상' 잔재일지도 모르겠다.

외부로부터 침입을 받았지만 이곳에 사는 사람들은 혹독한 자연과 조화를 이룬 공생 사회를 잘 지키고 있다. 어쩌면 지킨다는 표현이 정확하지 않을 지도 모른다. 사람과 순록과 순록이끼의 공생 관계는 처음의 어떠한 모습에서 변화된 대체 생태(代替生態)이다.

그러나 현대에 들어와서 공생 사회에도 거센 개발의 흐름이 밀어닥쳤다. 1996년 새해 첫날에 "대싱안링 산맥(大興安嶺)의 왕자(王者) 오로촌 민족이 나라의 삼림자원과 야생동물을 보호하기 위해 대대로 내려온 수렵생활에 종지부를 찍고 문명(농업)의 길을 걷기 시작했다"는 기사가 보도됐다. '순록을 기르는 사람'이라는 뜻을 가진 오로촌 민족이 수렵생활에 종지부를 찍긴 했지만 여전히 에벤키 민족처럼 수렵생활을 계속하는 민족도 분명 남아 있다. 본래 중국의 에벤키 민족은 레나 강 유역에서 수렵과 고기잡이(연어·송어)를 하며 삶을 영위해 나갔다. 그러나 17세기에 러시아인이 진입하면서 그들은 점차 남쪽으로 이동했다. 그들이 개혁·개방·시장경제 속에서 유일하게 현금을 손에 넣을 수 있는 방법은 순록을 가공해서 판매하는 것이었다. 그러나 대싱안링 개발이 진행되면서 환경은 달라졌고, 밀렵꾼도 몰려들어 그만 순록의 수가 줄어들고 말았다. 또한 생활환경이 바뀌면서 자신들이 지금까지 누렸던 생활을 영위하기가 어려워지자 알코올 중독자, 자살하는 사람이 급증했다. 중국 정부는 에벤키 족이 지금까지의 뒤쳐진 생활을 버리고 새롭게 농경생활을 받아들여 일정한 곳에 자리를 잡아 살아갈 수 있도록 장려하고 있다. 그런데 과연 자연과 사람이 공생하는 소수민족의 생활을 경제주의가 말하는 '뒤쳐진 생활'이라고 판단해도 될까? 아니면 근대 문명과 다른 또 하나의 문명으로 봐야 할까? 환동해 지역을 형성하고 있는 서로 다른 두 가지 삶이 오늘날 우리들에게 질문을 던지고 있다.

제2장

역사 속의 바다 세계

바다하면 모두가 심연처럼 깊은 끝이라고 생각한다. 그러나
바다는 전망을 열어주고, 어둠을 가리고 빛으로 드러난다.
- 힐레르 벨록(Hilaire Belloc)

앞 사진 | 이시가키지마(石垣島)

중국해의 역사 사이클

시라이시 다카시 白石 隆

부기스 인의 세기(世紀)

나에게 주어진 과제는 본래 환중국해의 역사 주기였다. 그러나 필자는 이 주제를 본 장의 핵심 내용으로 삼지 않기로 했다. 이유는 간단하다. 지극히 당연한 얘기지만 '역사의 흐름' 혹은 '역사의 주기'는 노골적으로 표현해서 역사를 이야기하는 하나의 기법에 지나지 않기 때문이다.

가령, 동남아시아의 태두(泰斗) 올리버 월터스는《슈리비자야의 몰락》에서 '말레이 사(史)의 흐름'을 이렇게 얘기했다. 말레이 세계는 슈리비자야(7~14세기 수마트라 섬 남동부의 팔렘방을 수도로 하여 번영했던 왕조-역주) 시대부터 서쪽의 페르시아 만·홍해에서 동쪽의 중국까지 원격지무역(遠隔地貿易)을 형성하고 있었다. 리오링가 제도에서 남 수마트라의 잠비, 팔렘방에 이르는 말레이 바다 민족의 중심 지역이 원격지 무역의 중계지로 크게 번성했던 것은 이 때문이다. 이 지역 항구 도시의 지배자는 중국 황제의 신하로서 예를 갖추어 조공 관계를 맺었다. 이러한 제도를 바탕으로 여러 나라의 상인들이 이 지역을 통해 중국을 방문했다. 한편 항구 도시의 지배자는 부와 힘을 기반으로 세계를 향해 과시하듯 자신의 이름을 내걸었다. 항구도시는 느가라 왕국이 되었고, 지배자는 왕을 뜻하는 이름의 라자가 됐다.

7~11세기에 중국과의 조공 무역이 성황을 이루면서 말레이 세계는 슈리비자야 대왕을 중심으로 크게 번영했다. 그러나 이어서 멸망의 시대가 다가왔다. 12~13세기, 남송(南宋)에서 중국인의 사무역(私貿易)이 확대됐기 때문이다. 중국 상인들은 샴, 자바, 수마트라 등에 들어가 물건을 조달하기 시작했고, 이것은 원대(元代)까지 계속됐다. 사무역이 조공무역을 대신하면서 슈리비자야는 쇠락의 길을 걸었고, 말레이 세계는 분열되고 말았다. 각국에서 들어오는 상인들이 슈리비자야를 쇠퇴시킨 결과 말레이 각지에서 왕이 출현했고, 슈리비자야 대왕은 더 이상 대왕의 자리에 앉을 수 없었다. 이것이 바로 슈리비자야의 몰락이다.

그러나 슈리비자야의 맥이 완전히 끊긴 것은 아니었다. 명(明)이 성립되면서 태조(재위 1368~1398년)가 중국인의 해외 도항을 금지하고 대신 조공무역을 재개했기 때문이다. 잠비, 팔렘방의 지배자는 1370년에 명의 사절단이 오자 이에 답하기 위해 즉시 명으로 사절단을 파견했다. 잠비는 1371년, 1374년, 1375년, 1377년에 사절단을 파견했고, 팔렘방은 1374년, 1376년에 파견했다. 말라카는 이러한 상황 속에서 번영을 누렸다. 이것이 월터스가 말하는 말레이 사의 흐름이며, 월터스는 이를 바탕으로 '수자라 무라유(무라유 연대기. 무라유는 말레이시아 어를 뜻한다-역주)'의 수수께끼를 풀고 있다.

내가 쓴 《바다의 제국》에서도 이와 같은 얘기를 할 수 있다. 18세기 말라카 해협에서 술라웨시, 마르크 제도에 이르는 동인도 해역은 부기스 인의 바다라고 할 정도로 부기스 인이 압도적인 세력을 펼치고 있었다. 이러한 부기스 인의 활동은 17세기 후반부터 시작됐다. 1668~1669년, 당시 바타비아(자카르타)를 본거지로 하여 이 해역에서 세력을 확대하고 있던 네덜란드 동인도회사는 남 술라웨시에 있는 보네(Bone) 왕국(14C 남부 술라웨시 동쪽에 부기스(bugis) 족이 보네 왕국을 설립했는데, 마카사르 족이 세운 고아 왕국과 강력한 라이벌 관계에 있었다-역주)과 손을 잡고 마카사르 족이 세운 고아 왕국을 공격했다. 이 싸움으로 인해 군의 세력을 상실한 많은 부기스 인과 마카사르 족은 자바, 수마트라의 잠비, 팔렘방, 리오링가 제도, 말라야로 도망쳤다.

이것은 부기스 인과 마카사르 족이 용병, 상인, 해적으로서 무장범선(武裝帆船)을 이끌고 말라카 해협에 나타나는 계기가 됐다. 부기스 인의 배에는 모험을 즐기는 왕족과 귀족들이 자신을 섬기는 40~80명 정도의 식구를 이끌고 있었다. 이러한 무장범선은 수십 척이 하나가 되어 상인으로서 동인도 각지의 항구를 방문했다. 또한 그들은 해적으로서 다른 배를 습격하여 노비를 약탈했고, 반텐, 자바 북쪽 해안, 보르네오 연안, 리오링가 제도, 말라카 해협 등에서는 용병으로 활약했다. 그러다 18세기 중반에 이르러 부기스·마카사르 인 모험가 중에서 말라야 서해안, 지금의 말레이시아 콸라룸푸르에 있는 슬랑고르에 새롭게 왕국을 세워 술탄(이슬람교의 종교적 최고 권위자인 칼리프가 수여한 정치적 지배자의 칭호-편집자주)을 자처하는 이가 나타나기도 했다.

  이 시기에 가장 중요한 사건은 싱가포르의 바로 남쪽 위치한 리아우 왕국에서 부기스·마카사르 인이 두각을 나타내기 시작했다는 점이다. 말라카 왕국의 계보를 잇는 말레이 인의 리아우 왕국에서는 1721년에 술탄이 살해돼 왕위를 빼앗긴 사건이 발생했다. 이때 부기스 모험가 다엔 다레와가 이끄는 군의 세력은 살해된 술탄의 아들 술라이만을 리아우의 왕좌에 올려 주변 지역을 손에 넣었다. 이와 동시에 다엔 다레와는 부왕을 자처하며 리아우 왕국의 실권을 장악했다. 말라카 해협에서 부기스·마카사르 인이 패권(覇權)을 쥐게 된 것이다. 이윽고 리아우는 말라카 해협에서 보르네오, 남수마트라, 자바를 거쳐 술라웨시, 마르크 제도에 이르는 부기스 인 세계의 중심지가 됐다. 18세기 중반부터 리아우는 수마트라, 자바, 보르네오, 발리, 술라웨시, 마르크, 샴, 캄보디아, 베트남 등에서 수많은 배가 들어오는 중인 무역(中印貿易)과 동인도 무역의 중계지로 급부상했다.

부기스 인은 리아우에 본거지를 두고 말라카 해협에서 자바 해까지의 제해권(制海權)마저 손에 넣었다. 18세기 중반, 리아우는 250척의 군함과 1만의 군사를 거느리고 있었다. 네덜란드 동인도 회사는 말라카 해협은 물론, 남 수마트라, 자바 해에서조차 이러한 부기스 인에게 대항할 수 없었다. 1744년에는 당시 동인도회사의 총독으로 있던 판 임호프가 리아우 국왕 술탄 술라이만에게 항의의 내용이 담긴 편지를 보낸 적이 있었다. 리아우의 부기스 인이 네덜란드 동인도 회사의 통행증도 없이 보르네오, 셀레베스 등의 항구에서 교역을 하고 있으며, 최근에는 거의 매년 부기스 인의 배가 자바의 북쪽 해안에 들어와 인도 무명과 아편을 판매하는 것도 모자라 때때로 바타비아 근처에서 해적질을 일삼고 있으니 어떻게 좀 해 달라는 내용의 편지였다.

간단히 말해서 동인도 해역 세계에서 18세기는 부기스 인의 시대였다. 부기스 인의 무장범선은 이 지역의 제해권을 장악했고, 부기스 상인은 동인도 무역을 지배했다. 그러나 부기스 인은 옛날의 슈라비자야, 말라카와 같은 '제국(帝國)'은 만들지 못했다. 네덜란드 동인도 회사가 동인도 해역의 전략 거점을 차지한 채 부기스 인의 '바다 제국' 건설에 거부권을 행사했기 때문이다. 그렇다면 이것이 갖는 역사적 의미는 무엇일까? 이 수수께끼를 풀 수 있는 첫 번째 실마리가 바로 '역사의 흐름'이다. 옛날에는 윌터스가 말했던 '말레이 사의 흐름'이 있었다. 그러나 이 흐름은 1511년 포르투갈이 말라카를 점령함에 따라 사라졌다. 구체적으로 말하자면, 설령 '바다 제국'을 건설할 수 있는 세력이 존재했다고 해도 이 시기는 그러한 제국을 만드는 것 자체가 불가능한, '역사의 흐름'이 뒤틀린 시대라는 것이다. 상인, 용병, 해적으로서 동인도 바다를 떠돌던 부기스 인을 이 혼돈의 시대가 낳은 산물로 묘사하는 것이 윌터스의 근본 목적이었다.

그러한 관점에서 보면 '역사의 흐름'을 단순히 기술 방법으로써 이야기하는 것은 아무런 의미를 갖지 못한다. 중요한 것은 어디까지나 '역사의 흐름'을 시작으로 하여 '어떠한 역사를 어떻게 이야기할 것인가'이다. 그러나 윌터스는 이미 슈리비자야의 몰락과 말라카의 발흥을 이야기했고, 나 역시 부기스 인이 동인도 바다에서 어떻게 활동했는가를 이야기했다. 여기에서 같은 이야기를 하는 것은 아무 소용이 없다. 따라서 여기에서는 '역사의 흐름을 재고하다'라는 별도의 이야기를 통해 18세기 자바의 역사에 대해 생각해 보려고 한다.

'역사의 흐름을 재고하다'

그렇다면 여기에서는 18세기 자바의 무엇을 생각하면 좋을까? 우선 '역사의 흐름'을 간단히 알아보는 것으로 이야기를 시작하자.

동남아시아는 본래 동아시아, 남아시아에 비해 인구가 훨씬 적은 지역이었다. 안소니 리드(Anthony Reid)가 추정한 계산에 따르면 1600년 당시 인구는 샴 220만, 말라야 50만, 수마트라 240만, 자바 400만, 보르네오 67만, 술라웨시 120만이었다. 이 수치는 1800년이 돼서도 그다지 달라지지 않는다. 다시 말해 동남아시아는 19세기 중반까지 물과 숲이 펼쳐진 지역으로 인구가 희박했다. 다만 해상교통, 하천교통의 중요한 길에 말라카, 팔렘방, 마카사르라는 항구 도시가 성립했을 뿐이었다. 살기 좋고 토지가 비옥한 곳, 예컨대 중·동부 자바 내륙 지역의 브란타스 강, 소로 강 유역, 만다레 지역, 서 수마트라의 고원 지대 등에 모인 사람들이 함께 수도경작(手稻耕作)을 하며 살고 있었다.

역사적으로 보았을 때 동남아시아는 항구 도시나 집단 거주지가 여기저기 흩어져 있는 '다중심(多中心)' 지역이었다. 그러한 항구 도시와 집단 거주지에 권위를 가진 인물이 나타나 왕이 되어 나라를 세웠다. 그리고 그런 왕들 가운데 출중한 인물이 대왕이 되어 다른 여러 왕들에게 호령하기 시작할 때 비로소 '제국'이 성립됐다. 월터스는 이러한 동남아시아의 고유한 정치 체제를 '만다라 체제'라 불렀다. 만다라란 '왕들의 수레'라는 뜻이다.

만다라 체제는 우리가 말하는 전체주의 국가(Leviathan)와 다르다. 첫 번째로 전체주의 국가는 국경에 따라 정의된다. 이에 비해 만다라 체제는 중심에 따라 정의된다. 비유컨대 대왕은 자석과 같은 존재이다. 대왕으로부터 자력이 뻗어 나오면 그를 중심으로 자기장이 형성된다. 이 자기장에는 하나의 질서가 있다. 이와 마찬가지로 대왕을 중심으로 각지의 왕들 사이에 하나의 질서가 잡힌다. 이것이 만다라이다. 따라서 만다라 체제에 국경은 없다. 물론 내정(內政)과 외교의 구분도 없다. 만다라는 대왕의 자력이 강할수록 확대되고 약할수록 축소된다. 또한 대왕의 힘이 소멸되면 만다라도 붕괴된다. 두 번째로는 만다라 체제를 지탱하는 대왕과 왕, 왕과 신하의 관계는 친족·혼인관계로 맺어져 있다. 왕이 국가를 세우고 대왕이 왕들에게 호령을 내린다지만 지배의 한 장치인 전체주의 국가와 차이가 있다.

만다라 체제는 크게 두 가지 형태로 나뉜다. 하나는 바다의 만다라이다. 예전의 슈리비자야나 말라카처럼 동남아시아 해역에서 해상·하천교통의 중심지를 차지하여 동인도 무역, 중국·인도·중동을 잇는 원격지 무역의 중계지로 번성한 만다라이다. 월터스에 따르면 슈리비자야는 마치 항구 도시의 연방(聯邦)과 같은 존재였다. 무라유 연대기 때는 왕이 지휘하는 군함, 특히 돛대가 셋 달린 군함을 얼마나 가지고 있느냐에 따라 왕의 힘을 가늠했다고 한다.

2-1 자바의 지형과 만다라가 자리한 곳

다른 하나는 육지의 만다라이다. 예컨대 지금의 조그자카르타에 해당하는 중부 자바 내륙부와 수라카르타 지역을 중심으로 한 마타람 왕국, 미얀마의 만다레이 지역을 중심으로 한 콤바웅 왕국이며, 주로 수도경작을 하고 인적 자원이 풍부한 만다라이다. 그러나 육지의 만다라는 열악한 내륙에 자리 잡고 있었다. 예컨대 18세기에 미얀마의 아바에 가기 위해서는 이라와디 강의 하구에서 배를 타고 2개월 동안 강을 거슬러 올라가야만 했다. 또한 자바는 그 지형에서 알 수 있듯이(2-1) 화산이 등골처럼 동서로 뻗어 있고, 화산 사이에 고립된 집단 거주지가 줄지어 있었다. 이러한 곳에 만다라를 건설하고 유지하기란 여간 힘든 것이 아니었다. 자바의 만다라가 일반적으로 2~3세기가 지나면 붕괴됐던 이유가 바로 여기에 있다.

동남아시아 역사의 흐름은 이 두 만다라 체제의 상호작용으로 만들어졌다. 왕조가 융성했을 때는 조공무역이 번성했고,

왕조가 쇠약해지면 사무역이 활발해지는 경향이 있었다. 가령, 남송에서 원나라에 이르는 12~14세기에는 사무역이 크게 번성했다. 그리고 명나라가 성립되면서 조공무역이 주로 번성했다. 그러다 16세기에 명이 쇠락하자 다시 사무역이 고개를 들었다. 중국에게 조공국(朝貢國)이라고 인정을 받은 나라만이 조공무역을 할 수 있었다. 조공무역과 밀접한 관계를 맺었던 사무역을 이끈 것은 바로 중국 상인들이었다. 그들은 조공국이라고 인정을 받은 항구 도시를 거점으로 대중무역을 했다. 그런데 어떤 이는 변장을 하여 왕의 가신으로 들어가 자바 사람이나 샴 사람 행세를 했다. 바다의 만다라는 항구 도시의 왕이 화교를 얼마나 잘 포섭할 수 있느냐, 대왕이 주변 항구 도시의 왕들을 얼마나 잘 다스릴 수 있느냐에 따라 성쇠가 좌우된다. 그러나 중국 왕조가 쇠락하고 사무역이 확산되면서 동남아시아 어느 항구든지 중국 상인들이 자유롭게 드나들기 시작했다. 이렇게 되면 제아무리 항구 도시라고 해도 대중무역을 독점하기란 힘들다. 결국 바다의 만다라는 쇠락하고 만다. 이러한 흐름은 육지의 만다라와 바다의 만다라의 상호작용에도 영향을 끼친다. 바다의 만다라가 유력한 시대에는 연해의 항구 도시가 육지의 만다라에 비해 자립적인 지위를 유지할 수 있다. 그러나 바다의 만다라가 쇠락하여 연해 지역의 국가들이 분열되면 육지의 만다라가 연해 지역에 세력을 뻗쳐 때로는 항구 도시를 파괴하기도 한다.

이러한 역사의 흐름은 17~18세기에 들어 더 이상 예전처럼 흘러가지 않게 된다. 그것은 포르투갈·네덜란드 동인도 회사가 동인도 바다에서 전략적 요충지를 차지하고 바다의 만다라 형성에 거부권을 행사했기 때문이다. 또 한 가지는 말라카 해협에서 수마트라, 자바를 거쳐 술라웨시, 마르크 제도에 이르는 지역에서 중국과의 조공무역이 실질적으로 아무런 의미를 가지지 못했기 때문이다. 따라서 '역사의 흐름을 재고하다'라고 소제목을 붙이긴 했지만 우리가 재고해야 할 것은 동남아시아의 '역사의 흐름'이 더 이상 흘러가지 않게 됐다는 당연한 사실이 아니라, 이러한 시기에도 중국과의 무역, 중국인의 경제 활동이 자바의 정치 질서를 흔들어 놓을 정도로 막강했다는 사실이다.

좀 더 자세히 말하면 다음과 같이 정리할 수 있다. 17세기 중반, 중국에서는 명나라가 멸망하고 청나라가 설립됐다. 청나라는 대만을 거점으로 해외무역을 통해 청에 저항하고 있던 쩡청공(鄭成功)을 평정하려고 1656년에 해금령을, 1661년에 천계령을 포고했다. 이 일로 푸젠(福建)과 광둥을 중심으로 하는 연해 지역 주민들이 자신들이 살던 곳에서 20킬로미터 이상 떨어진 내륙 지방으로 강제 이주됐다. 청나라는 연해 지역을 무인지대(無人地帶)로 만들어 쩡청공 세력이 주민과 접촉하지 못하도록 했다. 그 결과 해외 무역이 급격히 감소하고 말았다. 그러다 1683년에 대만 세력이 항복을 하면서 이듬해 1684년에 해금이

해제됐고 민간인들이 다시 해상무역에 종사할 수 있게 됐다. 사무역의 중심지는 푸젠 성의 아모이(廈門)였다. 18세기 중반에 이곳에서 출항했던 배는 한 해에 60~70척에 달했고, 이 배들의 목적지는 마닐라, 바타비아, 베트남, 샴 등을 중심으로 하는 동남아시아 전역이었다. 그런가 하면 중국으로 들어왔던 외국 배들은 주로 광저우(廣州)로 내항했다. 18세기 전반만 해도 연평균 10~20척의 서양 배들이 광저우로 들어왔는데, 배의 수로 보나 무역량으로 보나 그것은 중국 상인의 정크 무역에 크게 뒤떨어졌다. 이러한 상황은 18세기 후반에 큰 변화를 맞이한다.

1680년대 청나라가 해금령을 철폐한 후 중국 무역이 다시 활기를 띤다. 그리고 이어 샴, 베트남 등에서 조공무역을 바탕으로 무역이 다시 재개되고, 이곳에서 중국인이 극히 중요한 위치를 차지했음을 짐작할 수 있다. 여기에는 고전적인 의미에서의 '역사의 흐름'이 아직 작동 중이라고 볼 수 있다. 문제는 필리핀에서 자바에 이르는 지역이다.

일반적으로 이 시기에 수많은 중국인들이 마닐라와 바타비아는 물론, 그 지방 도시와 필리핀, 자바에 들어와 국내 상업을 장악하기 시작했다. 그러나 필리핀과 자바에 들어와 있던 스페인, 네덜란드 당국은 18세기 중반까지 중국인을 무척 경계했다. 때문에 중국인은 스페인과 네덜란드 세력이 아닌, 이 지역 토지의 지배자와 동맹을 맺게 됐다. 필리핀에서는 1755년과

1766년에 마닐라에서 중국인을 추방하는 사건이 발생했다. 이것이 새로운 전환기가 됐다. 필리핀에서는 이 일로 인해 중국계 메스티소(mestizo)와 인디오가 국내 상업 부문에 진출했다. 자바에서는 1740년에 일어난 '바타비아 중국인 학살 사건'이 전환기가 됐다. 이로써 중국과 바타비아를 잇는 정크 무역이 쇠퇴하게 됐다. 중·동부 자바로 도망친 중국인은 무장을 하고 이슬람으로 개종하여 자바인이 되거나, 계속해서 네덜란드 동인도 회사에 저항하기도 했다. 왜 이런 일이 벌어진 것일까? 18세기 자바는 도대체 어떤 세계였을까?

18세기 자바

16세기 말에서 17세기 초, 자바에는 네 개의 커다란 세력이 존재했다. 자바 서쪽의 반텐, 중부 내륙부와 카루토스로를 중심으로 한 마타람, 자바 동쪽의 수라바야, 그리고 반텐과 가까운 자카트라(1621년 바타비아로 개명, 지금의 자카르타-역주)에 네덜란드 동인도 회사가 건설한 바타비아가 그것이다. 이 가운데 바타비아의 동인도 회사와 마타람이 18세기까지 존속했다.

네덜란드 동인도 회사는 그 이름 그대로 동인도무역을 목적으로 네덜란드가 설립한 회사다. 본래 암스테르담에 있는 본사의 경영 방침에 따라 경영이 이루어져야 했지만 당시 암스테르담과 바타비아를 오가려면 1년 반에서 2년이라는 시간이 걸렸기 때문에 실질적으로 바타비아 동인도 회사의 경영권은 총독에게 일임되었다. 비록 사정은 그랬지만 회사는 17세기 전반까지 국가라기보다 하나의 상사회사(商事會社. 상행위를 위해 성립된 영리 사단 법인-역주)로 활동했다. 17세기 중반까지 회사는 인도의 뿔리커트, 마라바루, 세일론에서 바타비아, 말라카를 거쳐 제란디아(대만), 마카사르, 마르크에 이르는 거대한 체제를 확립했다. 그러나 회사는 그 후, 1670년대부터 1680년대를 경계로 하여 마치 양서류가 바다에서 뭍으로 올라오듯 바다를 무대로 하는 상사회사에서 뭍에 서식하는 국가로 변모하기 시작했다. 그 전환기가 된 사건이 1670년대 중·동부 자바에서 일어난 투르나자야의 반란이다. 또 마침 이 무렵부터 향신료를 대신할 동인도 상품으로 등장한 차(茶)와 커피가 재배되기 시작했다.

한편 마타람은 16세기 말에서 17세기 초 술탄 아궁 때에 자바 북쪽 해안의 데마크(1588년), 투반(1619년), 마두라(1619년), 수라바야(1624년) 등의 항구 도시 국가를 잇달아 정복하면서 육지의 만다라를 구축했다. 마타람은 1628년부터 1629년까지 바타비아를 공격했지만 실패로 돌아갔다. 자바의 북쪽 바다를 장악한 동인도 회사의 군사력에 마타람의 병참(兵站)이 무너졌기 때문이었다. 이후 1646년에 술탄 아궁의 뒤를 이은 아망크라트 1세는 동인도 회사와 우호조약을 체결했고, 1652년에 북쪽 해안에 있는 제파라에 회사의 상관(商館)이 개설되면서 회사와 마타람의 무역이 재개됐다.

그런데 이 무역이 커다란 문제를 일으키고 말았다. 동인도 회사는 자바에서 쌀과 티크 나무를 구입했는데, 쌀이나 티크 나무는 모두 북쪽 해안에서 얼마든지 공급할 수 있는 것들이었다. 따라서 그대로 방치해 두면 무역의 이익을 누리는 것은 북쪽 해안의 영주나 상인들이지 결코 마타람의 왕이 될 수 없었다. 바로 이 점이 문제였다. 그렇다면 어떻게 해야 한단 말인가? 아마도 마타람의 왕은 정치적으로 무역을 독점하면 된다고 생각했던 모양이다. 아망크라트 1세는 1652년 북쪽 해안에서 쌀과 티크 나무의 수출을 전면 금지했고, 동인도 회사에 대해서는 마타람으로부터 쌀을 구입하려면 직접 카루토스로 궁정에 사절을 보내 구입할 쌀의 양과 가격을 의논해야 한다고 했다. 하지만 이것이 뜻대로 풀리지 않자 아망크라트 1세는 1655년에 북쪽 해안의 모든 항구를 폐쇄하고 배를 몰수하라는 명령을 내렸다. 1660년에는 제파라의 동인도 회사 상관마저 폐쇄됐다.

마두라의 호족인 투르나자야의 반란이 바로 이 시기에 일어났다. 반란군의 주요 세력은 마두라 인으로, 일찍이 1668년부터 1669년까지 있었던 고아 전투에서 남 술라웨시로 쫓겨 갔던 부기스 인과 마카사르 인이 합세한 세력이다. 투르나자야가 이끄는 마두라 인 세력은 1676년에 수라바야를 점거했고, 부기스 인과 마카사르 인의 군선(軍船)은 자바의 동쪽 항구 도시를 차례로 공략했다. 결국 1677년 투르나자야는 북쪽 해안의 모든 항구 도시를 지배하게 되었다.

　이때 동인도 회사가 끼어들었다. 아망크라트 1세가 지원을 부탁하는 뜻에서 동인도 회사에 유리한 조건을 많이 내걸었기 때문이었다. 동인도 회사는 수라바야에서 투르나자야 세력을 격파했고, 내륙으로 도망친 투르나자야 세력은 카루토스로를 공격했다. 아망크라트 1세는 수도를 버리고 도망치다가 죽었고, 왕궁, 수도, 군사력도 없는 상태에서 황태자가 수수후난 아망크라트 2세로 등극했다. 아망크라트 2세는 동인도 회사와 다시 조약을 체결했다. 지원을 받는 대가로 쌀과 티크 나무의 독점 수출권, 아편과 인도 무명의 독점 수입권, 관세 면제 등의 특권을 회사에 부여했다. 투르나자야 세력은 동인도 회사의 공격을 받은 지 얼마 안 있어 붕괴되기 시작했다. 투르나자야는 1679년에 자바 동쪽의 쿠디리에서 체포돼 살해됐다. 또한 부기스 인, 마카사르 인은 같은 해 자바 동쪽에서 동인도 회사와 남술라웨시 보네 왕국의 부기스 인에 의해 격파 당했고, 이로써 투르나자야의 반란은 끝을 맺게 됐다.

　투르나자야는 1670년대 중반 동인도 회사의 개입이 없었다면 마타람을 멸망시키고 새로운 왕국을 세웠을 것이다. 만약 그렇게 됐다면 16세기 말에서 17세기 초, 술탄 아망에 의해 구축된 육지의 만다라 대신, 17세기 말에서 18세기 초에 마두라 인과 부기스 인, 마카사르 인의 군사력을 바탕으로 수라바야를 수도로 한 새로운 바다의 만다라가 설립됐을 것이다. 그리고 때마침 청나라에서 해금령을 폐지했으니 이 바다의 만다라는 중국·동인도무역에 의해 엄청난 번영을 누렸을 지도 모른다. 그러나 이것은 가정일 뿐 사실이 아니다. 대신 동인도 회사의 개입으로 마타람은 그나마 명맥을 유지할 수 있었다. 동인도 회사는 자바를 지배할 힘도, 정통도 없는 마타람의 왕을 그대로 왕위에 올려놓았다. 자신들의 세력이 그렇게 막강했음에도 자바 전 지역을 평정하여 지배할 생각은 하지 않았다. 이리하여 왕답지 않은 왕이 지배하는 시대가 시작됐다.

결국 왕위 계승을 둘러싼 분쟁이 끊이지 않았고, 동인도 회사가 정치를 좌지우지하는 시대로 전락했다. 이 문제는 제1차 자바 계승 전쟁에서 분명하게 드러난다. 1703년, 아망크라트 2세가 세상을 뜨자 그 뒤를 이어 아망크라트 3세가 왕위에 올랐다. 아망크라트 1세의 아들인 판게랑 푸그루는 이에 승복하지 않고, 왕의 자격은 자신에게 있다며 동인도 회사에 억울함을 호소했다. 당시 자바에서는 마두라의 호족 차크라닌그라트 2세가 소로 강의 관문을 모두 차지하고, 수라바야에서 북쪽 해안 쪽으로 세력을 확대하는 중이었다. 이 인물이 판게랑 푸그루를 지지했고, 동인도 회사 역시 그를 수수후난 파크보노 1세로 승인했다. 이리하여 제1차 왕위 계승 전쟁이 시작됐다. 자바 북쪽 해안의 영주들은 대부분 파크보노 1세를 지지했다. 1705년, 차크라닌그라트 2세가 이끄는 마두라 인 군사, 북쪽 해안의 자바 인 군사, 그리고 동인도 회사의 용병부대가 카루토스로를 공격하여 차크라닌그라트 3세를 폐하고 파크보노 1세를 마타람의 왕으로 등극시켰다. 왕은 동인도 회사와 새롭게 조약을 체결하여 쌀의 무상 제공, 쌀과 목재의 독점 구입권, 아편과 인도 무명의 독점 수입권 등의 특권을 부여했다. 그러나 조약을 준수하는 데도 문제가 생겼다. 당시 왕국 대부분의 지역에서 왕의 위령(威令)은 그다지 힘을 발휘하지 못했다. 따라서 왕이 조약을 준수하기 위해 쌀의 징발(徵發)과 목재 채벌을 명령하자 백성들은 이리저리로 도망쳐 나라는 혼돈에 빠졌고, 도적 떼가 횡행했다. 마침내 1717년에는 수라바야, 이듬해인 1718년에는 포노로고, 마디운, 마게탄의 영주들이 반란을 일으켰다.

이러한 일들은 왕이 바뀔 때마다 반복되어 일어났다. 이 와중에 자바의 북쪽 해안에서는 무슨 일이 일어났을까? 주목해야 할 것은 크게 두 가지다.

첫 번째로 1680년대 이후 동인도 회사가 북쪽 해안으로 세력을 확대하면서 테가르, 수마란, 제파라, 데마크 등의 항구 도시에 상관과 성채를 구축하기 시작했고, 이에 따라 수마란, 수라바야 등에는 마을 인구가 1~2만으로 증가했다. 1710년대에는 회사가 파악하고 있는 중국인의 수만 해도 이천 명을 초과했다. 청나라가 해금령을 폐지하자 푸젠 성에서 정크를 탄 수백, 혹은 천 명을 넘는 중국인들이 매년 바타비아로 몰려들었고, 그들 가운데 일부가 북쪽 해안 각지로 흘러들어 갔기 때문이다.(단, 중국에서 자바 북쪽 해안으로 얼마만큼의 중국인이 '밀항' 했는지는 알 수 없다).

중국인은 북쪽 해안의 항구 도시에 중화 거리를 형성했고, 해안에 있는 여러 마을에 들어가 통행세와 시장세를 징수하는 일을 도맡았다. 가령, 푸마란, 데마크, 쿠두스(Kudus), 제파라 등의 주변 마을에서는 중국인이 징세 청부인(徵稅請負人)으로서 토지의 영주에게 세금을 바쳤고, 마을 사람들에게는 힘든 노동을 강제로 시켰다. 또한 북쪽 해안에 있는 설탕 정제소의 대부분을 중국인이 경영했다. 1715년, 제파라에는 32개의 설탕 정제소가 있었는데 이 가운데 15개가 중국인 소유였다. 이들 정제소는 중국 전통 기술을 이용해서 설탕을 생산했는데, 중국인 경영자는 40~50명의 자바 인을 부렸고, 원료가 되는 사탕수수는 지방 영주와의 계약에 의해 마을 단위로 주민을 부려 재배했다.

중국인은 또한 북쪽 해안과 바타비아의 무역에도 진출했다. 동인도 회사의 기록에 따르면, 1700년 당시 자바 북쪽 해안과 말라카의 무역에서 자바 상인이 차지하는 비율은 56퍼센트였다. 그러나 1731년에는 북쪽 해안과 바타비아의 무역에서 차지하는 자바 상인의 비율이 33퍼센트로 감소했고, 대신 중국인이 62퍼센트를 차지했음을 알 수 있다. 또한 이 때 북쪽 해안에서 바타비아로 보내는 쌀의 수출은 동인도 회사가 독점하고 있었다. 일찍이 1680년대 이전에 회사가 지방 영주에게 의존하던 쌀의 집하(集荷)가 1680년대 이후에는 중국인 네트워크로 옮겨지게 됐다.

두 번째로 이 시기에 일어났던 커다란 변화는 지방 영주의 지위 불안정이다. 1670년대, 투르나자야의 반란으로 수많은 지방 영주들이 몰락했다. 하극상에 의해 등장한 지방의 새 영주들은 동인도 회사의 총독이 새롭게 왕으로 등극하여 북쪽 해안을 지배하고, 마타람의 왕을 대신해서 그들의 지위를 지켜 주리라 기대하고 있었다. 그러나 동인도 회사는 그럴 마음이 없었다. 회사는 북쪽 해안의 항구 도시에 상관을 개설하여 주로 유럽 인으로 구성된 용병 약 구백 명에게 경호를 맡기는 것 외에 북쪽 해안의 치안유지에는 개입하지 않았다. 일이 이렇게 되자 하극상을 발판으로 주인 자리에 올라왔을 뿐인 새 영주가 '누구라도 좋다, 자신을 지켜줄 수만 있다면 어떤 정치적 수단도 가리지 않겠다, 가능한 모든 기회를 이용해서 부를 쌓겠다, 군사력을 유지하는 것은 물론이요, 더욱 확대하겠다'는 마음을 품은 것은 당연한 일이다.

1670년대까지 자바 북쪽 해안의 항구 도시에서는 자바 인 1명, 중국인 1명의 자반다르(항무장관(港務長官))가 임명되었고, 이 두 사람이 마타람의 왕을 대신하여 관세를 징수했다. 그러나 1680년대 이후에는 테가르, 수마란 등에서 더 이상 자반다르를 찾아볼 수 없게 된다. 대신 그 땅의 영주가 자진해서 관세를 징수했다. 또 북쪽 해안에서는 이 무렵부터 징세 청부인이 일정 금액의 화폐를 미리 영주에게 지불함으로써 마을 주민을 부릴 수 있는 권리를 갖게 되었다. 그 외에도 설탕 정제소를 경영하는 큰 상인으로서 중국인과 함께(동인도 회사의 무역 독점체제를 어기고) '밀수'를 하는 자들도 적지 않았다. 이 지역 영주들은 이렇게 해서 번 돈으로 150정에서 300정에 달하는 총을 사들였고, 무장한 가신들을 중심으로 천오백 명에서 삼천 명에 가까운 군사력을 동원할 수 있는 힘을 키워 나갔다.

말하자면 북쪽 해안은 왕답지 않은 왕이 다스리는 시대에 극히 불안정한 상황에 처해 있었고, 하극상을 발판으로 일어난 영주와 때마침 이곳에 들어온 중국인 사이에 징세 청부, 설탕 생산, 쌀의 집하, '밀수' 등을 바탕으로 동맹관계가 성립돼 있었다.

1740년, 바타비아에서의 '중국인 학살 사건'은 바로 이 시기에 일어났다. 당시 상인, 기술자, 설탕 정제소의 경영자, 상점 주인 등, 바타비아 내에 있는 중국인 가구만 해도 이천오백 가구, 바타비아 교외에까지 확대하면 중국인 수는 15만 명으로 전체 인구의 약 17퍼센트를 차지했다. 이렇게 많은 중국인들은 모두 중국에서 들어온 이민자들로, 그들 가운데는 직장을 갖지 않고 바타비아 교외를 떠돌며 도적질을 일삼는 자들도 상당했다. 동인도 회사는 바타비아에 중국인 이민자들이 많이 모여들자 치안 악화를 우려하여 신경을 곤두세웠고, 중국인이 회사에 반란을 일으킬지도 모른다며 경계를 늦추지 않았다. 그런가 하면 중국인 역시 동인도 회사가 자신들을 바타비아에서 강제로 배에 태워 먼 바다에서 어떻게 할지도 모른다며 경계의 눈초리를 보냈다.

이렇게 서로에 대한 의심은 날이 갈수록 쌓여만 갔다. 그러던 1740년 어느 날 밤, 중국인 도적 떼가 바타비아를 공격했다. 야간외출 금지령이 내려졌고 중국인 거리에서 가택 수색이 시작됐다. 이윽고 이 일이 중국인 학살과 중화거리 파괴, 그리고 약탈로 이어지면서 1만에 달하는 중국인이 유럽인과 그 노예들에 의해 살해당하고 말았다. 간신히 학살을 면한 중국인은 북쪽 해안에서 도망을 쳤고 이듬해 반격을 시작했다. 조직적으로 뭉친 수천 명의 중국인들은 주보노, 제파라의 동인도 회사 상관을 공격했다. 렌반에서는 공격을 당하지 않기 위해 사전에 상관을 철회해야만 했다. 수마란에서는 회사의 성채가 중국인에 의해 포위당하고 말았다.

마타람 궁정은 이 사건의 대응책을 둘러싸고 두 파로 분열됐다. 한쪽은 중국인과 동맹을 맺고 동인도 회사를 자바에서 몰아내자는 주장을 폈다. 다른 한쪽은 결국 동인도 회사가 승리할 테니 왕은 전세를 지켜보고 있다가 회사가 가장 필요로 할 때 지원군을 보내주고, 대신 전쟁이 끝난 후에 회사와 조약개정을 진행하되 자신들에게 유리하게 진행시켜야 한다고 주장했다. 파크보노 2세는 중국인과 동맹을 맺기로 결정하고 급히 수마란에 군사를 파견했다. 그러나 2만 명의 자바 군사와 삼천오백 명의 중국인이 공격을 퍼부었음에도 수마란의 동인도 회사는 함락당하지 않았다. 오히려 이듬해인 1742년에는 마두라의 호족인 차크라닌그라트 4세의 지원을 받아 반격을 전개하여 자바인과 중국인 군사를 누르고 마타람의 왕도(王都)인 카루토스로를 점령했다. 결국 중국인의 전쟁은 이렇게 막을 내렸다.

자, 이제 18세기 자바의 역사가 얼마나 '역사의 흐름'에서 벗어나 있는지를 알았을 것이다. 중국의 왕조교대와 중국과의 무역은 18세기 자바에 큰 영향을 미쳤다. 그러나 그것은 조공무역이냐 사무역이냐 하는 문제가 아니었다. 청조가 해금령을 철폐하면서 수많은 중국인이 자바로 들어왔기 때문에 동인도 회사의 본거지인 바타비아에서는 유럽 인이 점차 중국인을 경계하게 됐다. 그리고 한편에서는 중국인과 북쪽 해안의 영주가 서로 결탁하여 징세 청부, 밀무역 등으로 각자의 힘을 키워 나갔다. 이것은 회사가 개입하지 않는다면 금방이라도 붕괴해버릴 육지의 만다라를 더욱 혼란스럽게 만들었다. 18세기 부기스 인은 말라카 해협에서 마르크 제도에 이르는 동인도의 바다에서 새로운 바다의 만다라를 만들어 낼 수 없었다. 네덜란드 동인도 회사가 전략적 요충지를 차지했고 거부권을 행사했기 때문이다. 이와 똑같은 일이 18세기 자바에서도 일어났다. 회사가 개입하지 않았더라면 투르나자야는 1670년대에 마타람을 멸망시키고 수라바야를 중심으로 새로운 바다의 만다라를 구축했을 것이다.

그러나 그렇게 할 수 없었다. 그리고 그 대신에 동인도회사의 거부권에 따라 힘없는 왕이 지배하는 시대가 시작됐다. 결국 중국과의 무역 확대와 중국인의 도래는 새로운 만다라의 건설이 아닌, 질서가 무너진 혼란을 초래했다. 전쟁 후 자바 각지로 흩어진 중국인은 이슬람으로 개종, 자바인이 되어 계속해서 동인도 회사에 저항했다. 이러한 시대는 1810~1820년대에 영국이 자바를 점령하고 동인도 국가가 자바 전 지역을 평정할 때까지, 자바 인과 중국인의 무장해제가 완료할 때까지 계속됐다. 그러나 이것은 네덜란드가 본격적인 전체주의 국가(Leviathan)로 편성되기 시작한 후의 이야기다. 그 전까지는 바다에서 육지로 올라온 양서류, 곧 동인도 회사 국가는 자바를 평정하려는 의지도, 힘도 아직 없었다.

아시아 해저 고고학

모리모토 아사코 森本朝子

해저고고학이란 말 그대로 바다 밑에서 하는 고고학 조사를 말한다. 물론 지각 변동이나 환경 변화로 인해 바다 밑에 가라앉은 유적을 조사하기도 하지만 그보다는 침몰선을 조사하는 경우가 더 많다. 바다 밑에서 하는 조사도 학문인 이상 뭍에서 하는 조사처럼 정밀도가 높으면 좋겠지만, 인간이 바다 밑에서 아무런 장비 없이 활동한다는 것은 불가능하기 때문에 해저 조사에는 막대한 비용이 들어간다. 또한 근대적인 장비가 개발되기 전까지 바다 밑에서 조사를 한다는 것이 매우 힘들었기 때문에 침몰선 조사는 '보물찾기'의 영역에서 벗어날 수 없었다. 결국 해저고고학은 이제 막 첫 걸음을 떼었다고도 할 수 있다.

침몰선은 귀중한 재물을 가득 실은 '보물선'인 경우엔 물론이고, 그렇지 않더라도 당시의 생활을 있는 그대로 전해 주는 중요한 타임캡슐인 셈이다. 우리는 배와 그 배가 싣고 있는 물품을 통해 당시의 생활이나 기술을 구체적으로 알아낼 수 있고, 해상교통이나 운송, 교역의 실태를 더욱 분명하게 밝혀낼 수 있다. 그곳에는 뭍의 유적에서는 찾아볼 수 없는 정보가 통째로 들어 있다.

배는 대부분 육지 근처나 항구와 가까운 곳에서 난파된다. 바다 한 가운데서 배가 난파되는 일은 드물다. 배에게 육지보다 위험한 곳은 없다. 그렇다 보니 생존자가 있는 경우라면 더 말할 필요도 없지만, 없다고 하더라도 배가 침몰했다는 사실은 쉽게 알려지기 마련이다. 따라서 대부분의 경우에 배가 침몰하면 합법적이든 비합법적이든 간에 곧바로 적재 화물의 회수가 실시된다. 그러나 회수되지 못한 채 바다 속에 잠겨 있는 화물도 있다. 이런 것들에 대해서 서유럽이나 영어권 나라에서는 설령 몇 백 년이 지났다 해도 본래의 소유자가 그 소유권을 갖도록 돼 있다. 예컨대, 영국 동인도 회사는 비록 1858년에 해산됐지만 이 회사의 적재 화물에 대한 소유권은 현재 영국 정부에 옮겨져 있는 상태이고, 만약 이에 대한 보험금이 지불된 경우라면 권리가 보험회사로 넘어가게 된다. 일찍이 유럽에서 적재 화물의 회수작업이 큰 인기를 끌어 보물 사냥꾼(트레저 헌터)이 활약할 수 있었던 배경에는 예부터 발달된 보험제도가 큰 몫을 담당했다. 적재 화물의 회수는 보험회사의 입장에서도 상당히 중요한 작업이다. 회사는 그에 대해 지불해야 할 자본을 갖고 있기 때문이다.

이에 비해 중국이나 필리핀 등에서는 배가 자국의 영해 내에서 침몰하여 몇 년 정도 방치됐다면 나라가 소유권을 갖는다고 주장한다. 또 대부분의 나라에서는 영해 내에 있는 소유자 불명의 침몰선은 그 나라가 소유권을 갖는다고 돼 있다. 그러나 영해의 범위는 각 나라마다 주장하는 바가 조금씩 다르기 때문에 이 문제는 그리 간단하지가 않다.

최근에는 이것이 문화유산보호라는 문제와 얽히고 있다. 물속에서 활동할 수 있는 기술이 나날이 발전함에 따라(특히 1943년에 스쿠버의 실용화가 실현된 후부터) 유적을 훼손하지 않을까 우려하고 있는 것이다. 이로 인해 역사적으로 가치가 있다고 인정되는 유적에 한 해서는 상업을 목적으로 한 인양을 법적으로 규제해야 한다는 움직임이 일고 있다. 예컨대, 가장 규제가 엄한 오스트리아에서는 50년이 지난 난파선에 대해 나라가 모든 권리를 주장할 수 있도록 돼 있다. 그 대신 발견자에게는 막대한 보상금이 주어진다. 현재 프랑스, 스페인, 포르투갈, 그리스 등에서는 유적에 대한 다양한 제한(가령, 프랑스에서는 면허를 갖고 있는 수중 고고학자 이외엔 문화재를 발굴할 수 없다)을 만들어 놓았는데, 영국이나 미국, 그 밖에 극동의 여러 나라들은 아직 방임주의(放任主義)를 취하고 있는 듯하다.

최근 아시아의 여러 나라에서는 선진국의 발달된 기술과 자금을 이용해서 자국의 문화유산을 최대한 보호하려는 시도가 한창이다. 필리핀에서는 샐비지(salvage. 해난구조 또는 침몰한 배 따위의 인양 작업-역주) 회사의 발굴을 인정하고 있지만, 대신 국립박물관의 전문가가 작업에 참여해야 한다. 최근에는 인양된 유물의 70퍼센트를 나라가 수용하고 있다고 한다. 1991년부터 1993년에는 마닐라 만 밖에서 샌디에이고 호(1600년에 네덜란드에 의해 격침된 스페인의 갈레온 선(galleon))의 탐색 작업이 실시됐는데, 이 샌디에이고 호는 50미터의 해저에서 발굴됐다. 베트남에서는 1997년부터 1999년까지 호이안 앞바다에서 무역선이 인양됐고, 이 배는 태국의 배로 추정됐다. 평판이 자자할 정도로 거친 바다, 그것도 수심 70미터의 해저에서 배를 인양한다는 것은 정말 쉬운 일이 아니었다. 말레이시아의 샐비지 회사가 주축이 되어 실시한 이 발굴 작업으로 15세기 말의 베트남 도자기가 완전한 형태로 15만개나 출토됐다. 이 유물들은 종류별로 한 점씩을 하노이 역사박물관에, 10퍼센트를 베트남 각지에 있는 박물관에 남겨졌을 뿐이다. 나머지는 모두 국외로 나가 현재 미국에서 경매에 붙여지고 있다.

 세계적으로 문화재 보호에 많은 관심을 쏟고 있다고는 하나, 인양의 난이도, 기술과 자본력의 격차 따위가 유물 분배율을 크게 좌우하고 있다. 이렇게 많은 유물은 충분한 연구를 거쳐 세계 속의 연구자들과 애호가들을 위해 경매에 붙여져 여기저기로 흩어지고 있는 것이 현실이다.

 이러한 상황에서 한국은 1976년이라는 비교적 이른 시기에 정부의 전면적인 지원을 바탕으로 신안(新安) 앞바다에서 침몰선 인양 작업을 실시했다. 해군과 경찰과 학계가 하나로 뭉쳐 실현시킨 이 작업은 오늘날까지도 더 나은 인양작업을 찾아볼 수 없을 정도로 성공적이었다는 평판을 듣고 있다. 본 장에서는 이 신안의 침몰선을 검토함으로써 해저고고학의 중요성과 가능성을 고찰해 보고자 한다.

1. 신안 침몰선의 발견과 인양

그물에 걸린 청자

발단이 된 것은 1975년 7월 말, 어부 최형근(崔亨根) 씨의 그물에 걸린 6점의 청자였다. 장소는 한국 최남단 항구인 목포에서 얼마 떨어지지 않은 도덕도(道德島), 신안 앞바다였다. 수심은 약 20미터. 사실 이 부근에서는 몇 년 전부터 해마다 도자기나 동전 따위가 그물에 걸리곤 했는데, 어부들은 운수가 사납다며 쪼개서 버렸다고 한다. 이날 최씨는 이 청자를 집으로 가져와 가장 근사해 보이는 꽃병만 남겨 두고 나머지는 모두 아는 사람에게 선물했다. 같은 해 2월에 초등학교 교사인 동생 최태호(崔泰鎬. 원문에서는 '최평호'라고 나와 있으나 우리나라 신문에서는 최태호라고 나옵니다-역주) 씨가 성묘를 하러 고향집에 왔다가 이 꽃병을 보았다. 최태호 씨는 이 꽃병이 보통 꽃병이 아니라는 생각을 했고, 신안 군청에 신고를 했다. 이듬해 1월의 일이었다.

2월 20일, 문화재 관리국과 매장문화 재평가위원회는 이 유물을 감정한 뒤, 원대(元代)의 것으로 10만 달러의 값어치가 나간다고 결론을 내렸다. 보상금은 백만 원이 지급됐고, 바다 밑에서 보물이 나왔다는 소문은 삽시간에 온 마을로 퍼져 나갔다.

당국이 한창 대응 방안을 검토 중이던 9월에 수백 점의 도자기를 불법으로 인양한 도굴범들이 적발됐고, 342점이 경찰에 압수됐다. 계속해서 경찰은 10월 12일에도 도굴범 3명을 검거하여 도자기 122점

2-2 어부 최형근 씨가 건져 올린 청자는 이런 모양이었다. 이것이 신안 침몰선 조사의 계기가 됐다. 《국립광주박물관》도록(圖錄), 한국, 1978년)

을 압수했다. 상황이 이렇다 보니 문화재위원회는 서둘러 조사단을 파견했다. 조사단은 구속 중인 범인을 앞세워 현장 위치를 확인했고, 부표를 설치했다. 이어서 11월 1일, 해군잠수부대가 동원된 제1차 인양작업이 실시됐다. 인양된 유물은 115점, 놀라움은 극에 달했다. 신안 앞바다는 사적지로 임시 지정(指定)돼 일반인의 출입이 금지됐다.

2-3 인양된 물품을 목포에서 보도 관계자들에게 공개
《신안해저인양문화재도록(新安海底引揚文化財圖錄)》1977년

　11월 9일에는 제2차 발굴을 위해 새롭게 조직된 해저문화재 발굴조사단이 현지로 들어가 관계 기관과 협의했다. 이 협의에서 제2차 조사 이후부터는 학술 관계자의 주도하에 조사하기로 결정했다.
　해군에서 해난구조대 소속의 덕수함(德壽艦. 4000톤 급), 도봉

함(道峰艦. 1000톤 급), 그리고 보트 세 척이 출동하여 현장에 부표를 설치하고, 유물 인양 작업을 실시했다. 제2차 조사는 11월 12일부터 11월 30일까지 계속됐고 막대한 성과를 거두었다. 도자기를 감정한 결과 주로 원대의 것이 많다는 발표가 나왔다. 그 외에도 금속제품, 칠제품(漆製品), 목조(木彫), 장기판이나 상자와 같은 목제품, 동전, 나무 열매와 곡식, 선체(船體)로 여겨지는 나무 조각 두 점 등, 그 종류도 다양했다. 예상 밖의 수확이었다. 이 성과로 인해 인양작업은 국가적 사업으로 확대됐고, 1977년 4월에 제3차 조사를 실시하기로 결정했다. 그리고 현장보존을 위한 다각적인 대처 방안이 모색됐고, 조사단은 철수했다.

해저 조사의 어려움

신안 침몰선은 발견에서 본격적인 조사에 이르기까지 해저 고고학이 갖고 있는 다양한 문제점을 분명하게 드러냈다.

우선 첫째로 어부들은 오래 전부터 바다에서 뭔가가 계속 걸려 올라온다는 것을 알고 있었다. 그러나 그것이 학술적으로 가치가 있는 물건이라고는 생각하지 못했다. 여기에서 교사 최태호 씨의 등장이 필요했다. 레이더가 발달된 오늘날에도 해저 유적을 발견하기란 그리 쉬운 일이 아니다. 오늘날 해저 유물을 발견하는 사람은 대부분 어부들이다. 따라서 일반인에 대한 계몽활동이 매우 중요하다.

둘째로 도굴꾼들의 활동이 매우 민첩하다는 것이다. 해저 조사는 막대한 비용이 들기 때문에 공식 기관은 이에 걸맞은 성과를 얻을 수 있다고 판단될 때만 움직인다. 설령 조사할 가치가 충분하다고 해도 유물을 어떻게 보존하고 처리해야 할지, 어디에 수납해야 할지 등을 확실히 정하지 못하면 발굴을 시작하지 않는다. 이러한 이유로 조사가 시작될 때까지 걸리는 시간동안 자칫 도굴꾼들이 현장을 돌이킬 수 없을 정도로 망가뜨릴 우려가 있다. 관할 기관이 감시 태세를 늦추지 않았던 신안에서도 도굴꾼을 적발하는 일이 끊이지 않았다고 한다.

셋째로 해저유적은 대부분 아주 열악한 환경 속에 있기 마련이다. 신안 역시 그랬다. 조사 현장은 언제나 3~4노트의 조류(潮流)가 흘렀고, 해저는 한치 앞도 내다보기 힘든 흙탕물이었다. 밀물과 썰물 시간을 헤아려 하루 한두 번, 그리고 한 번에 한두 시간밖에는 작업할 수 없었다. 앞이 안 보이기 때문에 손으로 더듬어 가면서 유적을 찾아야 하는 형편이었다. 심지어 수심이 20미터나 됐기 때문에 잠수부들의 안전을 위해 한 사람당 하루 50분으로 작업이 제한됐다. 도굴꾼들에게 쫓기듯 시작한 제2차 조사에서는 계절을 선택할 시간적 여유도 없었다. 2월의 바다는 너무도 차가웠다. 제아무리 실력 좋은 전문 잠수부라도 10분 이상 작업을 하면 손에 감각이 마비될 정도였다. 설상가상으로 바다가 너무 거칠어서 잠시 작업을 중단하고 있노라면 믿고 있던 부표가 떠내려가기 일쑤였다.

그러나 이렇게 열악한 환경으로 배가 난파됐고, 현장에 깊은 진흙층이 있었기에 배가 해충의 피해로부터 안전할 수 있었다. 그리고 그렇게 보호된 배는 오늘날 온전한 형태로 우리에게 다가왔다. 투명할 정도로 깨끗한 바다에서 보물선을 발견했다고 한다면 그처럼 허무맹랑한 소리는 아마 없을 것이다. 최근 소문에 의하면 인도네시아 근해에서 당대(唐代)의 무역선이 인양됐는데 선재(船材)가 인도산(産) 나무라고 한다. 정말 온몸에 소름이 돋을 정도로 매력적인 이야기가 아닐 수 없다. 이 배는 분명 한 치 앞도 내다볼 수 없는 흙탕물 속에, 저 깊은 진흙 속에 파묻혀 있었을 것이다. 목재 침몰선이나 그 적재 화물은 좀조개나 갑각류에게 갉아 먹히기 전에 흙이 묻지 않으면 후대에 그 모습을 전해 줄 수가 없다. 신안의 침몰선도 대량의 동전이나 도자기, 자단목(紫檀木)으로 된 육중한 화물이 가득 실려 있었기에 재빨리 진흙 속으로 들어갈 수 있었다. 따라서 오늘날 그 자태가 드러날 수 있었다. 진흙 밖에 나와 있던 부분은 선창(船倉)이었는데 그 윗부분에 있던 유적들은 보기에도 무참할 정도로 파손되었다고 한다.

천재일우(千載一遇)라고 해도 좋을 한국의 보물선 발견에 앞서서, 전문가에게 맡겨진 과제는 엄청났다. 사람들은 뭍에서의 조사에 뒤지지 않은 정밀한 조사를 기대했다. 그러나 고고학자가 직접 잠수해서 조사를 한다는 것이 불가능했기에 이에 관해서는 해군의 전문 잠수부들에게 맡길 수밖에 없었다. 고고학자들은 잠수부들이 흙탕물을 헤치고 간신히 유물을 찾아 배 위로 올라오면 그 유물이 어디에 어떤 형태로 있었는가를 자세히 전해 듣고 이를 기록했다. 수중 촬영도 몇 번이나 시도해 보았지만 성공한 적은 없었다. 고고학자들은 자신들이 주도권을 쥐고 있음을 자부했지만 침몰선의 조사 결과를 백 퍼센트 확신할 수 있는 학자는 아마 없을 것이다. 이 또한 지극히 당연한 얘기다.

배 위에서는 필요에 따라 유물의 염분을 제거하거나 오물을 털어내는 작업을 진행했다. 일찍이 그렇게 막대한 양의 유물을 처리해본 적이 없었다. 유물을 넣어 운반할 용기를 준비하는 모든 작업이 이제껏 경험해보지 못한 막대한 양이었기에 즐거운 비명이 끊이지 않았다.

뭍에서도 유물에 대한 연구는 계속됐다. 역사가, 고고학자, 조선(造船) 전문가, 인양에 필요한 각 기자재 전문가, 보존과학 연구자 등이 계속되는 발굴과 함께 연구를 거듭했다. 1977년에 실시한 발굴 조사 때는 미국의 수중 고고학자도 참가했다. 같은 해 10월에는 서울 국립중앙박물관에서 그때까지의 주된 유물을 전시하여 국내외 학자들에게 유물과 유적에 관한 광범위한 자문을 구하기도 했다.

2. 발굴 성과

조사는 그 후로도 계속됐다. 해저에 철책을 둘러 더 확실하게 위치를 확인할 수 있도록 했다. 마지막에는 남아 있는 선체를 모두 해체해서 건져 올리는 작업이 실시됐다. 선체 인양 작업이 끝나고 바다 밑을 재차 확인한 뒤, 청소까지 끝마치고서 1984년 여름에 실시한 11차(원문에서는 10차 조사가 마지막이라고 했으나, 인터넷 조사에서는 11차가 마지막으로 돼 있습니다. 참고하시기 바랍니다-역주) 조사를 마지막으로 8년간에 걸친 오랜 작업을 끝냈다.

모든 조사를 통해 밝혀진 유물은 다음과 같다.

중국 도자기 2만 661점. 이 가운데 약 60퍼센트에 해당하는 1만 2359점이 룽취안요(龍泉窯) 계통(원(元)나라 때는 중국 도자기의 일대 전환기라 할 수 있다. 이 때부터 분청(粉靑), 진사(辰沙) 등 다채로운 무늬의 도자기가 만들어졌는데, 룽취안요(龍泉窯), 징더전(景德鎭), 츠저우요(磁州窯) 등이 그 대표적인 요지다-역주)의 청자(靑瓷)였다. 그 외에, 청백자나 백자가 5303점, 흑유완류(黑釉碗類) 등이 506점, 백탁유(白濁釉) 등이 188점, 갈유(褐釉)나 흑유(黑釉)로 된 병, 항아리(대부분 용기로서 사용된 것이다. 그 안에는 먹(墨), 한약재로 쓰이는 호초(胡椒), 식물의 씨앗 등이 들어 있었다)가 2305점이었고, 토기(土器)나 흙으로 빚은 인형도 있었다.

고려청자가 7점.

일본제 도기·토기=세토야키(瀨戶燒)의 도기병(陶器甁)과 와질(瓦質) 화로 등 4점.

금속제품 729점. 정병(淨甁)과 매병(梅甁)과 같은 병류(甁類), 향로, 등잔이 많았다. 기타 청동 거울, 젓가락, 고려 수저, 접시, 주전자, 사발, 철로 만든 잔, 발(鉢), 바라(악기), 자물쇠, 칭웬루(慶元路. 지금의 닝보(寧波)-역주)가 적힌 화물 꼬리표, 취사도구 등.

금속원료(대부분 주석으로 만든 강괴(鋼塊. 강괴는 용광로에서 녹인 쇠를 거푸집에 부어 굳힌 강철 덩어리를 말함-역주)) 300점.

동전 28톤 18킬로그램. 개수로는 약 800만 개를 넘는다. 고(古)화폐인 화천(貨泉)(초주(初鑄) 14년)이나 후한(後漢)의 오수전(五銖錢)에서 가장 늦은 시기에 제작된 지대통보(至大通寶)(1310년)까지, 중국 동전 52종류와 요(遼), 금(金), 서하(西夏)의 동전 등을 포함해 약 66종류가 나왔다. 이 동전들은 다시 글자체나 발행 연도, 주조된 지역에 따라 299종류로 세분된다.

목제품. 포장용 상자가 29점 이상, 나무통 7점 이상, 옻칠한 식기, 부채, 젓가락, 가구, 오락 용품(장기 말) 등.

목간(木簡) 364점.

목재 원료=자단목 939점. 한자, 숫자, 아라비아 숫자 등이 새겨져 있다.

식물 유체(遺體)=향료, 향목(香木), 한약재료. 호초(나무 상자에 들어 있었다), 파두(巴豆), 산수유, 사군자, 빈랑(檳榔), 여지, 복숭아

씨, 은행, 매실, 호도, 개암, 밤, 계피, 생강.

석제품 43점. 벼루, 맷돌 등.

기타 골제품(骨制品), 옥제품(玉製品) 등.

3. 불붙은 논의

유물이 널리 알려질 때마다 떠들썩한 논의가 계속됐다. 선창을 빼곡히 메운 화물이 이 배가 무역선임을 나타냈지만, 어디의 배이며 어디에서 어디로 가고 있었는지, 침몰한 때는 언제인지 등이 논제로 떠올랐다.

주요 적재화물이었던 중국 도자기의 양식을 바탕으로 이 배가 1320년대의 것이라는 의견이 나왔다. 1320년대 후반부터 만들어지기 시작한 원나라의 청화(青華. 청화백자는 초벌 기면(器面) 위에 산화코발트(酸化CoO)가 주성분인 안료로 문양을 시문하고 백색의 투명한 유약을 입힌 것)나 유리홍(釉裏紅. 도자기 유약 밑그림의 일종으로 중국 원대의 징더전요에서 시작됐다. 기법은 청화자기와 같으며, 청화의 채료(彩料)가 코발트계인데 비해 동계의 채료를 써서 붉은색으로 발색시킨다-역주)이 나오지 않았기 때문이다(후에 유리홍 2점이 발견됐다). 그러나 좀 더 세부적으로 파고들어 유물이 동시대의 것이 아닐지도 모른다는 의견이 나오기 시작했다. 게다가 한 청자 접시에 새겨진 관청 이름, 칠기 그릇에 새겨진 간지(干支) 역시

2-4 신안 침몰선 관계 지도

2-5 철반무늬(鐵斑文)가 들어간 청백자《〈신안해저유물〉》국립중앙박물관, 한국, 1977년)

분분한 논의를 불러일으켰다. 그러나 14세기, 곧 원대 후기의 침몰선이라는 것만큼은 확실했다.

적재 화물이 주로 중국 자기와 동전이고, 자단목이나 호초처럼 당시 중국의 남해물산(南海物産)이 많다는 데에서 출항지가 중국임을 의심하는 사람은 없었다. '칭웬루(慶元路)'라는 글자가 새겨진 화물 꼬리표가 추가로 발견돼 칭웬(지금의 닝보)을 출항한 배로 추정됐다. 목적지는 물론 하카다(博多)로, 이에 대해서도 다른 의견은 없었다.

그러나 항로에 대해서는 활발한 논의가 벌어졌다. 그 중 하나가 일본에서 출토되지 않는 철반무늬 청백자에서 시작됐다. 이러한 물건은 필리핀에서 많이 볼 수 있으므로, 이 배는 일본뿐 아니라 황해를 두루 거쳐 회항(回航)하는 무역선이었다는 추측이었다. 또 하나는 고려청자에서 시작됐는데, 일본으로 향하던 배가 도중에 고려에 들렀을 가능성이 있다고 했다. 그러나 출토된 고려청자 중 2점이 적재 화물 중에서도 밑 부분에 깔려 있는 상자 속에서 나왔기 때문에 중간에 실은 것이 아니라 출항 당시부터 적재되어 있었음이 확실했다. 게다가 고려청자 7점의 제작 연대가 일치하지 않아 중국에서 사들인 골동품일 가능성이 컸다. 중국에서는 송대 이후부터 고려청자에 대한 평가가 높아져 상류층으로부터 많은 사랑을 받았다. 그런데 가마쿠라(鎌倉) 시대의 일본에서도 사회적 지위를 나타내는 일종의 상징으로 이 고려청자가 애용됐다는 것이 이를 통해 입증됐다.

2-6 신안 침몰선의 복원 모형. 격벽으로 나뉜 선창의 밑 부분에는 동전과 자단목이, 윗부분에는 도자기 등이 빼곡히 채워져 있었다.(국립역사민속박물관 소장)

남아 있는 선창을 통해 이 배가 전체길이 30미터, 무게 200톤 내외의 비교적 큰 목선이라는 사실이 드러났다. 일곱 칸의 수밀격벽(水密隔壁. 수밀격벽이란 선체를 칸막이로 구분해, 어느 한 곳에 스민 물이 다른 곳으로 넘나들지 못하게 한 것-역주)과 뾰족한 배 밑바닥, 그리고 벌레의 침입을 막는 얇은 널빤지를 배 밑바닥에 덧달고 있는 것이 특징이다. 뱃머리는 사다리꼴이었다. 외판에는 바닷물이 갑판을 넘지 못하도록 방패 구실을 하는 현장(舷牆)이 달려 있었다. 거친 파도를 견뎌낼 수 있는 이러한 구조는 당시 동아시아에서 중국만이 유일하게 만들어 낼 수 있는 고도의 기술이었다. 선재(船材) 역시 중국산 소나무와 삼나무가 사용됐을 것으로 추정됐다. 승선한 사람은 대략 60명 정도로 이 해역에서는 평균적인 크기였다고 할 수 있다. 중국에서 건조된 배이긴 하나, 현대적인 의미에서의 선적(船籍)은 밝혀지지 않았다.

4. 목간의 출현과 그 의의

선주는 누구인가? 도후쿠지(東福寺)**와 죠오텐지**(承天寺), **그리고 하카다 고시**(博多綱司)
이렇듯 각 전문 분야에서 의논이 분분한 가운데 1982년 어느 날, 조사단의 그 누구도 예상하지 못했던 특별한 유물이 발견됐다.

그것은 배 밑 부분에 쌓여 있던 동전을 에어리프트(air lift)로 인양할 때 같이 따라 올라온 소형 목간(木簡)이었다. 에어 리프트는 진공청소기와 같이 물건을 공기로 빨아올리는 장치로, 물건과 같이 흡입돼 올라온 해수는 체에 걸러져 바다로 되돌아간다.

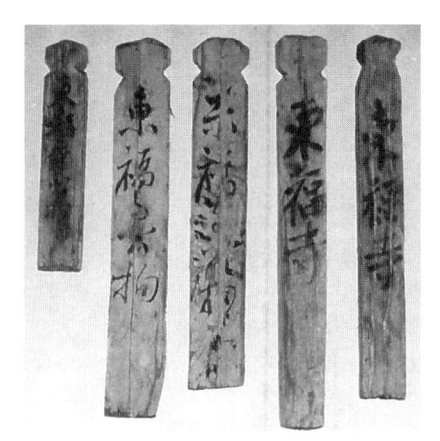

2-7 인양된 목간. 〈동복사공물(東福寺公物)〉이라는 글씨가 보인다.(《신안해저유물 자료편 Ⅱ》 1984년)

이 체에 잇따라 목간이 걸러졌던 것이다. 모두 364개가 걸러졌다. 이것은 물건의 꼬리표로 소유자의 이름이나 날짜, 물건의 종류나 수량 등이 적혀 있었다.

이 유물의 발견은 그때까지의 연구 방향을 대폭 전환하는 계기가 됐다. 예컨대, 그 전까지는 기존의 것과 새로 발견된 유물을 서로 비교하여 침몰 연대를 추정하는 것이 주된 연구 과제였다. 그러나 '至治三年'(1323년)이라고 적힌 목간 8점이 발견되면서 배는 이 해에 침몰됐다는 확신을 주었다. 상황이 이렇게 바뀌자 신안의 유물을 기점으로 도자기의 연대를 새롭게 추정했다. 신안의 유물, 특히 도자기가 일본의 중세 고고학에 미친 영향은 일일이 셀 수 없을 정도다. 일반적으로 도자기가 유적의 연대를 결정짓는 중요한 잣대임은 너무나도 잘 알려진 사실이다.

새로 발견된 목간 중에서 하주(荷主)의 이름을 적었다고 여겨지는 목간은 모두 271점이었는데, 이 가운데 '강사(綱司)'(일본어로는 '코시'라 읽는다-역주)라고 적혀 있는 목간은 110점이나 됐다. 강사는 항해의 통괄 책임자를 지칭하는 당시의 직명(職名)이다.(강(綱)이란 글자는 중국에서 송나라 이후 선주나 선장의 지위를 이를 때 쓴다-역주) 하카다 고슈(博多綱首)의 '고슈(綱首)'와 거의 같은 뜻인데, 후자가 송·원대를 중심으로 한 중국에서 호칭으로 쓰이는데 비해, 고시(綱司)는 일본에서만 볼 수 있는 이름이었다(가메이(龜井), 1985년). 즉 이 배에서는 강사가 화주(貨主)였던 셈이다. 강사의 실명이 밝혀지지 않은 것이 아쉽지만 그가 바로 선주(船主)이자 선장(船長)이었음은 틀림없다.

강사 다음으로 많이 적혀 있는 글자는 도후쿠지(東福寺)가 41점, 쵸자쿠안(釣寂庵)이 4점, 교선(敎仙, 하코자키구(箱崎宮)의 사승(社僧))(교선은 일본어로 '쿄센'이라 읽는다. 하코자키구는 일본 후쿠오카에 있는 신사의 이름이다. 사승이란 신사에서 불교의 가르침을 배우는 승려를 말하는데, 현재는 존재하지 않는다-역주)이 7점이었다. 그리고 마침내 이 삼자(三者)를 한데 묶을 수 있는 실마리가 문헌을 통해 제시됐다. 당시 활발한 논의를 간추리면 다음과 같다. 즉, 쵸자쿠안은 죠오텐지(承天寺. 후쿠오카 시 하카다 구)에 있었던 닷츄(塔頭. 큰 절 안에 있는 작은 절)였다. 죠오텐지는 코슈샤 고쿠메 (綱首謝國明)와 다자이쇼니(大宰少貳) 무토 씨(武藤氏. 치쿠고(筑後) 무사시(武藏)의 무토 스케요리(武藤資賴)가 다자이후(大宰府)의 차관인 다자이쇼니(大宰少貳)로 임명받은 이후로 쇼니(少貳)라는 성씨를 사용했고, 한때는 북(北)규슈 최대의 세력을 가질 만큼 성장했다-역주)를 시주(施主)로 하여 쇼오이치고쿠시(聖一國師) 엔니 벤엔(円爾弁円. 쇼오이치고쿠시는 도후쿠지의 초대 주지-역주)이 창건한 사찰이다. 이 절은 일본과 송(宋)의 무역을 발판으로 1242년에 세워졌고, 그 후로도 하카다 고슈에 의해 계속 유지됐다. 절을 창건할 당시 고슈샤가 하코자키구의 영지(領地)를 사서 기부했다는 이야기가 전해지고 있어, 그가 하코자키구와 어떤 관련이 있는 것으로 추정됐다. 엔니 벤엔은 당시 일본의 섭정(攝政)이었던 구조 미치이에(九條道家)의 초대로 교토에 가서 도후쿠지를 창설했다. 엔니 벤엔은 가마쿠라 겐조지(建長寺)의 란케도류(蘭溪道隆)와 나란히 당시 일본 선계(禪界)를 대표했는데, 특히 죠오텐지를 거점으로 하여 중국문화의 수용에 힘을 쏟은 것으로 잘 알려져 있다.

그러나 교토의 도후쿠지는 1319년에, 하코자키구는 그 즈음에 화재로 소실됐다. 확실히 신안 침몰선은 기본적으로는 도후쿠지 재건을 위해 당나라에서 물자를 나르던 배였을 테고, 하코자키구도 여기에 있었을 것이다. 말하자면 죠오텐지의 닷츄 쵸자쿠안을 실행 거점으로 삼고, 인연이 깊은 하타다 고시를 주축으로 그 주변에 있는 몇 사람이 똑같이 자금을 내어 이 배를 준비했다는 가설을 세울 수 있다. 게다가 도후쿠지라는 글자가 적혀 있는 목간에는 '공용(公用)' 혹은 '공물(公物)'이라는 말이 함께 적혀 있어 가설을 뒷받침해 주고 있다.

고시 및 목간에 기록된 하주(荷主)의 이름에서 탑승자의 대부분이 일본인이었음을 짐작할 수 있다. 앞에서 언급했듯이 배가 중국에서 만들어졌다는 사실은 구조를 통해 알아낼 수 있고, 탑승자가 중국인이나 일본인, 고려인이었다는 사실은 인양된 일상 용품을 통해 알아낼 수 있다. 중국 냄비, 일본 장기(將棋), 일본도(日本刀)의 날밑(칼날과 칼자루 사이에 끼워서 칼자루를 쥐는 한계를 삼으며, 손을 보호하는 테-역주), 끝이 뭉그러진 왜나막신, 와질(瓦質) 화로, 조선 숟가락 등, 마치 여러 나라의 승무원들로 구성된 현대판 전세 선박을 떠올리게 한다.

이렇듯 목간이 발견된 이후의 연구에는 문헌사학이 눈부신 공헌을 하여 역사고고학에서 문자 자료의 중요성을 다시금 상기시켜 주었다. 또한 문헌사학이 이렇듯 방대한 연구 자료를 축적했다는 데에 놀라움을 금할 길이 없다.

5. 항해 전후의 중국 상황

'지치(至治) 3년'이라고 적힌 목간이 8점이나 나온 것으로 보아 배는 이 해에 침몰된 것이 거의 확실하다. 연호를 제외한 날짜는 4월 22일에서 6월 3일까지로 돼 있다. 아마도 이 40일 동안 적재 화물을 준비했을 것이다. 물론 출항 날짜도 이와 멀지 않다. 5~6월(태음력(舊曆))은 일본으로 출항하기에 안성맞춤인 시기다.

"원나라에서는 세종(世宗. 쿠빌라이)(원문에는 世宗이라 했는데, 당시 원나라를 다스리던 쿠빌라이 칸은 世祖라 표기해야 맞습니다. 일단 원문을 따라 世宗이라 표기합니다. 이후의 번역문에도 世宗이 등장하는데 이 역시 世祖로 표기해야 합니다. 쿠빌라이는 1215에 태어나 몽골제국 제5대 칸汗으로 등극, 중국 원(元)나라의 시조가 됐습니다. 재위는 1260~1294이며, 칭기즈칸의 손자이기도 합니다-역주)이 그 만년(晚年)에 외국무역에 대해 그리 적극적이 못했는데, 연우(延祐) 원년(1314년)에 광둥, 취안저우, 칭웬에 시박제거사(市舶提擧司) (시박이란 장사하는 배, 곧 무역선을 말함-역주)(해외무역을 관리하는 관청)를 부활시켜 22조의 무역통제 규정을 설치했다. 즉 금, 은, 동전, 주화, 남자부인(男子婦人), 사면단소(絲綿段疋. 사면은 명주를 말함-역주), 쇄금(鎖金), 능라(綾羅), 미량(米糧), 군기(軍器) 등은 수출을 금지하고, 사사로운 무역도 금지하여 엄중한 공허무역(公許貿易)을 실시했다. 시박제거사는 일단 연우 7년에 폐지된 후, 영종(英宗) 지치 2년에 부활돼 칭웬에서만 존속됐다. 일본 다이고 천황(皇天醍醐炎) 시대에 세츄(正中) 2년의 켄조지(建長寺) 조영료당선(造營料唐船) 등은 모두 영종의 칭웬 시박제거사 부활 이

후의 것이다."(모리(森) 1986년)

신안 침몰선이 1323년 출항했다면 칭웬에만 시박제거사가 부활된 해의 바로 이듬해가 된다. 즉, 신안 침몰선은 조영료당선의 선구(先驅)가 되는 셈이다. 이 배가 공공기관의 허가를 받았다는 기록은 남아 있지 않지만, 칭웬에서도 그다지 문제가 되지는 않았으리라 추측한다. 빼곡히 질서정연하게 쌓여 있는 선적 화물이 이 추측을 뒷받침해주고 있다.

다시 문헌에 따르면, 1319년에 화재로 소실된 도후쿠지의 재건을 위해 만년(晩年)을 바친 도후쿠지의 주지 난잔 시운(南山士雲)은 지위도 높고 노령이었음에도 하카다 죠오텐지로 돌아가 쵸자쿠안에 기거하며 여생을 보냈다. 1321년에는 원나라에 있던 토슈 시도(東州至道)를 도후쿠지 재건을 위해 일본으로 부르고, 대신 호소 테(芳祖庭)를 원나라로 파견했다. 아마도 이때 그들에게는 조영료당선을 위한 어떤 임무가 주어졌을 것이다. 신안 침몰선에는 죠오텐지와 도후쿠지, 그리고 하카다 고시와 그 일행을 위한 세심한 준비가 마련된 것으로 보인다.

6. 신안 침몰선의 적재 화물에 대해

당시 일본과 원의 무역 물품은 다음과 같다.

"수출—사금, 진주, 유황, 왜은(倭銀. 일본에서 가져온 은화 또는

은 덩어리-역주), 왜조(倭條. 개오동나무-역주), 왜로((倭櫓. 황로, 즉 거먕옻나무를 잘못 표기한 것으로 보임), 예방(倭枋. 참빗살나무), 판령(板?. 사스레피나무), 일본도, 마키에(蒔繪. 금·은 가루로 칠기 표면에 무늬를 놓은 일본 특유의 미술 공예-역주), 나전(螺鈿), 야마토에(倭繪. 일본의 사물이나 풍속을 그린 그림-역주)가 그려진 부채 등."
《지정사월속지(至正四月續志)》(모리, 1986년)(왜조에서 판령까지는 나무의 종류를 열거한 것으로 생각되나 사실인지는 확실하지 않다. 다만 전대(前代)에 인기를 끌었던 소나무나 삼나무, 노송나무 따위의 건재(建材)가 아닌, 세공품에 필요한 재료로 보인다-역주)

"수입―동전, 향약(香藥), 선승의 화폭집기류(畵幅什器類)(차, 다기, 화폭, 자단목으로 만든 탁자, 호동(胡銅) 화병, 자동(紫銅) 촛대, 유석(鍮石)〈진유(眞鍮)〉향로(유석이나 진유는 모두 놋쇠를 말함-역주)), 당직(唐織. 종래의 당견(唐絹), 당능(唐綾), 당금(唐錦) 이외에 사찰에서 필요한 금란(金襴), 금사(金紗), 모전(毛氈) 등)(금란은 황금색 실을 섞어서 짠 바탕에 명주실로 봉황이나 꽃무늬를 놓은 비단, 또는 금박을 종이에 붙여 가늘게 자른 평금사(平金絲)-역주), 모든 경(經), 유서(儒書), 선승의 시문집이나 어록 등."(모리 1986년)

이어서 위에 나열한 물품을 참조로 신안 침몰선의 적재 화물에 대해 살펴보자.

동전

일본으로 들어오는 수입품 중 가장 먼저 거론되고 있는 동전은 사실 중국에서 송대 이후로 금지하고 있던 품목 중 하나다. 그러나 현실에서는 늘 막대한 양의 송전(宋錢)이 국외로 유출되고 있었다. 신안의 예도 이를 증명해 주고 있다.

신안 침몰선에서 나온 동전은 배 밑바닥에 수북이 쌓여 있었다. 그 위에 자단목을 덮어 도자기나 금속제품을 나무상자나 나무통에 넣어 질서 정연하게 적재하고 있었다. 이는 중량이 나가는 동전이나 자단목을 바닥짐(배의 균형을 위해 배 밑에 싣는 무거운 화물)으로 삼은 것 이상의 의미가 있다고 본다.

시대는 200년 이상이나 거슬러 올라간다. 중국에서는 "송조(宋朝)의 주전(鑄錢)이 백만 관(貫) 이상으로 늘어나는 데도 늘 동전이 부족해서 곤란을 겪고 있다. 이것은 분명 동전이 나라 밖으로 빠져나가고 있기 때문이다"(《난성집(欒城集)》 41, 원석(元祐) 4년=1089년)라고 했다. 또 이에 대해 "커다란 선박 때문이다. 크고 높은 선박들은 있는 대로 동전을 긁어모아 온갖 화물로 감춘 뒤에 나라 밖으로 운반한다. 조정에서는 관청을 설치하여 이를 금지하고 있지만 적발해 내기가 어렵다"(《고색별위(考索別爲)》 20권, 《주자어류(朱子語類)》 15권)라고 기록해 놓았다(모리, 1986년).

마치 신안 침몰선을 그대로 묘사해 놓은 것 같지 않은가? 신안에서 인양된 동전은 약 28톤, 개수로 따지면 팔백만 개나 돼 그 막대한 양에 세상은 놀라움을 금치 못했다. 그러나 당시의 적재 화물로는 그리 놀랄 만한 수치가 아니다. 주판을 튕겨 보면 동전은 단순하게 천 개 정도가 1관문(貫文)에 해당하므로 약 팔백만 개는 팔천 관문이 된다. 그런데 개중에는 1개에 1문(文) 이상 나가는 큰 동전이 많이 섞여 있으므로, 실제 수치는 이보다 훨씬 커지게 된다. 그러나 이 수치가 아무리 크다고 해도 처음의 28톤이라는 수치에는 못 미쳐 어쩐지 예상 외로 수치가 작다는 느낌이 든다.

나의 좁은 식견으로 볼 때 송·원 시대에 중국에서 유출된 동전에 관한 기술은 마치 상투적인 문구처럼 10만 관을 반복하고 있고, 만약 이를 백발삼천장(白髮三千丈. 백발이 매우 길게 자랐다는 뜻으로, 몸이 늙고 근심 걱정이나 비탄이 날로 쌓여 감을 비유적으로 이르는 말로 이태백의 추포가(秋浦歌)에 나온다-역주)과 같은 종류의 표현이라고 보아도 팔천 관문(만약 1만 관문으로써도)과는 큰 차이가 있다.

또한 10만 관문의 예로 다음의 한 가지를 들 수 있다.

"닌지(仁治) 3년(1242년), 사이온지 킨츠네(西園寺公經)가 파견한 무역선은 노송나무로 만든 삼간사면(三間四面)의 집 1채를 남송의 이종(理宗)에 바치고, 이종(理宗)으로부터 10만 관의 전화(錢貨)와 기타 물품을 회사(回賜)의 형식으로 받아 돌아왔다."《고일품기(故一品記)》》(모리, 1986년)

이 예를 보면 중국에 조공을 받치고 그 답례로 받는 회사(回賜) 형식으로 동전을 적재했기 때문에 아무런 문제가 되지 않았을 것이다. 그러나 지금의 28톤이 팔천 관문이라고 한다면 10

만관은 350톤에 해당되는 엄청난 양이다. 언뜻 상상해보아도 쉽게 감이 잡히지 않는다.

동전이 왜 이토록 인기를 끌었는지에 대해서 이미 많은 논고가 나와 있다. 이를 요약해보면, 일본에서는 동전을 주조하지 않았기 때문에 중국 동전이 그대로 쓰였다고 한다. 게다가 이 시대에는 가령 일본의 수출품 중 맨 윗자리를 차지하고 있는 금을 중국으로 가져가 동전과 교환하면 확실히 막대한 이익을 챙길 수가 있었다. 중국에서는 금이 그리 많이 산출되지 않았고 가격도 일본의 13배였기 때문이다. 《원사(元史)》에 기록된 "제1차 원구(元寇)의 이듬해인 1277년에 일본상인이 황금을 가지고 와서 동전과 바꾸기를 청하여 원나라 조정이 이를 허락했다"는 얘기는 세종(世宗, 世祖를 잘못 표기한 것임-역주)이 무역에 적극적이었음을 나타내는 예로 자주 인용되고 있다. 그러나 이것은 무역에 관심이 있었다기보다는 황금을 탐내고 있었다고 여겨진다. 말하자면 황금을 가져오면 동전을 내주겠다는 의도가 숨겨져 있다.

도자기

동전 다음으로 많은 물품이 도자기다. 신안 침몰선의 조사가 이루어질 수 있었던 것도 최초로 발견된 청자 꽃병이 막대한 가치를 가지고 있었기 때문이다. 그러나 앞에서 언급한 수입품목 중에서도 독립된 자리를 차지하지 못할 정도로 당시 도자기가 차지하고 있는 위치는 볼품없었다. 그나마 선승이 쓰던 화폭집기류 속에 다기(茶器)로써 포함돼 있을 뿐이었다. 도자기는 본래 중국의 특산품이자 수출장려 품목이었다. 신안 침몰선에서 인양된 도자기들은 값싼 것들이 대부분인데, 중국에서 이런 도자기들을 손에 넣는 일은 식은 죽 먹기였다. 신안의 도자기는 모두 2만 661점이 인양됐다. 그런데 약 60퍼센트에 해당하는 1만 2359점이 룽취안요(龍泉窯) 계통의 청자였다. 이 가운데 값이 많이 나가는 우수한 도자기는 2퍼센트에 지나지 않고, 나머지는 평범한 것이거나 조잡한 것들로 채워져 있었다.

예전만 하더라도 원대는 문화적으로 암흑기여서 도자기 품질도 형편없다는 의견이 대부분을 차지했다. 그러나 오늘날, 이 시대에 품질 좋은 도자기가 대량으로 생산돼 중동이나 북아프리카까지 수출되는 등 번영을 누렸다는 사실이 밝혀졌다. 이러한 원대에 대표적인 도자기로 원청화(元青花)가 있다. 신안에서는 원청화가 단 한 점도 출토되지 않았다. 원청화는 1320년대 후반부터 만들어졌고, 이를 통해 침몰선의 연대가 1320년대로 추정됐다. "도대체 무엇을 가지고 원청화라 할 수 있느냐, 원청화의 시기를 언제로 정해야 하느냐"는 미묘한 문제가 오늘날까지도 계속되고 있지만, 어쨌든 신안 침몰선의 연대에 대해서는 다른 의견이 없다.

오늘날 이들 2만 여점에 달하는 도자기들을 1323년의 일괄(一括) 출토유물로써 기준 자료로 삼아야 한다. 이 유물은 중국

2-8 건잔(建盞) 《신안해저문물》 국립중앙박물관, 한국, 1977년

도자기 역사상 가장 중요한 자료라고 해도 과언이 아니다. 대대적인 연구 활동을 통해 더욱 상세한 내용을 밝혀야 한다.

일본에서는 9세기 이후 다량의 중국 도자기가 수입됐다. 특히 중세에 들어서는 일본 전역에서 중국 도자기가 출토되어 유적의 연대나 성격을 논하는데 중요한 자료로 쓰인다. 일본의 중세 고고학에서 차지하는 중국 도자기의 역할은 그야말로 대단하다. 이런 면에서도 신안의 도자기는 더할 나위 없는 가치를 지니고 있다.

그런데 필자는 앞서 신안의 유물을 일괄유물로 보아야 한다고 했다. 그럼에도 그 가운데는 그보다 앞선 시대에 생산된 것들이 포함돼 있음을 지적하지 않으면 안 된다. 7점의 고려청자가 그러하고 중국 도자기 중에서는 이른바 건잔(建盞)이라는 흑요의 다완이 그러하다. 천목(天目)이란 이름으로 알려져 있는 이 다완은 푸젠 성의 오지(奧地)에 있는 지엔요(建窯)에서 구워졌다. 북송 시대부터 조정에서 애용되기 시작하여 송나라 황실

2-9 《동정전회권(東征傳繪卷)》2권에서, 가마쿠라 시대의 작품. 도쇼다이지(唐招提寺)를 세운 당나라 승려 칸진(鑑眞)은 몇 번이나 항해에 실패하여 12년이란 세월을 보내고 나서야 간신히 일본에 도착할 수 있었다. 동정전회권은 그 전설적인 이야기를 담고 있는 그림책이다. 여기에 보이는 그림은 폭풍으로 난파한 배에서 뛰어내리거나 도망친 사람들, 경서와 서적이 거친 파도에 휘말려 떠내려가는 모습 등을 묘사했다(도쇼다이지 소장)

과 운명을 같이 했다. 일본에서도 매우 격이 높은 작품으로 떠받들어져 국보로 지정되기까지 했다. 신안 침몰선에는 50점에 가까운 건잔이 인양됐다. 이들은 주둥이가 깨져 있거나 흠집이 나 있어 아주 새것이 아님이 확실했다. 당시 중국에서는 건잔의 맥이 끊긴 상태라 손에 넣기 어려웠을 것이다. 그러나 일본에서는 때마침 차를 다려 먹는 일이 널리 퍼지고 있었고, 다구(茶具)의 한 도구로 찾는 이가 많았기 때문에 비록 새것은 아니지만 골동품으로 이를 사들였을 것으로 보인다. 대량 생산된 청자나 백자라면 문제될 것이 없지만 건잔과 같은 단품(單品)에는 특히 주의를 기울여야만 한다.

사라져 버린 적재 화물

일본이 원나라에서 수입한 물품 목록에 속해 있는 약간의 향약이나 다기 등은 신안 유물에서도 그 자취를 찾아볼 수 있다. 용기에 담겨 있던 호초 이외에는 금속제품이나 석제품이 대부분이다. 그림이나 경서, 서적, 당의 직물 등도 물론 있었겠지만 유물 인양 작업에서는 나오지 않았다. 이러한 물품들은 일반적으로 상부의 선실에 두기 때문에 배가 침몰함과 동시에 떠내려갔거나, 바다에 가라앉은 후 벌레들의 먹이가 됐거나, 부패해서 흔적도 없이 사라져 버렸을 것이다. 시대는 신안 침몰선보다 더 위로 거슬러 올라가지만, 칸진 화상이 조난당한 이야기를 전하고 있는 《동정전회권》을 보면 거친 파도에 떠내려가는 사람들과 온갖 서적 등이 잘 묘사돼 있다. 신안 침몰선 역시 이와 다르지 않았을 것이다. 비록 투기성이 강한 무역선이긴 했지만 물질문화 이상으로 정신문화를 가득 싣고 있었던 만큼 이 사라져 버린 적재 화물들을 생각하면 어쩐지 숙연한 마음이 든다.

끝으로

이상으로 신안의 사례를 통해 해저고고학의 문제를 살펴보았다. 해저유물은 때에 따라 우리가 상상도 할 수 없는 중요한 사료가 된다. 이 사료를 파괴하는 일이 얼마나 막대한 손실인가를 이야기하고 싶었다. 예컨대 신안에서 목간을 발견하지 못했다면 어떻게 됐을까? 우리들의 지식은 단지 동전과 도자기에 머물렀을 테고, 일본과 원의 무역을 구체적으로 들여다볼 수 있는 기회를 잃어버렸을 지도 모른다. 작은 나무 조각이 이야기를 극적으로 반전시켰다. 이것은 종합적이고 철저한 조사가 얼마나 중요한가를 시사한다. 이야기의 첫 부분에서 언급했듯이, 최근 인도네시아 해역에서 발견된 배는 중국 당대의 금속제품과 도자기를 가득 싣고 있었고, 심지어 배의 재료로 쓰인 나무가 인도 산이라 했다. 그런데 도대체 어떻게 인양됐던 것일까? 유물의 연구는 어떻게 됐을까? 인양된 유물의 운명은 또 어떻게 될까? 작년이었다. 필자는 이미 이 배에서 인양됐다는 창사요(長沙窯)의 도자기가 팔려 나가는 모습을 마닐라에서 목격했다. 가능하면 유물이 각지로 흩어지지 않고 한 곳에 보관되기를, 그리하여 전문가들의 필요에 따라 활발한 연구가 진행되기를 빌어 마지않는다. 뿐만 아니라 중요한 해저 침몰선은 '세계유산'으로 지정돼 국제기구와의 협력을 통해 보호, 발굴, 보존될 수 있기를 바란다.

신안의 막대한 유물 또한 그러하다. 예컨대 동전만 해도 이를 전문으로 연구하는 두 명의 학자가 적어도 7~8년 정도를 연구해야 하는 대사업이다. 도자기 역시 계속해서 연구가 진행되고 있긴 하지만 약간의 부탁을 여기에 더하고 싶다. 일본에서는 도자기의 전체 형태는 물론, 그 이상으로 도자기에 흐르는 광택의 정도, 밑(底)이나 발(足)을 깎은 방법에 대해 지대한 관심을 품고 있다. 이것이 소재나 기술에 관한 문제를 집중적으로 나타내고 있다고 생각하기 때문이다. 또한 다른 나라의 연구자들이 보면 비정상적이다 싶을 만큼 유물의 실측도(實測圖)를 중시하고 있다. 사진에서는 잘 나타나지 않는 조형의 시대성이 실측도에서는 분명하게 표현된다고 믿기 때문이다. 그러나 신안의 유물 가운데 도면이 발표된 것은 단 한 점도 없었다. 유물의 밑이나 안쪽의 상태도 사진에서는 그리 명료하게 나타나 있지 않다. 우리들은 신안의 유물 작업에 대해 격화소양(隔靴搔痒, 신을 신고 발바닥을 긁는다는 뜻으로, 성에 차지 않거나 철저하지 못한 안타까움을 이르는 말-역주)과 같은 기분이 든다. 더 많은 자료를 발표해 주기를 이 자리를 빌려 부탁하고 싶다.

남중국해를 둘러싼 국가 분쟁

우라노 다츠오 浦野起央

1. 황해 남부 · 난하이 제도의 위치

중국 대륙의 남단 하이난 섬(海南島) 위린항(楡林港)에서 난사 제도(南沙諸島)까지는 1100킬로미터다. 그곳에 있는 난하이 제도(南海諸島)는 네 개의 제도(둥사 제도(東沙諸島), 시사 제도(西沙諸島), 중사 제도(中沙諸島), 난사 제도(南沙諸島)로 구성돼 있다. 이 지역의 대부분이 산호초로 뒤덮여 있다. 황해 남부는 해류나 기상 조건이 혹독해서 예부터 항해하기 위험한 지역으로 인식되었다. 그러나 인간이 지니고 있는 모험심과 정복 욕구로 인해 지금은 하루에 200척 이상의 선박이 드나드는 항로의 하나로 자리 잡았고, 시 레인(sea lane, 해상 교통로 혹은 해상 수송로-역주)으로서 주목을 받고 있다.

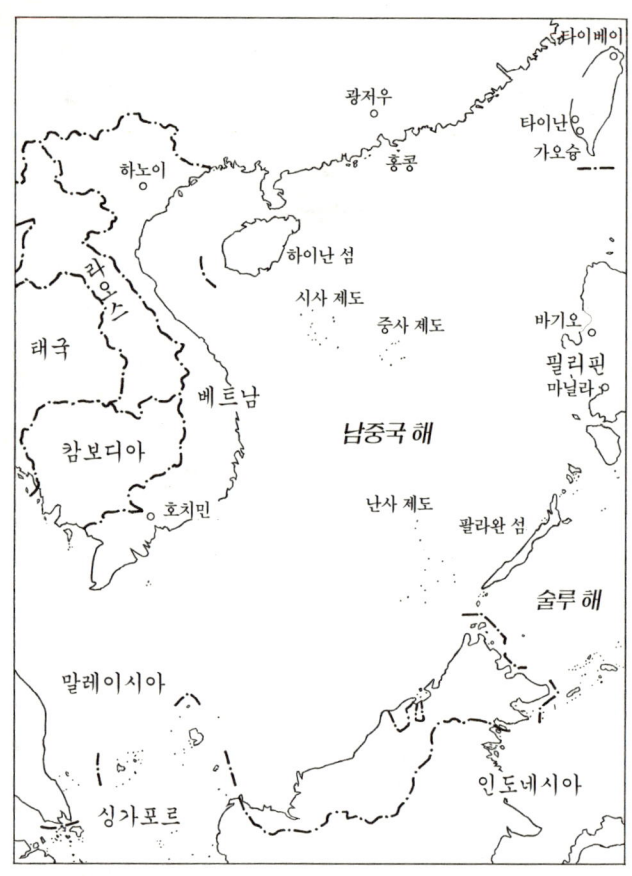

2-10 난하이 제도 주변 해역

이 지역은 예부터 중국인이 거주하고 또 그 왕래가 입증된 '중국의 바다'였다. 그러나 자연을 지배하는 수단이 발달됨에 따라 오늘날에는 연해국가에 의한 자연의 정복과 석유자원의 개발을 둘러싼 세계의 발화점 가운데 하나로 떠올랐다. 전쟁이 터지기 전 홍콩에서 1400킬로미터, 싱가포르에서 1500킬로미터 떨어진 난사 제도에 일본이 자국의 해군 기지를 건설하려는 계획을 품기도 했지만 본래 이 지역은 해면 밑에 무서운 암초가 도사리고 있는 지역이라 영주(永住)할 수 있는 섬은 몇 되지 않았다. 다시 말해 이 곳은 어민들의 생활권이었다.

　이 황량한 바다도 1950년부터는 항해를 할 수 있는 조건을 갖추었다. 이로써 난사 제도에 이르는 거리가 팔라완 섬에서는 400킬로미터, 마닐라에서는 900킬로미터 정도 되는 필리핀이 이 지역에 뛰어들었다. 또한 인도네시아에 관여하고 있던 미국이 이 텅 빈 공간을 전역(戰域)으로 삼았고, 이와 동시에 사이공(현 호치민)에서 난사 제도까지 800킬로미터에 지나지 않는 남베트남이 이 지역을 자신들의 지배 아래에 두었다. 게다가 깊은 바다에 있는 유전이 발견되면서 이 양상이 급변하여 난하이 제도의 전략적 위상이 급부상했다.

　이러한 국면에서 여러 차례에 걸쳐 관계 국가 간에 군사적 충돌이 일어났다. 원유 매장량이 1000억 배럴로 추정되는 난사 제도의 해저 자원을 누가 지배하느냐가 문제였다. 중국은 계속해서 난하이 함대와 공군부대가 '2010계획' 아래서 실시하게 될 난사실지회복작전(南沙失地回復作戰)을 구상 중이다.

　　난하이는 역사적으로 보아도 사람들이 왕래하는 지역으로 이른바 '전해(展海)'였음이 분명하다. 이곳은 중화생활권, 안남생활권(안남(安南). 중국인이 베트남을 가리켜 부른 명칭-역주), 참파생활권(참파(Champa). 참파왕국은 2세기 말엽에 지금의 베트남 남부에 참 족이 세운 나라. 인도 문화의 영향을 받아 해상 교역으로 번영했으나 15세기 후반에 베트남에 정복돼 17세기 말엽에 망했다-역주)이 각각 교차하며 존재했고, 사람들은 그 속에서 생활했다. 예컨대, 난사 제도의 타이핑 섬(太平島. 타이핑 섬은 남사 제도의 가장 큰 섬으로, 현재 대만이 점령하고 있다-역주)에 살던 어민들은 섬 서북쪽에 푸보 사당(伏波廟. 푸보란 푸보 장군을 지칭하는 말로, 전한(前漢) 이후 큰 공을 세운 장군에게만 주어지는 칭호이다-역주)을 지어 푸보 장군을 기리고 있다. 우물도 팠고, 야자나무도 백 그루 가량 심었다. 어민들은 난웨이 섬(南威島. 1933~1939년까지 프랑스령에 속했으며, 당시에는 스프래틀리 섬이라고 불렀다. 그 후 1945년까지 일본이 점령하여 잠수함 기지로 사용했다. 현재는 중국 광둥성에 속하고 부근에는 암초가 많아 위험하지만 중국 최남단의 기지로서 중요시되고 있다-역주)도 개척하여 이곳에서 야자나무는 물론 토마토를 재배하기도 했다. 그들이 이 섬에 정착할 수 있었던 이유는 해산물을 쉽게 보관할 수 있었기 때문이다. 현재 이들 대다수의 섬 지방은 급수 시설이 잘 갖춰져 있다. 텔레비전이나 안테나 설치와 같은 전기 설비는 물론이고 냉방 장치도 보급된 상태다. 뿐만 아니라 항공기의 이착륙도 편리하다.

최근 난하이 제도의 문제는 전략적인 방향에서 논의돼 왔다. 이러한 잠재적인 분쟁을 평화적으로 해결하려는 노력도 계속되고 있다. 1990년 12월 4~6일, 홍콩대학 아시아연구센터가 주최한 '남중국해 주권문제 학술검토회'가 그 중 하나였다. 이 회의의 주된 과제는 정보 교환과 공동개발을 위한 협력이었다. 이러한 협력 관계는 1992년 7월에 열린 동남아시아국가연합(ASEAN)의 '남중국해에 관한 선언'에서 확인됐고, '남중국해의 잠재적 분쟁에 관한 관계국 비공식 회의'도 계속 개최됐다.

이러한 협력은 '공통의 바다'로 황해남부를 자리매김하려는 노력의 출발점이 됐다. 이에 대한 사람들의 기대는 결코 작지 않다. 바다를 극복해온 우리들은 이 바다에 새로운 '공유와 공생의 세계'를 얼마나 구축해 나갈 수 있느냐에 초점을 맞추고 있다. 지금은 그 실천 단계인 셈이다.

2. 근대 이전의 난하이 제도

난하이 제도에 관한 최초의 기록은 반고(斑固)가 지은 《한서(漢書)》(82년경)에서 찾아볼 수 있다. 이 책에 "남쪽의 장벽인 쉬언(徐聞), 허푸(合浦)에서 출발하여 5개월 정도면 도원국(都元國)에 도달한다"라는 문장이 나온다. '쉬언'과 '허푸'는 중국 대륙의 최남단인 레이저우 반도(雷州半島)에 있는데, 충저우 해협(瓊州海峽)을 사이에 두고 하이난 섬과 마주하고 있다. 위 문장은 이곳 항구에서 승선하여 5개월이 지나면 '도원국'에 도착한다는 내용이다. 도원국에 대해서는 의견이 분분한데 난하이로 향한 어느 지점임은 위 문장을 통해 확인할 수 있다.

또한 많은 기록을 통해 당시 사람들이 황해남부를 오갔음을 엿볼 수 있다. 《원사(元史)》(1369년에 집성)에는 원나라가 자바에 공물을 바치라고 요구했으나 3번이나 거부당하여 쿠빌라이 칸이 자바 정벌을 위해 제독(提督) 스비(史弼)를 파견했다는 기록이 있다. 스비의 군대는 취안저우를 출발

하여 오늘날의 난사 제도 근처인 치저우양(七州洋)을 통과했다. 그리고 다시 완리스탕(萬里石塘)을 거쳐 참파(占城)에 들렀다가 자바로 향했다. 여기에서 '치저우양'은 시사 제도의 일곱 섬, '완리스탕'은 난사 제도로 해석된다. 이 항해를 통해 난하이 제도는 이미 중국에 잘 알려진 곳이었으며, 중국인은 이 곳을 항해하기 어려운 해역으로 인식하고 있었음을 알 수 있다.

지금도 그렇듯이 이 지역은 해적이 자주 출몰하는 위험한 곳이었다. 따라서 명대에는 수군(水軍)이 이곳을 돌아다니며 살폈다. 《강희경주부지(康熙瓊州府志)》의 1397년에서 1518년에 해당

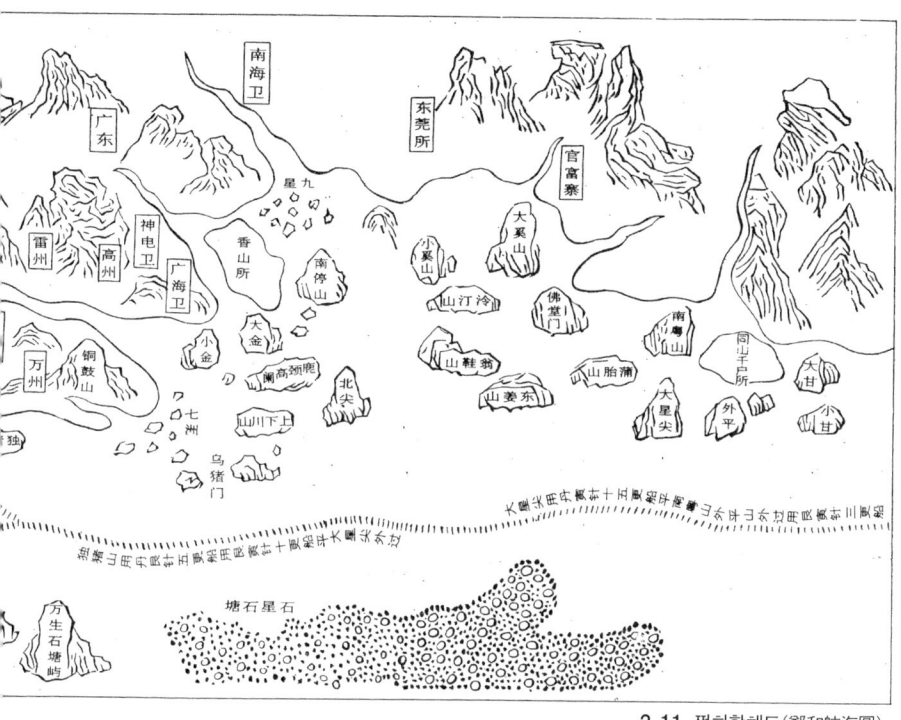

2-11 쩡허항해도(鄭和航海圖)

하는 기록을 보면 이 지역을 돌아다니며 살폈기 때문에 조공이 순조롭게 들어올 수 있었다고 한다. 당시 7차 원양항해를 실시했던 쩡허(鄭和)는 난사 제도를 무력으로 점유했고, 어민들은 집을 짓고 밭을 일구며 농경생활에 종사하고 있다고 《성차승람(星槎勝覽)》에 기록했다. 또한 쩡허가 쓰던 항해도에 스탕(石塘)이란 이름이 나와 있어 그가 이 근해(近海)를 항해했다는 사실을 확인할 수 있다.

1617년에 완성된 지리서 《동서양고(東西洋考)》에는 이러한 항

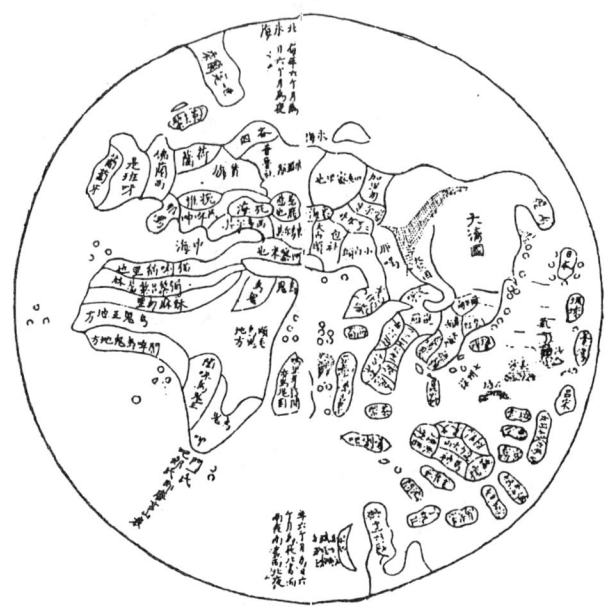

2-12 《해국견문록(海國聞見錄)》 남양기(南洋記)

해 경험을 바탕으로 쓴 '동양침로(東洋針路)'와 '서양침로(西洋針路)'의 경로가 명시돼 있으며, 서양침로에는 치저우 산(七州山)'이 완리스탕으로 기록돼 있다. 항해 기술이 상당히 발달했던 청대에도 치저우양은 여전히 항해하기 어려운 지역이었다. 우쑤완씨에(吳宣燮)가 지은 《용계현지(龍溪縣志)》의 항해시말기(航海始末記)처럼 항해를 하다 조난을 당했다는 조난기(遭難記)가 여러 문헌에 나와 있기 때문이다. 또한 1730년 천룬지옹(陳倫炯)이 지은 《해국문견록(海國聞見錄)》의 남양기(南洋記)라는 글에는 대청국(大淸國)의 남쪽에 치양저우(七洋州)라는 곳이 있다고 했다. 또한 그곳에 가려면 바닷길로 칠삼경(七三更, 거의 3일)이 걸린다고 적혀 있다.

한편 베트남에서는 시사 제도를 황사 제도(黃沙諸島)로, 난사 제도를 장사 제도(長沙諸島)로 불렀다고 한다. 중국 문헌을 통해 난하이 제도가 있다는 것을 알게 된 베트남은 17세기에 베트남 지도집(地圖集)인 '광의지구지도(廣義地區地圖)'와 '대남일통전도(大南一統全圖)'를 편집했는데 여기에 황사 제도와 장사 제도라는 명칭이 나온다.

15세기에 이른바 지리상의 발견이 이루어지면서 최초로 동남아시아를 노렸던 나라는 포르투갈이었다. 그 후 17세기에는 포르투갈과 깊은 연관을 맺으며 슈인센무역(朱印船貿易. 슈인센이란 막부의 허가를 받은 배로, 허가를 받지 못한 배는 도항을 하거나 무역 행위를 할 수 없었다-역주)을 하던 일본인들이 포르투갈의 항해도를 사용해서 황해남부를 항해했다. 18세기 이후에는 영국이 베트남을 점령했고, 이 해역은 영국이 광둥으로 가는 중계지로 이용됐다. 1701년에 영국의 맥클레스필드 호가 중사 제도에 도착하면서 치저드환초(鄭和群礁), 리드환초(禮樂灘), 라이플맨환초(南薔薇)라는 이름을 남기기도 했다. 계속해서 1800년부터 1817년까지 영국은 네 차례에 걸쳐 시사 제도를 조사·측량했고, 1813년에는 둥사 제도의 조사를 실시했다. 1907년에는 일본 외무성이 둥사 섬(東沙島)의 귀속문제를 조사했는데, 이 때

자료로 쓰인 것은 일본해군이 1883년에 작성한 해도(海圖)였다. 1858년 영국의 사라센 호가 측량한 자료를 참고하여 만든 해도였다. 1899년 영국은 이곳에서 인광석(燐鑛石) 구아노(guano. 바닷새의 배설물이 바위 위에 쌓여 굳어진 덩어리. 질소분이나 인산분이 많아 비료로 쓰며, 남미의 칠레 연안이나 남태평양 제도에 많이 생긴다-역주)를 채굴하기 시작했는데 채굴권은 중앙보르네오 회사가 쥐고 있었다. 이렇듯 지명과 개발되고 있는 상황만 보더라도 당시 이 해역이 유럽열강의 지배를 받고 있었음이 확실하다.

미국은 1834년의 마닐라 개항 이후 필리핀에 도착하여 1835년과 1842년에 난사 제도의 측량을 실시했다. 그러나 1898년 12월 10일의 파리 조약으로 스페인으로부터 필리핀의 지배권을 할양받았을 때 난하이 제도는 할양 범위에 포함되지 않았다.

3. 제국주의와 난하이 제도

1895년 일본은 대만을 손에 넣었다. 이를 기점으로 일본인에 의한 난하이 제도 탐색이 시작됐다. 1901년 11월, 다마오키 한에몬(玉置半右衛門)은 둥사 섬(東沙島. 프라타스 섬(Pratas I.)이라고도 함)을 발견하고, 이듬해 5월부터 3개월 동안 섬을 탐색했다. 같은 해 겨울, 고베 항(神戶港)을 출발하여 대만으로 가던 니시자와(西澤) 상점의 배가 태풍을 만나 이 프라타스 섬에 닿았다. 이

때 인광석의 발견은 니시자와 요시타루(西澤吉治)에 의한 프라타스 개발의 계기가 됐다.

1907년 8월 12일, 니시자와는 프라타스 섬에 상륙했다. 그는 섬에 일장기를 내걸고 섬 이름을 니시자와 섬으로 개명한 뒤 나무 푯말을 세웠다. 이 사실을 알게 된 청국 정부는 남양대신(南洋大臣)에게 조사를 명했고, 재남경일본부영사(在南京日本副領事) 후나츠 신이치로(船津辰一郎)에게 프라타스 섬은 청국령임을 주장했다. 그러나 일본 측은 그 주장을 받아들이지 않았다. 1909년에 남양수사제독(南洋水師提督) 리준(李準)이 수뢰포함(水雷砲艦)을 이끌고 둥사 제도로 쳐들어오자 일본정부는 둥사 섬을 자국의 영토로 삼지 않기로 결정했다. 일본정부는 니시자와의 사업을 보호하면서 청국의 영토주권을 승낙했다. 일본이 1909년 10월 11일에 프라타스 섬을 청국에 인도하기로 조인(調印)하면서 일본과 청국의 대립이 마무리됐다. 그러나 일본인에 의한 개발은 계속됐다.

이후 청국의 관심은 시사 제도로 쏠렸다. 1909년 3월 21일, 일청국양광총독(日淸國兩廣總督) 장런쥔(張人駿)은 시사 제도에 주변처(籌辯處. 주변처란 주로 변경의 일을 계획하고 담당하는 곳을 말한다-역주)를 설치하여 현지조사를 실시했고, 15개의 섬으로 이루어진 시사 제도의 점령을 확인했다.

당시 인광석 구아노에 대한 관심은 대단했다. 1917년에 중국인 덩장잉(登壯瀛)이 구아노를 개발하고 싶다는 신청서를 제출

169

했는데 쑨원의 군사정부는 이를 허가하지 않았다. 같은 해 일본인 히라타 스에하루(平田末治)가 시사 제도에서 인광석을 발견했다. 그는 시사 제도를 히라타 제도라 칭하고, 1921년에 중국인 량꿔즈(梁國之)의 명의로 군사정부에 개발 신청서를 제출했다. 그리고 쑨원과 친분이 있는 허두완니엔(何端年)과 손을 잡고 시사 제도를 개발하기 위해 일화합변회사(日華合辯會社)인 시사군도실업공사(西沙群島實業公司)를 설립했다. 그 후 쑨원이 설 자리를 잃게 되면서 이 회사가 일화합변회사라는 사실이 발각돼 그동안 진행하던 섬의 조사나 개발이 모두 중단됐다. 그러나 1926년 8월, 시사 제도 마오린 섬(茂林島)에 기상관측소가 완공될 때까지 시사 제도에서 일본인의 활동은 계속됐다.

중국군은 1927년 10월에 시사 제도를 점령했고, 당시 일본정부는 이를 가만히 지켜만 보았다. 중국정부는 1928년에 시사 제도의 현지조사를 실시했고 이듬해에 둥사 섬을 조사했다.

1917년 2월부터 8월까지, 일본인 이케다 긴조(池田金造)와 코마츠 시게토리(小松重利) 일행은 난사 제도를 조사한 뒤, 1918년 5월 외무대신 앞으로 개발을 희망하는 재원서(再願書)를 제출했다. 여기에는 해군성(海軍省)도 관련돼 있었다. 해군성의 목적은 남양 방면에서의 인광석 개발과 식민지 점령에 있었다. '선점(先占)'의 권리행사, 즉 어떤 나라의 영역에도 속하지 않는 지역을 실질적으로 지배하고 있다는 권원(權原)의 행사가 그 근거이다. 일본은 1919년에 제2차 조사를 실시했고, 난사 제도 일대를 '진난군도(神南群島)'라 불렀다. 라사 섬 인광석 주식회사는 진난군도의 귀속 여부에 대한 조회를 외무성과 해군성에 부탁했고, 어느 나라에도 귀속되지 않았다는 회답을 받았다. 곧 회사는 이 두 성(省)에 대해 제국의 영토로 편입하는 것이 어떻겠냐는 의견서를 제출했고, 1921년 4월에는 그러한 취지를 밝힌 정식 진정서(陳情書)를 제출했다. 인광석 구아노의 채취와 수출은 일본경제가 혼란에 빠졌던 1929년 4월까지 계속됐고, 이 일이 중단되면서 실질적으로 일본의 식민지 점령도 막을 내렸다.

인도차이나(중국과 인도 사이에 있는 대륙부의 총칭. 일반적으로 옛 프랑스령 식민지인 베트남·라오스·캄보디아 3개국을 이른다-역주)를 통치하던 프랑스는 일본이 진난군도(난사 제도)를 지배한 일에 상당한 관심을 가졌다. 인도차이나 프랑스 총독부는 1921년 5월 6일에 '파라세르 섬에 관한 기밀각서'(이른바 총독부 제1과장의 문서)를 작성했고, 1930년 5월 20일에는 총독부 제2호 문서인 '파라세르 섬 문제의 최근 연혁'을 작성했다. 이 문서는 중국의 난하이 제도에 대해 언급하고 있어 프랑스가 식민지에 관여했다는 사실을 시사하고 있다. 1931년 9월에 만주사변이 터졌다. 이 일로, 중국을 지배하려는 일본의 의도가 확실해지자 프랑스는 인도차이나 연안방위를 위해서 요충지인 시사(파라세르) 제도의 권익문제를 중국에 제기하게 된다. 그리고 이듬해 4월 29일, 프랑스는 시사 제도의 영유권을 손에 넣었다. 1933년 3월에 일본이 국제연맹을 탈퇴하자 프랑스는 4월에 난사(스프래틀리)

제도를 점령했다. 그리고 7월 19일에 스프래틀리 섬(西鳥島/太平島)을 포함한 아홉 개 섬을 점령했다고 정식으로 고시(告示)했다. 프랑스가 난하이 제도를 차지했다는 선언이 일본에 보고된 것은 21일이었다. 라사 섬 인광석 주식회사의 대표이사 오노 요시오(小野義夫)는 '식민지 점령'을 고수하여 현재 소유하고 있는 라사 섬을 잃지 말아 달라고 외무대신에게 제의했다. 일본은 8월 15일 각의(閣議)에서 아홉 개 섬 점령했다는 프랑스의 선포를 인정하지 않겠다는 방침을 정하고, 일본에 의한 선점의 권리행사를 확인했다. 한편 프랑스는 12월 21일의 코치시나 총독의 보고로 이 땅을 코치시나 바리아 성(省)에 합병했다.

　결국 프랑스의 고시는 해결되지 못한 채 그대로 시간에 묻히고 말았다. 그러나 1935년에 일본해군의 지원을 받은 하라타 스에하루는 개양흥행 주식회사(開洋興行株式會社)를 설립했고, 이야츠바 섬(太平島)에서 어선의 통신, 기상관측, 해난구조의 공적(公的) 사업에 착수했다. 또한 1937년 9월에 일본해군은 군함을 파견하여 둥사 섬을 점령해 중국인 장교를 포함한 28명을 포로로 잡았다. 대만(가오슝)에서 섬(長島)을 거쳐 방콕(태국), 싱가포르, 자카르타(네덜란드령 인도) 각지에 이르는 해상경로 확보가 큰 역할을 해냈다.

　1937년 12월, 프랑스는 일본군의 이러한 행적에 대해 선점의 권리를 확인하고 스프래틀리 제도에서 일본인은 물러가라고 요구했다. 일본이 거부하자 프랑스는 다음해 1월, 선점은 완성되었다고 일본에 통고했다. 이에 대해 일본은 프랑스의 주장을 승인한 사실이 없다며 반박했다. 다시 프랑스는 7월 4일에 "시사 제도는 역사적으로 안남왕국의 속령이었으며, 최근 인도차이나 정부가 시사 제도 항해의 안전을 위해…… 그 보호를 맡고 있다"고 지적했다. 일본은 교섭을 통해 프랑스의 주장을 강경하게 부인하는 한편, 1939년 2월 28일에 하이난 섬 점령, 3월 1일에는 시사 제도 점령 등 이 지역 섬을 잇달아 점령해 나가기 시작했다. 결국 3월 30일에 신남군도의 대만총독부 편입절차가 행해졌고 31일에 신남군도의 행정관할이 결정됐다.

같은 해 4월 1일, 네덜란드령 인도(인도네시아) 수라바야의 네덜란드어 신문〈뉴스 수라바야〉는 마침내 싱가포르는 말할 것도 없고 네덜란드령 인도도 일본해군·공군의 공격 범위에 들어갔다고 전했다. 일본이 신남군도를 지배하게 됐다는 사실은 일본의 남진론(南進論)이 큰 성과를 거둔 것과 다름없었다. 일본의 남해진출은 동남아시아에서 일본과 미국·영국·네덜란드의 대립을 불러왔다.

4. 남해 제도를 둘러싼 각축

일본이 전쟁에서 패하자 대만은 중국으로 복귀됐다. 이와 동시에 신남군도 역시 중국의 지배를 받게 됐다. 1945년 12월 8

일, 대만 성(省) 기상청은 대만과 가장 가까운 융싱 섬(永興島)에 중화민국의 국기를 게양했다. 그런가 하면 프랑스는 인도차이나로 복귀하면서 이듬해 5월에 시사 제도를 점령했다. 이로써 남해 제도를 둘러싼 대립구조가 재현됐다. 같은 해 7월 4일에 독립을 이룩한 필리핀은 23일에 키리노 외무부 장관의 성명에서 스프래틀리 제도(난사 제도)는 필리핀의 국방범위에 포함된다고 발표했다.

1946년 8월, 중국 광둥 성 정부는 내정부와 가오슝 시(市)의 요청을 받아 둥사 제도·시사 제도·난사 제도를 공식 접수했다. 9월에 프랑스군은 철수했고, 12월까지 중국군은 난사 제도의 이츠아바 섬에 상륙하여 섬 이름을 타이핑 섬으로 개명했다. 이듬해 12월, 중국은 난하이 제도의 지배 영역을 확인하고 통치에 들어갔다.

이러한 중국의 움직임에 반발하여 프랑스는 1947년 1월에 스프래틀리 제도의 싼후 섬(珊瑚島)을 점령했다. 또한 1948년에는 필리핀 해양연구소의 토마스 크로마 소장이 필리핀 정부의 지원을 받아 이츠아바 섬에 상륙했다. 1949년 10월에 중화인민공화국이 성립됐고, 이듬해인 1950년 5월 15일에 인민해방군이 융싱 섬에 상륙했다. 비록 17일에 키리노 필리핀 대통령이 이를 비난하기는 했으나 신중국은 19일에 난하이 제도의 주권 성명을 공식적으로 발표하기에 이른다.

1955년 6월부터 7월까지 필리핀에 머물렀던 퇴역 미국인이 스프래틀리 제도 일부에 상륙하여 '인도왕국(人道王國)'을 수립하는 사건이 발생했다. 이어서 1958년 3월 1일에는 토마스 크로마가 스프래틀리 제도에 들어갔고, 17일에는 '주인 없는 섬'을 발견했다고 하여 '카라얀 제도'라 이름 붙였다. 그는 그 기세를 몰아 이츠아바 섬에 상륙하여 '프리덤 랜드'를 수립했다. 타이핑 섬을 지배해온 대만정부는 이에 강한 항의를 표시했고, 6월에 해군을 타이핑 섬에 파견하여 '프리덤 랜드'라는 간판을 떼어버린 뒤 필리핀 국기를 찢어 없애 버렸다. 다시 다음해 6월, 토마스 크로마의 아들인 제임스 크로마가 이츠아바 섬에 도착하여 중화민국 국기를 떼어버렸고, 7월 6일에는 중예 섬(中業島)에 프리덤 랜드 정부를 수립했다.

1951년 5월, 소련 연방은 시사 제도에 대한 중국의 주권을 인정했다. 그러나 1956년 6월에 남베트남이 진출하면서 이는 프랑스가 그때까지 해오던 관여 행위를 물려받은 것이라 주장했다. 그리고 1957년 1월, 시사 제도의 간취안 섬(甘泉島, 로버트 섬)에서 중국 하이난(海南)의 어선이 점령 중인 남베트남 군에게 총격을 당하는 사건이 발생했다.

이렇게 각국의 영해 선언이 한창일 때, 1958년 9월 4일 중국은 12해리 영해를 선언했고, 난하이 제도에도 이를 적용했다. 이에 대처하기 위해 남베트남 해군은 호안사 제도(시사 제도)에서 정찰에 들어갔다. 남베트남 해군은 1959년 2월에 중국 어선을 나포했고, 콴호아 섬(琛航島/단간 섬)에 게양돼 있던 중화인민공화국 국기를 없앴다. 이것은 3월에 발생했던 대규모 군사충돌의 계기가 됐다. 4월에는 남베트남 해군이 콴호아 섬과 도이몬 섬(晋卿島/드라몬드 섬)을 접수했는데, 남베트남에서는 이러한 작전이 주권 행사였다고 주장했다. 당시 남베트남을 대신해 전쟁을 수행했던 미국은 중국의 반발은 위력으로 타국을 협박하는 것에 지나지 않는다고 지적했다. 같은 해인 1959년 6월부터 1971년 12월까지, 중국은 미군이 시사 제도의 영해와 영공을 침범하고 있다며 200회 이상 항의했다.

UN산하 아시아극동경제위원회(ECAFE)는 1969년 6월~8월에 황해 남부와 샴만(Gulf Of Siam)에서 해저공동조사를 실시했다. 조사 결과 해저유전의 존재가 확인되어 개발에 대한 기대가 높아졌다. 같은 해 10월, 인도네시아와 말레이시아는 대륙붕획정협정(大陸棚劃定協定)에 조인했다. 한편 남베트남은 이듬해 12월에 메콩 델타 근해의 자원탐사를 끝낸 뒤 석유자원 채취법을 공포, 1971년 6월에 대륙붕 일부에서의 시굴(試掘)을 인정했다. 남베트남의 석유개발에 대해 하노이에 있는 베트남 통신사 VNA는 경고성 발언을 했지만, 남베트남은 군함을 파견하여 난사 제도 영역에서의 석유개발을 공공연히 진행시켰다. 남베트남이 석유개발을 강행하자 북베트남은 베트남의 천연자원을 관리하고 이용할 수 있는 자격은 1971년 베트남 파리 평화협정의 자결권(自決權) 조항에 의거한 권력기관만이 가능하다고 주장하면서 각 석유회사를 견제했다. 이렇듯 석유개발을 둘러싸고 새로운 상황이 전개되는 가운데, 1971년 7월 필리핀 지배의 카라얀 제도에서 필리핀 군과 대만 군이 교전했다. 이윽고 마르코스 필리핀 대통령은 1972년 3월, 점령 중인 카라얀 제도를 본토의 팔라완 성(省)에 합병함을 발표했다.

　1974년 1월, 남베트남이 츄온사 제도(난사 제도)를 본토 포크투이 성(省)이 관할한다고 발표하자 중국이 이를 비난하고 나섰다. 또한 같은 달에 남베트남 함대가 시사 제도의 빙라크 섬(金銀島)과 캄투엥 섬(甘泉島)을 점령하려 했기 때문에 이 해역에서 정찰을 돌던 중국인민해방군 해군과 교전하는 사건이 발생했다. 당시 중국군은 남베트남 군에게 완승을 거두었다. 남베트남은 UN긴급안보이사회의 개최를 요청했으나 중국이 반발하며 이를 저지하여 안전보장이사회 의장은 남베트남의 요청을 철회했다. 인도네시아는 중국의 주권적 입장을 지지했고, 소련 연방은 중·소 대립의 입장에서 중국의 '대국적 쇼비니즘'(chauvinism. 맹목적·광신적·호전적 애국주의-역주)이 드러났다며 비난을 퍼부었다. 그러나 북베트남은 자국의 입장을 분명하게 밝히지 않았다. 이후로도 계속해서 남베트남에 의한 츄온사 제도의 지배가 계속됐다.

　석유개발을 둘러싸고 중국과 남베트남 간의 대립이 악화되자 말라카·싱가포르 해협을 경유하여 이 지역을 통행하는 석유수송 경로가 더 이상 안전을 보장받을 수 없는 지경에 처했다. 이로써 이 지역 밖에 있는 나라들도 이곳에 더욱 신경을 곤두세우게 됐다.

　북베트남은 남베트남 및 미국과 대결 구조에 놓여 있을 당시, 호안사 제도(黃沙諸島/西四諸島)와 츄온사 제도(長沙諸島/南沙諸島)의 주권에 대해 아무런 이야기를 꺼내지 않았다. 즉, 북베트남은 남베트남의 이 지역 섬들에 대한 주권 행사를 인정했지만 어떠한 태도를 표명하지는 않았다. 그러나 베트남이 통일되면서 남베트남이 점령하고 있던 츄온사 제도에 대한 주권을 계승함과 동시에, 자신들에게도 주권이 있음을 주장하기 시작했다. 먼저, 1975년 5월 15일의 베트남 인민해방군 기관지〈콴도이 니얀잔〉이 츄온사 제도의 접수를 확인했다. 그리고 11월 2일의 베트남 노동당(현 베트남 공산당) 기관지〈니얀잔〉에 해방된 전 국토가 역사적으로 베트남 영토였음을 나타내는 '대남일통전도'가 게재됐는데, 이 지도에는 황사(호안사)와 완리창사(츄온사)가 묘사돼 있었다.

　중국과 베트남은 1975년 11월, 양국 국경인 카오방 랑손 지역에서 군사충돌을 일으켰다. 중국의 의도는 베트남에 제재를 가하는 것이었고, 베트남은 이를 빌미삼아 소련의 원조로 해군의 증강을 꾀했다. 1976년 2월 9일〈뉴스위크〉지(誌)는 소련 해군전문가의 베트남 방문을 보고하면서, 해군력의 증강은 난사 제도의 영유권을 주장하는 데 힘이 된다고 논평했다. 실제로 3월 8일에 베트남은 츄온사 제도를 돈나이 성(省)에 편입시켰고, 4월 25일〈콴도이 니얀잔〉에 게재된 통일 베트남 지도에는 호안사 제도 및 츄온사 제도가 베트남이라는 명칭을 달고 있었다. 또 베트남 정부는 1977년 5월 12일에 영해·접속수역·배타적 경제수역·대륙붕에 관한 성명을 발표했고, 난하이 제도의 주권을 확인했다. 6월 8일에는 베트남 인민군 해군이 호안사 제도 수역에서 함정 29척으로 군사연습을 실시하기도 했다.

베트남은 1976년 7월에 인도네시아로 사절단을 파견했다(베트남전쟁으로 대립 상태에 놓여 있던 동남아시아국가연합(ASEAN) 여러 나라에 사절단이 방문했다는 것 자체가 주목을 끌었다). 사절단은 배타적 경제수역 선언에 수반되는 난하이 제도 남쪽의 광구(鑛區)와 인도네시아 나투나 광구의 이권을 둘러싸고 교섭을 진행했다. 당시 필리핀은 리드뱅크를 포함하는 난사 제도(카라얀 제도)를 필리핀이 영유(領有)하고 중국과 베트남에서 난사 제도를 분할해야 한다는 입장을 취했다.

말레이시아 역시 난하이 석유개발에 뛰어들었다. 1976년 11월, 말레이시아 정부 당국자는 중국이 주장하는 영해가 말레이시아의 석유·가스 광구 일대를 침범하고 있음을 비공식적으로 확인했다. 그리고 베트남이나 필리핀이 그랬던 것처럼 말레이시아가 영유를 주장한다면 분명 중국이 반박하겠지만, 당국이 공식적으로 주장하지 않는다면 중국도 아무런 반박을 할 수 없을 것이라 덧붙였다.

필리핀은 1968년 6월 11일의 카라얀 제도 선언으로 이 지역을 팔라완 성에 정식으로 편입시켰고, 200해리 배타적 경제수역을 선언했다. 포고에 맞서 대만은 12월 7일에 성명을 발표하여 난사 제도의 주권을 확인했다. 같은 달 29일, 중국은 난사 제도가 시사 제도, 중사 제도, 둥사 제도와 마찬가지로 역사적으로 중국의 영토였다고 주장했다. 역시 같은 달 29일에 필리핀은 리드뱅크가 필리핀 대륙붕에 속한다며 주장을 굽히지 않았다. 1979년 9월 6일 대만은 200해리 경제수역을 선언했고, 이에 필리핀은 대만의 경제수역에 자국과 중복되는 부분이 있다면 우호적으로 해결해야 한다고 밝혔다.

 1979년 2월, 중국은 베트남과의 국경에서 또다시 징벌 군사 행동을 감행했다. 이른바 중월전쟁(中越戰爭)이었다. 그 무렵 중국은 베트남이 시사 제도 및 난사 제도에 대한 중국의 주권을 인정하던 1975년 이전의 입장으로 돌아가야 한다고 요구했고, 전쟁으로 인해 그때까지의 입장을 새롭게 확인했다. 정전(停戰)과 함께 하노이에서 회담이 열렸지만 쌍방의 대립을 완화시킬 해결책은 나오지 못했다. 12월에 시작된 제2차 베이징 회담 역시 난하이 제도를 둘러싼 주권문제에 어떠한 타협점도 찾지 못한 채 끝이 났다. 그리하여 베트남은 같은 해인 1979년 10월 1일에 국제연합(UN) 사무총장 앞으로 공식문서 '호안사 제도 및 츄온사 제도에 대한 베트남의 주권'(1979년 베트남 백서(白書))을 제출하여 자국의 주권을 입증했다. 이 문서는 역사적으로 두 제도가 베트남에 속해 있었고, 프랑스의 지배를 받기 이전부터 베트남이 지배하던 곳이며, 이와 더불어 프랑스가 지배하던 때의 입장을 그대로 계승했음을 밝히고 있었다. 이에 대해 12월 22일 중국 정부는 문서 '베트남 정부가 난사 제도 및 시사 제도를 중국영토로 승인한 문헌적 증거'를 공표하여 두 제도가 중국 영토임을 베트남도 인정하고 있었다며 반론했다. 또한 중국 외교부는 1980년 1월 30일 '중국의 시사 제도 및 난사 제도에 대한 주권은 의논의 여지가 없다'라는 제목이 붙은 문서를 공표했고, 베트남의 주장과 또 다른 사료, 주권행사에 관한 기록 등을 덧붙여 국제적 승인 사실을 통해 시사 제도 및 난사 제도에 대한 주권을 주장했다. 당시 중국은 "베트남이 말하는 황사 제도는 중국의 시사 제도와 전혀 다르다. 베트남이 말하는 황사 제도는 분명 베트남의 중부 연안에 있는 일부 섬이거나 주(州)에 지나지 않는다"고 단정했으며, 베트남이 주장하는 주권은 합법성이 결여되었다고 결론지었다.

  1979년 베트남의 백서가 발표된 이후 중국과 베트남 사이에 각각의 주권을 입증하는 일련의 논문이 발표됐다. 베트남은 더 나아가 1982년 1월 18일에 다시 외교백서를 통해 영유권을 주장했다. 이로써 2월 15일, 시사 제도에서 제2차 교전이 발발했다. 이러한 사태 속에서 1979년 7월 23일 중국민간항공총국은 하이난 섬 동부지구 및 시사 제도에 네 곳의 비행금지구역을 설정했다. 이로써 홍콩-방콕 노선을 비행하는 항공기의 하이난 섬 남쪽 항공 노선이 중지됐고, 시사 제도의 동쪽을 크게 우회하는 항공 노선이 새롭게 채택됐다. 이것은 중국이 시사 제도를 실질적으로 지배하고 있음을 강조하는 행위이기도 했다. 이에 베트남은 이 조치를 받아들일 수 없다는 입장을 취했고, 1980년 1월 29일 베트남 해역의 외국선 규제(外國船規制)에 관한 각료령(閣僚令)을 공포했다. 그리고 1982년 11월 12일에 영해기선(領海基線)에 관한 성명을 발표하여 통킹 만(Gulf of Tonking)에 펼쳐진 대륙붕의 3분의 2를 베트남 령으로 선언했다. 이 영해획정은 19세기 이래로 중국이 계속해서 거부를 해왔던 문제였다. 베트남은 또한 1984년 6월 5일에 베트남 영공(領空)에 관한 각료회의규칙을 제정·공포했는데, 베트남이 주장하는 영공에는 츄온사 제도 및 호안사 제도 구역이 포함돼 있었다.

1979년 12월 21일 말레이시아는 트룬부 라크사마나(司令礁), 글로스타 브레커즈(破浪礁), 트룬부 몬타나니(南海礁), 케시르안 보이나 그라스코 쇼울(南樂暗沙), 노스이스트 쇼울(校尉暗沙)을 잇는 선(線)과 그 남쪽의 스프래틀리 제도(南沙諸島)를 말레이시아 영해로 흡수한 말레이시아 지도를 발행했다. 그리고 이를 확인하는 형태로 이듬해인 1980년 4월 25일에 200해리 배타적 경제수역 선언을 포고했다. 인도네시아 역시 1980년 3월 21일에 200해리 배타적 경제수역 선언을 포고했지만 난사 제도를 자국의 영해에 포함시키지는 않았다. 그리고 인도네시아와 말레이시아는 1981년 12월 3일의 협정에서 인도네시아가 제창하는 섬 지방으로 둘러싸인 지역의 주권을 확인한 이른바 군도이론(群島理論)을 받아들였다. 또한 황해 남부에서의 인도네시아 영해를 확인함과 동시에 말레이시아 동·서간의 전통적인 통행 및 통신의 권리를 인정했다.

1984년 7월에 중국 과학원 남해 해양연구소가 난사 제도에서 해양과학 종합조사를 실시했는데, 조사 범위는 북위 12도~3도 53분, 동경 107도~118도로 난사 제도 전역이 포함됐다. 조사는 계속 진행됐고, 1987년 4월~5월의 조사에서는 증모암사(曾母暗沙. 제임스 쇼울)의 대륙붕에서 석유·천연가스 자원의 광상(鑛床. 유용한 광물이 땅속에 많이 묻혀 있는 부분-역주)이 확인됐다. 중국 석유공사는 1989년 1월 황해남부 강구(江口) 분지에서 난사 제도의 션후지구(神狐地區)에 이르는 해역 광구의 입찰을 실시했다. 이에 대해 베트남은 같은 해 6월 츄온사 제도를 후카인 성(省)에 편입시켰다.

이렇게 난하이 제도를 둘러싸고 각 나라가 자국의 주장을 피력할 무렵, 1985년 12월에 후야오방(胡燿邦) 중국공산당 중앙총서기가 시사 제도·난사 제도·중사 제도를 시찰했다. 그리고 난사 제도의 용슈지아오(永暑礁. 페리 크로스 리프)에서 거점 건설의 강화를 진행시킴으로써 1988년 1월 츠과지아오(赤瓜礁. 존슨 리프)와 3월 신톤 섬(景宏島)에서 베트남군과 교전하는 사건이 발생했다. 중국 외교부는 이 사태에 대해 5월 12일 '시사 제도 및 난사 제도 문제에 관한 각서'를 발표했다. 이 각서에는 베트남이 난사 제도에서 물러가야 한다는 내용이 담겨 있었다. 이어 11월에는 난사 제도의 코린 섬(鬼喊礁)에서 베트남군이 중국

구축함을 향해 발포하는 사건이 재발했다.

말레이시아와 필리핀은 1988년 8월에 영해기선 교섭에 들어갔다. 필리핀은 1989년 3월에 채택한 '남중국해 북부해 분할의 이해, 동 지역의 분할할 수 없는 이익에 대해 비군사적 5개국(필리핀·중국·베트남·말레이시아·인도네시아) 공동 통치의 창설에 의한 스프래틀리 제도 분쟁의 평화적 해결, 기타 목적을 위해 필리핀 방식을 작성하는 지역 외교 회의'를 진행하는 하원 결의(下院決議)를 명확히 밝히면서 관계 당국에 의한 협의를 요구했다. 난하이 제도 연안국은 각국 모두가 황해 남부에서 실질적인 지배를 행사하고 있었고(브루나이 역시 영해기선을 이 지역이라 주장하고 있다), 또 각국 모두 그 지배의 차이를 실무에서 어떻게 해결하느냐는 문제에 쫓기고 있다.

5. 난하이 제도 문제에 대한 해결 시나리오

난사 제도 해역에서 자원개발을 둘러싸고 베트남과 중국이 계속 대립하고 있는 가운데 1989년 1월 16일부터 20일까지 대만·말레이시아·필리핀·인도네시아·태국·일본·한국·오스트레일리아·캐나다·미국·네덜란드 각국이 참가한 '동남아시아 근해 석유 공업 활동 및 공동 개발의 전망에 관한 연구회'가 파리에서 개최되는 등, 개발과 협력을 둘러싼 움직임이 차츰 고개를 들기 시작했다. 이어서 1990년 1월 22일부터 24일에는 파리에서 동남아시아국가연합 여러 나라의 연구자들이 '제1회 남중국해의 잠재적 분쟁 관리에 관한 관계국 비공식 협의'를 개최했다. 회의에는 난하이의 자원·환경 문제와 생태계 문제가 거론되었고, 베트남·중국·대만은 상호협력을 위해 회의에 참가해 달라는 요청을 받게 됐다. 1991년 6월, 양상쿤(楊尙昆) 중국 국가주석은 인도네시아를 방문했다. 당시 양상쿤 국가주석은 뒤에 나올 리펑(李鵬) 총리의 1990년 발언을 재차 확인하면서 난사 제도 및 시사 제도에 대한 중국의 주권을 주장했다. 또한 공동개발에 대한 참가 방침을 명확하게 내세운 후 관계국 회의에 참가했다. 중국과 대만이 참가한 제1회 회의는 7월 15일부터 18일간 반둥(Bandung)에서 개최됐다. 제1회 회의에서는 영토권과 지배권은 잠시 뒤로 미루고, 영토권·지배권에 대한 대립을 대화와 교섭이라는 평화적 수단으로 해결하자는 공동 성명이 발표됐다.

1993년 이후, 말레이시아는 트룬부 라양라양(Terumbu Layang Layang) 섬을 관광지로 개방했다. 한편, 중국은 1992년 2월 25일 영해법의 공포·시행에 이어서 5월 미국계 크레스톤 에너지 사(Crestone Energy Corporation 社)와 석유개발을 합의했다. 이 와중에 제3회 비공식 협의가 같은 해 6월 29일~7월 2일까지 인도네시아의 요그야카르타에서 개최됐다. 개최국인 인도네시아의 알리 아라타스 외무장관은 난사 제도의 분쟁이 동남아시아 지역에서 분쟁의 도화선이 될 수도 있는 위험성을 지적했다. 이어서 7월 21일부터 22일, 마닐라에서 개최된 제25회 동남아시아국가연합 외무장관 회의에서는 베트남에 대해 동남아시아국가연합 회의의 옵서버(observer) 참가를 인정했고, 베트남의 동남아시아 우호협력조약 조인을 받아들였다. 또한 '남중국해에 관한 선언'을 채택하여 평화적 수단으로 난하이 문제를 해결할 것을 확인했다. 1993년 8월의 제4회 비공식 협의, 1994년 10월의 제5회 비공식 협의, 그리고 1995년 10월의 제6회 비공식 협의로 회의는 계속 이어졌다. 그러나 모두 실무조사협력 이상의 결과는 얻을 수 없었다.

당시 난하이 제도의 주권을 주장하면서 진출을 꾀한 중국의 동향 가운데 이목을 집중시킬 만한 것이 있다. 중국은 1990년 8월 리펑 중국총리가 싱가포르를 방문했을 때 난하이 제도의 영유권을 잠시 보류 중인 동남아시아국가연합 여러 나라와의 공동개발을 제안했고, 베트남에 대해서는 양국의 관계정상화 이후에 난사 제도 문제를 협의하자고 말했다. 리펑 총리와 동시에 홍콩에서 중국 고위 관리가 같은 발언을 함으로써 중국의 진의는 명확해졌다. 먼저 제1단계에서 난사 제도 영유권에 대한 증거를 확인한 후에 영유권 주장을 뒤로 미루는 데 동의한다. 제2단계에서 중국·베트남·필리핀 등의 관계국이 난사 제도에서 군대를 철수시킨 후 난사 제도의 공동개발에 합의한다는 내용이었다. 다만 시사 제도의 주권은 중국이 가져야 한다고 주장했다. 그러나 베트남은 츄온사 제도에서의 방위를 지키겠다는 원칙적 입장을 고수했기 때문에 중국의 제안은 직접적인 성과를 거두지 못했다. 그러나 중국의 공동개발 제안은 양상쿤 국가주석의 발언에서도 확인된 바가 있고, 현재도 여전히 유효하다. 1993년 4월에 라모스 필리핀 대통령이 중국을 방문했을 때도 장쩌민(江澤民) 중국 국가주석이 난사 제도 문제는 일단 뒤로 미루고 공동개발을 하자고 주장했다. 이에 라모스 대통령은 교섭에 의한 분쟁 해결에 의견을 같이 했고, 양국은 1995년 8월 11일 난사 제도 해역에서의 '행동기준 원칙'에 합의했다. 같은 해인 1995년 11월 도 무오이 베트남 공산당 서기장이 중국을 방문했고, 중국과 베트남은 난사 제도의 영토문제는 대화에 의해 평화적으로 해결한다는 공동성명을 발표했다.

1996년 5월 15일 중국은 영해기선 성명을 발표했는데, 난사 제도 및 중사 제도 해역의 기선은 포함되지 않았다(시사 제도의 주권은 이미 확인받은 바 있다). 1998년 11월, 카라얀 제도의 미스치프 리프(Mischief Reef. 美濟礁)에서 중국이 국가시설을 건설하고 있음을 필리핀이 확인했다. 이로 인해 필리핀은 1999년 7월 동남아시아국가연합 외무장관 회의 고급사무 레벨 협의를 소집하여 다국 간의 '행동기준' 초안을 작성하자고 제안했고, 중국과 동남아시아국가연합은 작업부회(作業部會)에서 협의에 들어갔다. 그러나 그 적용범위를 둘러싸고 중국의 동의를 얻지 못한 채 끝이 나고 말았다.

이상의 공동개발에 관한 구상은 인도네시아가 해결 방안으로 제안한 '도넛 방식'에도 잘 나타나 있다. 도넛 방식이란 연안국 해안에서 320킬로미터 선 밖을 배타적 국제수역으로 정하고, 그 도넛 모양의 내부에서 영유권을 주장하는 국가가 공동개발 구역을 설정하는 방식이다. 이 주장의 원형은 남극조약을 모델로 한 스프래틀리 조약 초안으로 하노이 대학 이스트웨스트센터의 마크 J. 발렌시아가 1992년의 제3회 비공식 협의에서 제출했다. 공동기관을 설립하여 스프래틀리 관계국의 활동을 규제하자는 데 그 목적이 있었다. 바꿔 말하면 이 지역을 비군사 구역으로 정하고 이익에 대해서는 균등분배의 원칙을 적용하자는 것이었다. 마찬가지로 공동개발에 관한 구상은 1990년 12월 홍콩 대학 세미나에서 페터 폴컴이 동남아 시아국가연합 기구의 활용을 제안한 바 있다. 그러나 주권 문제가 걸려 있는 만큼 관계 당사국의 합의가 가장 중요하다.

6. '공동의 바다'는 실현될 수 있을까?

여기에서 난하이 제도의 자원 전략 가치, 그리고 해상 교통으로써 황해 남부가 갖고 있는 군사 전략 가치를 새삼 되짚어 볼 필요는 없다. 어쨌든 난하이 제도가 갖고 있는 경제 전략 가치는 매우 높다. 난하이 제도는 현재 최대 쟁점으로 떠올랐다.

관계 당사국인 중국과 동남아시아국가연합의 새로운 '행동 기준' 초안이 작성될 수 없었던 이유도 그 적용 범위가 구체적으로 명시되지 않아 중국이 불만을 품었기 때문이다. 중국은 행동 규범의 유용성에 동의했고 작성 방침에 따르기로 했지만, 영역 지배의 확인만큼은 타협할 수 없었다. 중국은 착실하게 주민 거주와 개발 관련 시설의 건설 등 영유의 실질적인 조치를 진행했다. 대만도 관계국 사이에 해역의 자원 공동 개발을 합의할 경우에 대응하는 조치로써 실질적인 지배를 유지하고 있다. 다른 관계국들도 다르지 않다. 1999년 6월, 말레이시아가 난사 제도의 인베스티게이터 리프(Investigator Reef, 楡亞暗礁)에서 헬리포트(heliport)나 레이더 시설 등 건조물을 건설하고 있다고 필리핀이 강력하게 항의했고, 말레이시아는 "이 섬이 우리나라의 대륙붕 및 배타적 경제수역 내에 있다"며 반론했다.

세계는 남극조약에서 영토권을 동결하여 공유 공간에 대한 이해를 이룩한 적이 있다. 사실 당시 말레이시아는 남극조약 체제에 강하게 항의하며 이 체제가 대국지배(大國支配) 그 자체라고 했다. 공유 공간인 '공동의 바다'는 정녕 불가능하단 말인가? 공동으로 이용하는 새로운 공간은 질서가 잡히지 않는 한 이룰 수 없다. 자원 개발·자원 지배라는 무질서 속에서는 권익이 우선될 뿐이다. 중국과 동남아시아국가연합 사이에는 대화가 이루어졌다. 서로 연관된 정치?경제?문화를 무시할 수 없었기 때문이다. 그렇다면 동남아시아국가연합 지역포럼(ARF)

의 역할도 무시할 수 없다. 그러나 그것만으로는 엔트로피(entropy)의 흐름을 바꿀 수 없다. 이 지역에 살고 있는 필리핀 민간인들의 활동도 이제는 필리핀 국익과 안전보장에 직결되어 있다. 각국의 주권과 지배에 속하지 않는 사람들의 행동과 공간은 과연 어디까지 허락될 수 있을까?

황해 남부에서는 1969년에 인도네시아·말레이시아 사이(1970년에 말라카 해협의 인도네시아·말레이시아 사이, 1977년에 확대), 1973년에 인도네시아·싱가포르 사이, 1979년에 태국·말레이시아 사이에서 대륙붕과 영해를 획정하는데 성공했다. 인도네시아와 필리핀은 이른바 군도이론(군도직선기선(群島直線基線))을 제창했고, 이 이론은 1994년 발효된 국제연합 해양법 조약에 포함됐다. 이로 인해 200해리 배타적 경제수역이 설정돼 각국에서 영해법 제정과 획정을 이룰 수 있었다.

난사 제도 해역에 해양법 조약을 적용할 수 없는 것 자체(중국은 난사 제도 해역에서 영해기선을 설정하지 않았다)가 국가 권력 행사에 있어서 문제를 일으킬 수 있음을 밝히고 있다. 해당 지역에서 영역 지배에 대한 혼란을 겪고 있기 때문이다. 이로 말미암아 국가 권력 행사를 둘러싸고 각국이 대립하게 되었다. 여기서는 지배 자체가 문제가 되었던 심각한 상황이었기 때문에 군사력 행사를 포함한 어떤 수단을 써서라도 해결을 봐야만 했다. 본래 공유 공간은 관계 당사자가 합의를 통해 설정해야 한다. 합의의 필요성에 대해서는 지금까지 보아온 당사국의 성명만 보더라도 각국이 충분히 인식하고 있었던 듯하다.

문제는 1999년 중국·동남아시아국가연합 협의에도 확실히 나와 있듯이 전체주의 국가의 영해 획정 요건이 합의되지 않았다는 데 있다. 황해 남부에서의 영해 지배는 현재 합의되고 신탁된 영역 지배가 아니다. 바꿔 말하면 계쟁(係爭, 문제를 해결하거나 목적물에 대한 권리를 얻기 위하여 당사자끼리 법적인 방법으로 다툼-역주) 중의 영역 지배에 지나지 않으며, 언젠가는 모두 해결될 수 있는 성질을 가진 지배이다. 안타깝게도 그런 확정되지 않은 요인을 해소하지 못한 지배 공간에서 공유 공간으로 불가능하다. 공유 공간이란 지배 공간이 어떠한 형태로든 확인된 단계에서 구상되고 실현되어야 하는 성질의 것이기 때문이다. 공유 공간은 그 자체가 공통의 이익을 생산한다는 확신이 있어야 받아들여질 수 있다. 그렇기 때문에 전제가 되는 공간의 설정, 즉 지배 공간의 설정과 확인-보류 역시 하나의 해결 방법이 다-이 없다면 결코 성립될 수 없다.

오늘날 우리들은 '공동의 바다'라는 차원에서 바다를 전망하고 있지만, 현실에서 그 절차를 수행하려면 커다란 딜레마에 빠지고 만다. 문제를 해결하기 위해 공유 공간을 이해하고 설정하는 것은 가능하지만, 공간 자체의 설정이 불가능하다는 딜레마가 존재한다. 말하자면 '전해(展海)'의 바다는 그렇게 선을 긋듯 분명하게 나눌 수 없다는 뜻이다. 전해란 사람들이 왕래하는 바다를 말한다. 이러한 바다에 영역 지배라는 원칙을 적용하는 자체가 쉬운 일이 아니다. 게다가 이 지역은 언제 불이 붙을지 모르는 발화점이다. 1981년에 말레이시아와 인도네시아는 전해의 존재를 확인하고 인도네시아 영해로 간주되는 지역에서 말레이시아 주민의 어업권을 인정하는 협정을 맺었다. 그러나 해저 자원에 대해서는 언급하지 않았다. 남극의 경우도 영토 주권의 보류에 대해서는 동의를 얻어냈지만 자원 주권은 상정하지 못했다. 그런가 하면 대양에서의 자원지배, 특히 망간 덩어리의 개발을 둘러싸고 해양 공간의 '바다'를 어떻게 획정하느냐를 두고 세계의 남과 북이 각축을 벌였다. 1994년 11월에 국제해저기구(ISBA)가 발족했지만, 심해 해저의 자원 개발은 선진국이 어쩔 수 없이 제3세계 국가들의 공동 개발 요청에 응한 타협의 산물에 지나지 않았다.

근대 국가는 영토를 지배하던 영역 국가에서 무역과 정보를 지배하는 공간 지배 국가로 변해가고 있다. 그러나 발전의 바탕이 되는 자원은 아직 근대 국가의 수단으로 맥을 이어오고 있다. 이러한 딜레마가 해결된다면 '전해'라는 공간에 대한 인식이 가능해지고, 국가간 분쟁을 극복한 공유 공간을 확인할 수 있으리라 본다. 그리고 바다는 이에 대한 회답을 준비하고 있을 것이다. 그러나 난하이에서는 아직까지 자원을 목적으로 한 영역 싸움이 진행 중이다. 사람들이 왕래하는 바다란 뜻의 '전해'를 새롭게 되새겨 공유 공간의 설정에 입각하여 공유 개발에 대한 구상이 제시되기를 기대한다.

제3장

삶과 바다

보라, 이제 또 다른 신의 계시를.
한 척의 배가 항구로 들어오는 것을.
- 윌리엄 브래드퍼드

앞 사진 | 구메지마(九米島)

표류의 바다

하루나 아키라 春名徹

1. 표류라는 '사건'

근세를 살아가던 동아시아의 중국, 조선, 류큐, 일본은 여러 가지 이유에서 해금(海禁)정책을 펼쳤다. 일본의 쇄국(鎖國)정책도 실은 중국에 기원을 둔 정책의 일부이다. '해금'이란 대외관계(사람, 물건, 그리고 지식의 흐름)를 국가가 철저하게 관리하는 정책이라고 요약할 수 있다.

16세기 초 동아시아 해역에 등장한 이질 문명, 곧 유럽 문명에 대응했던 것이 해금의 시초이며, 역사적 조건이 바뀌면서 점차 동아시아 여러 나라에 대한 대외정책을 규정하는 말로 쓰이게 됐다. 해금정책은 적어도 19세기 중반까지는 동아시아 세계의 안정요소로 기능했다. 1700년대에 나가사키 네덜란드 상관에 의사로 근무했던 엔겔버트 캠펠은 《일본지(日本誌)》의 1장에서 일본 쇄국정책의 유래를 설명하고 그 득실을 논하면서 긍정적인 평가를 내리고 있다. 이 제도가 현실적으로 기능했던 당시에 활동한 사람의 평가이므로 쉽게 무시할 수 없는 평가이다. 이와 관련하여 나가사키 통사(通詞. 당시 번역을 담당했던 사람-역주)였던 시즈키 타다오(志筑忠雄)는 '일본이 오늘날과 같이 스스로 나라의 문을 닫아 국민이 국가의 내외를 알지 못하고 여러 외국과의 상업 무역을 허락하지 않는 것이 과연 일본 국민의 행복에 도움이 되는가 안 되는가에 대한 연구'라는 긴 제목의 글을 네덜란드어에서 일본어로 번역하여《쇄국론(鎖國論)》이라는 제목을 달았다(1801=교와(享和) 원년(元年)). '쇄국'이라는 말은 이때 처음 사용되었다.

해상활동에 종사하는 사람의 입장에서 보면 쇄국정책은 상당히 억압적인 성질의 정책이라 할 수 있다. 본래 선박이 갖고 있는 해상 활동의 가능성은 매우 많다(기술적인 제약이 있다고는 해도). 그러나 해외도항이 원칙적으로 금지되고, 특별한 조건을 구비한 선박에 대해서만 허가가 내려졌던 상황에서는 활동이 제한될 수밖에 없었다. 따라서 해난(海難)을 당하여 일단 국가의 영역에서 벗어난 자들은 상황이 어찌됐든 간에 질서의 위반자로서 범죄자에 준하는 취급을 받아야만 했다.

그러나 국가가 아무리 규제해도 우발적인 해난사고로 제도가 설정한 범위를 벗어나는 선원은 항상 존재했고, 존재할 수

밖에 없었다. 또한 밀무역이나 해적 행위를 통해 경계를 벗어나는 자들도 있었다. 필자가 다루어야 할 주제인 표류에 국한돼 이야기하면, 중국, 류큐, 일본의 경우에 뱃사람의 수가 상당했고, 조선 역시 어민의 비중이 높았다. 어느 경우이든지 해상에서 생산 활동에 종사하는 백성들임에는 틀림없다. 근세에 상품 경제의 발전과 그에 수반되는 유통의 발달은 해상 활동을 더욱 활발하게 만들었고, 결과적으로 해난의 증가로 이어졌다. 또한 각종 사건에는 예외가 있기 마련이다. 비록 소수이긴 하지만 중국, 조선, 류큐의 관리, 일본의 사쓰마 번(薩摩藩, 현 가고시마 현)의 관리 등이 표류한 사례도 찾아볼 수 있다.

2. 기술에 의해 인지된다는 말의 뜻

어찌됐든 간에 표류는 해상에서 발생하는 '사건', 곧 해난에서 출발한다. 해난이 발생하려면 우선 해상을 항해하는 선박이 존재해야만 하고, 그러한 해상 활동의 배경에 사회·문화적 기반이 관계해야만 한다. 하지만 이에 대한 이야기는 잠시 접어두도록 하자. 해난을 당하고도 살아남은 사람들 가운데 외국이나 무인도 등, 자기가 속한 문화 영역에서 벗어난 사례를 가리켜 표류라 정의한다. 좀더 엄밀히 말하면 이들 중 살아서 돌아오는 자가 있어야 비로소 표류가 성립된다. 살아 돌아오지 않는 자들은 인지되지 못한다. 말하자면 역사에서 제외되는 셈이다. 그들이 구조돼야 비로소 역사상의 사건이 될 수 있다.

우리들이 오늘날 이러한 경험을 인지할 수 있는 것은 무엇 때문일까? 너무도 당연한 이야기지만, 표류라는 경험이 어떠한 형태로든 우리들에게 전달됐기 때문이다. 우선 꼽을 수 있는 형태는 '기술(記述)'이다. 그런 의미에서 본다면 '기술'이라는 넓은 의미의 문화적 행위를 매개로 해야 표류가 성립된다고 할 수 있다.

일찍이 필자는 무인도 표류에 관해 다음과 같은 글을 쓴 적이 있다.

"우리들이 알고 있는 이야기는 항상 살아 돌아온 소수의 예에 지나지 않는다. 이것이 표류이야기에 담긴 냉혹함이다. 알려지지 않은 무인도 표류의 결말은 어느 미지의 토지에서 백골이 되어 묻혀 가고 있다."(《세계를 본 남자들》) 쓰루미 가즈코(鶴見和子)도 하루나(春名)와의 대담에서 "표류자의 배후에 존재하는, 해저에 가라앉은 사람들의 목소리를 어떻게 하면 들을 수 있을지가 중요하다"고 쓰루미 씨 다운 감성으로 문제를 제시하고 있다(대담 '개국과 표류민 군상(群像)'/《이시이 겐도(石井研堂) 컬렉션 에도 표류기 총집》제5권).

최근에는 이케우치 빈(池內敏)도 다음과 같은 글을 발표했다.

"표류민은 누군가에 의해 발견됨에 따라 비로소 구조될 가능성을 가지고, 구조되어 살아남음에 따라 비로소 누군가에 의한

3-1 엔도 고케이(遠藤高環編)의 '도케이 모노가타리(時規物語)'에서. 가에이(嘉永) 3(1850)년 ((財)전전육덕회존경각문고(前田育德會尊經閣文庫) 소장)

기술로 남겨질 가능성을 획득한다. 그렇지 않을 경우, 표류민들은 아무에게도 알려지지 않은 채 역사의 뒤안길로 사라지고 만다."(《근세일본과 조선 표류민》)

이러한 글과 함께 이케우치는 덴메이(天明) 원년(1781년) 연말에 제주도를 나와 도시로 향했던 27명의 조선인들을 예로 들었다. 이들은 해난을 당해 무인도에 표착했으나, 10명은 표착직전에 익사했고, 10명은 표착 후 아사했고, 나머지는 약 두 달 뒤에 어선에 의해 구조되어 비로소 자신들이 표착했던 섬이 일본의 고토 열도(五島列島)의 오시마(男島)였음을 알게 된다. 그 후 한 사람이 병사했고, 살아서 귀국한 사람은 27명 중 6명에 지나지 않았다.

이케우치는 어선이 남은 7명을 발견했기 때문에 먼저 죽은 20명의 최후를 이야기할 수 있는 자격이 생겼다고 자신의 생각을 거듭 확인한 후에, "본서에서 묘사하는 표류민들은 거의 모두가 문헌사료에 기록된 사람들이다. 그러나 문헌사료에 기록되지 못한 표류·표착 이야기도 많다. 또한 표류를 하다가 자신의 힘으로 살아 돌아온 사례 역시 문헌사료에 남겨질 가능성은 희박하다. 역사학은 사료에 기록되지 않은 행간(行間)을 읽어 내는 학문이기도 해서 문헌사료에 남지 못한 표류·표착의 존재를 항상 염두에 두어야 한다"라고 말했다.

착실한 실증사학 연구자인 이케우치의 풍부한 감성이 그대로 배어 나오는 듯하다. 특히 표류를 연구하는 역사 연구자가 역사학의 기본이라고 말할 수 있는 '〈기술〉되는 것-인지되는 것'의 의미에 대해 집착하는 이유는 그러한 기록들이 분명 인간의 생사와 관계된 장(場)에서 생겨났기 때문이다. 역사가 인간의 학문인 이상, 개개인이 갖고 있는 생(生)과 사(死)의 무게가 그 밑바탕에 깔려 있었으면 하는 바람이다.

3. 기록의 총체로서의 제도

　기술된다는 것에 대해 좀더 깊이 생각해보고 싶다. 여기에는 두 가지 함축적인 의미가 담겨 있다. 하나는 정치적인 기술이고, 다른 하나는 문화적인 기술이다.

　좀더 이해하기 쉽게 말하면, 근세 동아시아 제국(諸國) 사이에는 앞에서 언급한 폐쇄적인 대외관계 속에서도 표류민을 서로 송환하는 제도가 확립돼 있었다. 중국의 표류민 송환제도는 명대에 이미 싹트고 있었고, 내외 반란을 극복한 청조의 강희황제가 1684년에 '빈해제국왕(浜海諸國王)', 곧 중국과 책봉관계를 유지하고 있는 연해제국의 왕들(구체적으로는 조선, 류큐, 안남 등을 상정했을 것이다)(여기에서 안남은 베트남을 가리킨다-역주)에게 중국인이 표착한 경우 구조와 송환(중국에서 쓰는 용어는 '푸쉬(撫恤)')을 요청한 적이 있다. 그로부터 약 50년이 지난 건륭 2년(1737년)에는 저장 성(浙江省)에 잇달아 두 척의 류큐 배가 표착했고, 이를 계기로 중국에 표류민 송환제도가 확립됐다. 그 결과 책봉관계 속에서 중국과 외교를 유지하고 있던 동아시아 여러 나라에서도 서로 표류민을 송환하는 제도가 정착하게 됐다. 또한 제도가 확립되기 이전부터 동아시아 여러 나라에서는 서로 표류민을 송환하는 관행이 있었다. 제도는 그러한 관행을 보증하는 것이었지 결코 제도가 먼저 생겨나지는 않았다.

　기술이라는 문제로 되돌아가서, 중국에서는 최초로 표류민을 구조한 지방관이 우선 보고서를 제출하고, 이를 수리한 총독·순무(巡撫. 중국어로 '쉰푸'라 하며, 명대에 임시로 지방에 파견하여 민정·군정을 순시하던 대신, 또는 청대의 지방 행정 장관을 가리킨다-역주) 수준의 고급관리가 구체적인 표류민의 상황, 구조, 지급품 등을 황제에게 보고했다. 황제는 형식적으로 승인했고, 중국의 '푸쉬'는 완료된다. 현재 보고서의 원문과 베이징에서 서기관이 베낀 사본(寫本) 중 상당수가 베이징의 국가제일당안관(國家第一檔案館)과 대만의 고궁박물원(古宮博物院)에 보관돼 있다(예컨대, 류큐와 관계된 문서로는 오키나와 현과 중국 국가제일당안관의 협력을 통해 사진으로 만든 축소판이 간행됐다. 일본과 관계된 대부분의 문서는 비록 간행되지는 않았지만 열람할 수 있다).

당시 책봉관계 속에서 중국을 중심으로 계층적인 질서를 형성하고 있던 동아시아 여러 나라들은 중국과 마찬가지로 전제형(專制型)의 권력자와 관료조직에 따른 통치기구를 가지고 있었다. 관료정치란 곧 문서정치를 뜻하므로 표류민의 송환에 국가가 관여하는 이상, 정치라는 문맥에서 '기술'은 없어서는 안 될 중요한 행위였다. 즉, 이들 국가에서도 중국과 마찬가지로 표류민을 송환할 때는 행정문서가 필요했고, 이는 차츰 쌓이기 시작했다. 전례(前例)를 따르는 것 역시 관료정치의 기본 요건이다.

아마도 문화적인 기술은 관료의 기술에서 파생됐을 것이다. 즉, 이문화권(異文化圈)에 들어갔다가 살아 돌아온 자들의 경험

3-2 '남양표류기(南洋漂流記)'. 에도시대 후기 ((財)동양문고(東洋文庫) 소장)

자체가 기술 대상이 되기 시작했다.

4. 세계인식과 표류

이런 의미에서 표류는 문화적인 사상(事象)이다. 특히 근세의 일본 지식인들은 그렇게 파악하고 있었다.

근세 사람들이 생각하던 표류의 문화적 의의에 관해 조금 특이한 예로써 오사카(大坂)의 상인학자 야마가타 반토우(山片蟠桃)를 살펴보자. 그는 《유메노시로(夢の代)》에서 네덜란드 서적

을 통해 알게 된 지동설을 바탕으로 우주론(宇宙論)을 전개했다. 반토우는 이 책에서 태양계 외에도 동일한 여러 우주가 존재한다는 것을 예상했다. 국학자(國學者)나 승려의 우주론을 소개한 후 세계에 대한 인식이 깊어질수록 모든 문제가 분명해진다고 했다. 그러나 필자는 반토우의 발상 자체가 근대적 사유(思惟)라고 생각한다. 시대를 무시하고 현대인의 가치관으로 반토우를 평가하는 것이 무슨 의미가 있을까 만은, 어쨌든 필자는 합리적인 우주론 또한 근세의 지식인이 세계의 확대를 의식하고 우주관과 세계관을 문란하게 쓴 결과의 최종 도달점은 아니었을까 하는 생각을 했다.

한편, 카를로 진즈부르크가 쓴 《치즈와 구더기》에는 이단의 사상을 가졌다는 이유로 화형을 당한 16세기 북 이탈리아의 방앗간 주인, 메오키오가 주인공으로 나온다. 메오키오는 자신이 느끼는 불안의 대부분은 아프리카와 카타이(중국)에서 보고 들은 이야기를 철한 존 맨더빌의 '여행기'(존 맨더빌의 유명한 여행기를 이탈리아 어로 번역한 《기사 만다빌라》를 가리킨다-역주)를 통해 알게 된 새로운 지식에서 비롯되었다고, 1584년에 이단 심문소에서 말했다. 중국 연구자인 조너선 D. 스펜스는 《마테오 리치, 기억의 궁전》에서 재치 있게도 유럽 세계의 이질 문명으로 중국이 등장시키면서 방앗간 주인으로 하여금 '세계의 요동(搖動)'을 느끼게 해주었다고 말했다.

야마가타 반토우나 그가 비난하는 '삼대고(三大考)'를 쓴 하츠토리 츄요(服部中庸), 그것을《고사기전(古事記傳)》에 부록으로 삼은 모토오리 노리나가(本居宣長), '삼계구산팔해도(三界九山八海圖)'를 만들어 슈미센(順彌山) 우주설을 전개한 교토 료렌지(京都了蓮寺)의 문웅(文雄)들은 비난을 하는 자나 받는 자 모두 똑같이 '세계의 요동'을 경험하고 있었던 것이다. 근세의 일본 지식인들이 표류민이 경험한 전혀 다른 세상에 관한 지식을 그토록 열심히 정리했던 것은 필시 이와 무관하지 않으리라 생각한다.

5. 반토우, 문화비교의 감각

다시 반토우로 돌아가 보자. 반토우는《유메노시로》의 제2권 '지리'에서 다음 세 개의 표류사건을 결말로 제시했다.

첫 번째는 무인도(이즈도리 섬(伊豆鳥島))에 표착하여 자신의 힘으로 돌아온 사람들의 이야기다. 덴메이 5년(1785년)에 도사(土佐) 사람인 쵸페이(長平)가 세 명의 동료와 함께 무인도에 표착했다. 이 중 세 사람은 2년 사이에 죽고, 남은 한 사람은 커다란 바닷새를 잡아먹으며 살았다. 그러다 덴메이 8년(1788년)에 오사카 호리에(大坂堀江)에 사는 카메 지로(龜次郎)와 8명을 태운 회선(回船)이 표착하여 이들과 함께 살게 됐다. 칸세이(寬政) 2년(1790년)에는 사츠마(薩摩) 시부시(志布志)에 사는 나카우에몬(永右衛門) 외 5명을 태운 회선이 표착하여 모두 16명이 됐다. 그 후 사쓰마의 배를 탔던 사람 중 둘이 죽어 14명이 됐다. 이들은 사츠마 배에 실려 있던 도구로 작은 배를 만들어 간세이 5년(1793년)에 아오가 섬에 도착했다. 이들의 무인도 생활은 화제로 떠올랐고, 그 중에서도 8년이란 세월을 무인도에서 지낸 쵸페이의 생환(生還)은 사람들의 이목을 집중시켰다.

반토우가 만났던 사람들은 사쓰마 사람들이었다. 하치조 섬(八丈島)을 거쳐 에도로 보내진 표류민들은 조사를 받은 뒤 각각 귀국했는데, 사쓰마 사람들은 에도에서 여행을 출발한 후에 도중에 오사카의 번저(藩邸)에 들르게 됐다. 반토우는 이 때에 사쓰마 표류민인 53세의 선장 나카우에몬, 59세의 쥬지로(十二郎), 56세의 진우에몬(甚右衛門), 37세의 하치고로우(八五郎)를 만났다. 간세이 9년(1797년) 11월 27일의 일이다. 그가 표류민을 대하는 태도는 지리상의 지식을 확인하는데 초점이 맞춰져 있었다. 반토우는 지도를 표시하며 그들이 표착한 섬이 오가사와라 제도(小笠原諸島)가 아닌지를 확인했다. 근세에는 무인도라고 하면 단순히 사람의 왕래가 없는 섬이라기보다 오가사와라 제도의 고유명사로서 사용되는 경향이 있었기 때문에 이것은 당연한 절차였다. 반토우는 이어서 무인도 생활보다는 아오가 섬, 하치조 섬 등에 관한 지리적인 지식에 관심을 나타냈다. 표류민들의 경험을 지리적인 지식의 확충에 쓰려고 했음이 분명하다. 쵸페이가 경험한 외딴 섬의 오랜 자급자족 생활에 대해서도 관심을 나타냈지만, 주된 관심사는 역시 지리였다.

이어서 반토우가 기록하는 내용은 칸세이 6년(1794년)에 안남(베트남)에 표류한 오슈 센다이(奧州仙臺)의 이야기이다. 센다이 번(仙臺藩)에 속한 나토리 군(名取郡) 유리아게 촌(閖上村. 미야기 현 나토리시 유리아게)의 히코쥬로(彦十郞)가 소유한 오노리간(大乘丸)이라는 회선이 선장인 세이조(淸藏)와 15명의 선원을 태우고 난부 번(南部藩. 이와테(岩手)·아오모리(靑森) 지방-역주)의 회미수송(回米輸送. 회미는 일본어로 '카이마이'라 한다. 에도시대 때는 막부(幕府)와 제번(諸藩)이 그 해의 공미(貢米)를 주로 에도나 오사카에 보냈는데, 이 쌀을 회미라 한다-역주)을 청부받아 이시노마치 항(石卷港)을 출발한 것은 칸세이 6년 7월의 일이다. 배는 에도로 향하던 중 조난을 당해 바다 위에서 5개월간 표류하다가 안남에 표착했다. 왕도(王都)로 이송된 그들은 왕을 알현하고 쌀과 돈을 하사받은 뒤, 자신들이 타고 갈 배를 기다리며 2년 동안 머물렀다. 그 후 유럽 배의 선장(가보우라는 빨간 머리의 선장)에 의해 마카오로 보내졌다.

안남은 지금의 베트남을 말한다. 안남에 군림하면서 중국에 조공을 바치고 있던 것은 여조(黎朝. 980~1010)였다. 그러나 안팎으로 여러 세력이 대립하면서 여조가 무너지는 바람에 당시 안남의 정치상황은 매우 복잡했다. 표류민들의 처리를 맡은 이는 1790년에 안남 왕으로서 지위를 중국으로부터 인정받고 하노이에 왕도를 구축한, 홍하 강(紅河) 델타 지역을 지배의 중심에 둔 구엔 반후에(阮文惠)가 아닌가 싶다. 마카오에서 표류민들의 신병을 인수한 중국은 이들을 광저우(廣州)에서 저장 성으로 호송했다. 그들은 하선(河船)과 수레를 타고 타이소우령(嵦奧太)을 넘어 장시 성(江西省)으로 들어갔고, 다시 배를 타고 강을 내려와 저장 성 항저우(杭州)를 거쳐 일본 무역선의 출항지인 저장 성 핑후 현(平湖縣)의 자푸(乍浦)에 도착했다. 이들이 호송된 경로를 반토우는 자세하게 기록했다. 이들이 자푸에서 정기 무역선을 타고 나가사키에 도착한 때는 칸세이 7년 겨울이었다.

이러한 여정 중에 베트남에서 선장 세이조 외 6명이 병사했고, 광저우에서 다시 한 명이 숨졌다. 그리고 나가사키에서 조사를 받던 중 또 다시 한 명이 병사하는 바람에 결국 살아서 고향 땅을 밟은 사람은 8명뿐이었다. 나가사키에서의 조사 기간이 꽤 길었기 때문에 센다이 번에 신병이 넘겨진 때는 칸세이 9년(1797년) 4월의 일이었다.

센다이 사람들이 나가사키에서 조사를 끝마칠 무렵, 중국 광둥 성을 출발한 배가 센다이령(領) 땅에 표착했다. 광둥 성 신닝 현(新寧縣) 따아오 항(大澳港)의 천쇼우허(陳受合)가 소유한 배로, 선장 천스더(陳世德) 이하 14명의 선원을 실은 어선이었다. 칸세이 8년 6월 7일에 오하마(大浜)에 표착한 표류민들은 다로우자에몬(太郞左衛門)의 집에 수용됐고, 이 일은 센다이의 번청(藩廳)에 보고 됐다. 먼저 현지의 의사가 필담(筆談)을 주고받았고, 다시 번학(藩學) 교수인 시무라 시테쓰(志村士轍)와 그 일행이 현지로 파견됐다.

센다이 번으로부터 보고를 받은 나가사키 부교(奉行. 무가(武家)시대에 행정 사무를 담당한 각 부처의 장관-역주)는 중국 배가 나가사키로 회항할 것과 선원들의 호송을 명령했고, 나가사키에서 센다이 표류민의 신병을 인수하도록 명했다. 센다이번은 배를 준비하여 표류민들을 태워 그들이 타고 온 배와 함께 나가사키로 향했다. 도중에 엔슈나다(遠州灘)에서 어려움을 겪은 후 간신히 도바(鳥羽)에 도착, 그곳에서 새해를 보냈다. 그 후 기이반도(紀伊半島)를 돌아 세토나이카이(瀨戶內海)로 들어가 칸세이 9년 4월에 나가사키에 도착했다. 이리하여 중국인들은 나가사키로 호송됐고, 번사(藩士)들은 자국 표류민의 신병을 인수받아 고향으로 돌아갔다.

이 베트남 표류사건은 근세 일본선의 표류 중에서도 상당히 유명한 사건이다. 에다요시겐(枝芳軒靜之)이란 사람이 꿈을 핑계로 쓴 《남표기(南瓢記)》는 표류기로는 이례적으로 간행본으로 출판됐고, 프랑스 어 번역판은 〈극동학원보(極東學院報)〉에 게재됐다. 그러나 여기에서도 반토우는 직접 보고 들은 내용을 중시하면서 표류민들로부터 지리적인 지식을 획득하려고 애를 썼다.

오사카에서 야마가타 반토우가 표류민과 만난 때는 같은 해인 1797년 5월 2일이다. 반토우가 시무라의 필담기록에서 뽑아

낸 내용은 중국 표류민의 이름, 원적지(原籍地), 광둥의 위도에 관한 질문, 청명이나 동지와 같은 절기의 날짜, 쌀 한 말의 값, 아동교육법(초학자에게 제일 먼저 무엇을 가르치는가), 국내의 정치 정세 등이다. 표착 후 광둥 어선의 선장이 유학자 시무라와 필담을 주고받고, 센다이 번주를 만나 반토우가 모시는 마스야 히라우에몬(升屋平右衛門)에게 자유자재로 문장을 지어 인사를 나눈 것이 시무라와 반토우에게 적잖은 인상을 남긴 모양이다.

반토우는 이어서 다음과 같은 감상을 이야기한다.

"광둥인이 센다이에, 센다이 인이 광둥에 표착하여 같이 위로하고 함께 호송되어 고국으로 돌아갈 수 있었던 것은 천하가 태평한 까닭이요, 사해(四海) 일철(一轍)의 정사(政事), 즉 인간을 어여삐 여기는 마음이 모두 같았던 까닭이다. 그런데 중국인은 비록 어부였지만 일본에 와서 만난 유학자와 시부(詩賦)를 지어 담소를 나누었는데, 일본인은 타향에서 그저 묵묵히 눈물만 흘리고 있었으니 어찌 이를 부끄럽게 여기지 않을 수가 있는가……."

센다이 번을 무대로 하여 표류와 환송이 동시에 일어난 것을 보고 그는 뭔가 마음에 자극을 받은 듯하다. 반토우는 상인으로는 센다이번의 재정 재건(再建)을 원조하는 호상(豪商) 마스야(升屋)의 지배인이었다. 그가 오사카에서 표류민들과 만난 때는 센다이 출장에서 막 돌아왔을 무렵이다. 그가 두 표류민의 만남을 피부로 느낄 수 있었던 상황이었다.

여기에서 두 가지 문제가 발생한다. 과연 일본과 중국 사이에 이루어졌던 표류민 송환이 반토우가 말한 것처럼 천하가 태평하고 사해가 일관된 정사를 폈기 때문에 가능했던 일이었을까? 이것이 첫 번째 문제이다.

두 번째 문제는, 반토우가 말하는 '시를 짓는 중국인, 우는 일본인'이라는 대립이 가능했던 일일까?

먼저 후자부터 생각해 보자. 근세 표류의 문화사적 의의를 찾고자 하는 본 장(章)의 입장에서 보았을 때 반토우가 문화를 비교하는 시점(視點)에는 매우 흥미로운 구석이 있다. 야마가타 반토우는 동아시아 문화권이기에 가능했던 필담이라는 의사소통 수단에 눈을 돌렸다. 그러나 비교라는 시점이 너무 앞서다 보니 일본인 표류민을 다소 낮게 평가하고 말았다. 그들이 의사소통도 되지 않는 상황에서 귀국하기 위해 온 몸을 던져 안남, 유럽인 선장, 중국인 등과 의사소통을 나누려고 했던 사실을 반토우는 중요하게 생각하지 않았다.

그러나 일본인에게 '운다는 것'은 반토우가 단정했던 것보다 훨씬 복잡한 의미를 담고 있다. 이에 대해서 야나기다 구니오(柳田國男)의 말을 빌리자면, 현대의 유식자(有識者)는 "운다는 것이 일종의 표현 수단임을 잊고 있다"('체읍사담(涕泣史談)',《불행해지는 예술》수록).

6. 표류민 송환을 가능하게 했던 조건

　반토우가 이야기했듯이 일본과 중국의 표류민이 서로 송환될 수 있었던 이유가 정말로 "천하가 태평하고 사해가 일관된 정사를 폈기 때문"일까? 여기에는 주체가 명확하게 드러나 있지 않지만, '천하' 란 아마 막부(幕府)를 지칭하는 말일 것이다. 이 말이 '안정된 막부정권이 내외(內外)를 일시동인(一視同仁. 멀고 가까운 사람을 친함에 관계없이 똑같이 대하여 준다는 뜻-역주)으로 보는 정책을 폈기 때문에 표류민의 상호 송환이 가능했다' 고 하는 의미라면, 반토우는 상당히 깊은 오해를 했다고 할 수 있다. 반토우와 같은 사람도 사회적 존재로서 제약으로부터 자유롭지 못했다니, 새삼 안타까운 마음을 금할 길이 없다.

　표류민의 송환을 보증할 수 있었던 전제 조건 중 하나가 '평화' 라는 사실은 분명하다. 그러나 그 평화는 반토우가 상정했던 '도쿠가와(德川)의 평화' 라기보다 '중국의 평화' 라고 봐야 한다. 아라노 야스노리(荒野泰典)는 〈근세일본의 표류민 송환체제와 동아시아〉라는 논문에서, 종래 일본사에서 주로 해외정보의 창구로 표류민의 체험을 다루고 있었던 것과 달리 동아시아 제국의 표류민 송환 절차에 더 많은 관심을 기울였다. 그는 국가권력이 미치는 범위 내에서 대외관계를 장악하고 통제할 수 있는 체제의 성립이 표류민 상호 송환의 첫째 조건이라고 지적했다. 이어서 국가가 표류민을 상호 송환할 수 있도록 국제관계가 존재해야 함을 두 번째 조건으로 지적했다. 단순하게 생각하면 그의 제시는 상당히 획기적이며, 표류를 역사학의 대상으로 보았다는 사실이 매우 자극적이다. 그러나 주로《통항일람(通航一覽)》과 같은 일본 편찬물에 의존했던 아라노의 분석은 그 테두리 밖에 존재하는 중국의 표류민 송환제도를 간과하고 말았다. 중국을 연구하는 사람의 입장에서 일본의 대외관계를 연구하는 사람들에게 한 가지 말해두고 싶은 것은 일본의 질서 속에서는 중국의 제도를 잘 파악할 수 없다는 사실이다.

아라노 야스노리의 논지에 의문을 품은 사람은 하루나(春名)였다. 그러나 최근, 류큐 배의 중국 표착을 상세하게 검토하고 있는 와타나베 미스에(渡邊美季)는 하루나의 논지가 역사적 의의는 가지고 있지만 한계를 극복하지는 못했다고 지적했다. 역사학에서의 표류연구는 이처럼 세대가 다른 연구자들이 서로 자극을 주고받으며 발전을 거듭하고 있다.

근세 동아시아 세계에서 국내적, 국제적으로 발전했던 해상교통과 더불어 발생한 해난, 그리고 여기에서 파생된 표류라는 본래의 주제로 되돌아오면 얼마나 장대한 세계가 이 안에 펼쳐져 있는지 쉽게 상상할 수 있다. 여기에서는 수량적인 개수를 표로써 표시했다(표 1). 이 표를 통해 적어도 근세 동아시아 세계의 200년에 걸친 시간 속에서 현대 사학자가 인식할 수 있는 범위 내에 일어난 해난 가운데 이천 척 내외의 선박이 다른 문화권에 표착(漂着)하여 구조됐고, 또한 본국으로 송환됐음을 인

표1 동아시아에서의 표류 건수

		표류지			
		일본	중국	조선	류큐
표류민국적	일본	—	64	99	?
	중국	93	—	240	60
	조선	1019	146	—	31
	류큐	63	254	21	—

주)고바야시 시게루(小林茂)·마쓰바라 다카토시(松原孝俊)·록탄 다도요(六反田豊) '조선에서 류큐로, 류큐에서 조선으로의 표류 연표 작성'(제7회 중류(中琉)역사관계 국제학술회 보고서 1998)의 보고요지부표(報告要旨付表) '환동지나해 여러 지역간의 표류·표착 연표의 정비 상황'을 기초로 이케우치(1998), 하루나(1995), 마쓰우라(1999), 아라노(1988), 와타나베(1999~2000), 등에 기초하여 가필(加筆)

식할 수 있다.

 숫자를 통해 이해할 수 있는 몇 가지 사실을 지적해 보자. 특히 이케우치 빈과 일행의 노력으로 일본과 조선 사이에 표류민 송환이 극히 빈번하게 행해졌음이 판명됐다. 표 1에 나타나듯이 일본에서 조선에 표착한 수는 약 100건이나 되고, 조선에서 일본에 표착한 수는 1,000건 이상, 인원수로 따지면 9,770명에 달한다. 그러나 종래에는 이러한 높은 밀도가 충분히 인식됐다고 볼 수 없다. 막부 말기, 대외관계를 재인식해야 한다는 물결이 한창이던 시기에 편찬된《통항일람》속에는 표류 이야기가 빼곡히 수집돼 있지만, 그럼에도 조선 표류민에 대해서는 30여 건의 이야기밖에 실리지 않았다. 근세의 조일관계(朝日關係)가 막부에서 쓰시마 번(對馬藩)으로 위임되는 형식을 취해왔고, 지리 · 문화적으로 거리가 가깝다는 것을 고려하면 이러한 인식과 실수(實數)의 격차는 너무 지나치다는 생각이 든다.

류큐에 관해서는 다음과 같은 기록이 남겨져 있다. 예컨대, 강희 36년(1697년) 9월 16일에 후루메야마(古米山. 미야코 섬(宮古島))에 조선인 남녀 18명이 표착했다. 처음에는 사용 언어가 달라 의사를 소통할 수 없었다. 그러다 일찍이 사절로서 베이징까지 다녀온 적이 있는 한 류큐 인에 의해 "언모의복(言貌衣服)이 조선국인민(朝鮮國人民)을 닮았다"라는 인정을 받게 됐다. 이러한 판정으로 중국으로 떠날 준비를 하고 있던 류큐국의 사절단과 함께 중국 푸저우(福州)에 보내졌고, 그곳에서 다시 육로를 통해 고국으로 돌아갔다. 이 일은 《역대보안(歷代寶案)》(교정본)에 '2-01-1호'로 분류되어 기록됐다. 이 문서는 또한 중국 황제의 지시에 의해 바다에 인접한 여러 나라의 왕 중 하나인 류큐 국왕이 조선인민을 송환한 첫 번째 사례로 의미가 깊다.

중국 배의 일본 표착에 관해서는 잠정적으로 100건에 좀 못 미치는 사례를 열거하고 있다. 그러나 사실은 이보다 더 많은 사례가 존재할 것이라 예측하고 있다. 여기에 열거한 사례의 대부분은 일본으로 향하던 정기 무역선이 돌아오던 길에 항로를 잃어 고토(五島), 사쓰마(薩摩) 등에 표착 후 다른 배에 이끌려 나가사키로 호송됐다는 내용이다. 그러나 그 외에도 '다네가 섬 가보(種子島家譜)'에 상당수의 중국 배가 세난 제도(西南諸島)로 향하다 표류했다는 내용이 열거되었다. 이들 배는 다네가

3-3 구조되어 아프리카로 송환된 에료쿠간(榮力丸) 선원. 샌프란시스코에서 사진으로 통해 만든 동판화(Illustrated News (Jan. 22. 1853) 가와사키(川崎) 시민박물관 제공)

섬에서 가고시마 번(鹿兒島藩)의 야마가와 항(山川港)으로 회항했고, 그 후의 종적에 대해서는 아는 이가 없다.

이 가운데 일본 배의 선원이 최종적으로 중국에 보내져 전통적인 제도에 따라 송환된 사례는 64건에 지나지 않는다. 지난날 일본의 표류 연구는 이 부분에 편중돼 있음을 인식할 필요가 있다. 이것이 나쁘다는 것은 아니다. 다만 동아시아의 표류 전체에 관계되는 담화(discours) 속에서 얼마나 특이한 위치를 차지하고 있는지를 지적하고 싶을 뿐이다.

표 1에는 싣지 않았지만, 막부 말기가 되면 일본 배가 서구의 배에 구조돼 전통적인 경로 이외의 길로 송환된 사례가 있

다. 이러한 배경에는 일본과의 개국(開國) 교섭을 위해 표류민 송환을 이용하려고 했던 러시아의 전통적인 외교 전략이나, 중국 무역을 개시하고 태평양 연안을 개발하기 위해 태평양 항로를 개척(즉, 일본 연안을 통과해서 중국으로 가는 미국의 배가 증가했음을 의미한다)하고자 했던 미국의 전략이 버티고 있다. 그리고 태평양에서 고래를 마구잡이로 포획한 결과, 포경선(捕鯨船)의 활동 무대가 동해로 이동했던 이유 역시 빼놓을 수 없다.

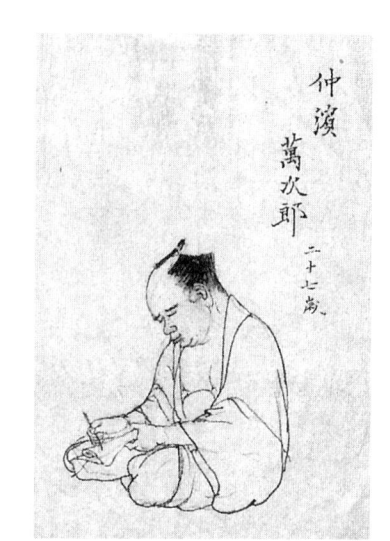

3-4 나카하마 만지로(中浜万次郎). '표손기략(漂巽紀略)'에서(스미요시타이샤(住吉大社) 소장)

일본과 러시아의 관계에 대해서는 다이코쿠야 고다유(大黑屋光太夫)·이소키치(磯吉)나, 이시마키의 와카미야간(石卷若宮丸)의 사례(모두 러시아 배에 의한 송환)가 남아 있다. 무인도였던 이즈토리 섬(伊豆鳥島)에 표착 후 마침 지나가던 미국 포경선 맨해튼 호에 구조되어 직접 우라가(浦賀)에 송환된 아와(阿波)의 다카코우간(寶幸丸)과 같은 사례도 있다. 또한 나카하마 만지로(中浜万次郎), 하마다 겐조(浜田彦藏)처럼 구조되어 미국으로 보내진 다음 그곳에서 교육을 받아 혼자 힘으로 귀한 한 예도 있다.

특별한 사례이긴 하지만 일본 배가 태평양에서 미국 배에 구조되어 하노이에 보내진 뒤, 그곳에서 마카오로, 마카오에서 바타비아로 전전한 끝에 네덜란드 정기 무역선을 타고 나가사키로 송환된 경우도 있다.

7. 나는 누구인가?

누군가가 다른 문화권에 표착한 경우 표류자를 받아들이는 쪽에서 가장 먼저 시행하는 절차는 그 사람이 과연 누구인가, 어느 국가에 속하는가를 확인하는 것이다. 이 경우에 적어도 동아시아 문화권에서는 한자를 읽을 수 있느냐가 중대한 관건이었다. 분세이(文政) 9년(1826년)에 저장 성의 창장 강(長江) 하구 남쪽에 표착한 에치젠(越前, 후쿠이 현(福井縣) 중남부, 일본의 옛 후쿠오카 7국 중 하나-역주)의 표류민 9명은 그곳을 관할하는 촨사팅(川沙廳, 오늘날 상하이 시(上海市)의 일부)에 끌려가 취조를 당했다. 때마침 선원 중에 한자를 좀 쓸 줄 아는 사람이 있어서 일본인임이 쉽게 판명됐다. 그 후, 한자를 아는 어부의 지위가 빠르게 상승하는 과정은 《갑자야화(甲子夜話)》에 수록된 '북해표류기(北海漂流記)'라는 표류기록에 자세히 나와 있다. 식자능력(識字能力)이 집단 내에서 리더십에 영향을 미친 좋은 예라 할 수 있다.

일본인이라는 사실을 상대에게 인식시키는 과정은 참으로 다양했다. 비록 문자를 쓰진 못해도 상대가 쓴 문자 중에서 일본(日本)이라는 글자를 찾아 가리키거나, 지도를 펴서 위치를 가리키는 방법도 있었다. 《환해이문(環海異聞)》을 보면, 알레우트 열도(알류샨 열도를 말함-역주)에 표착한 이시마키의 와카미야 간 표류자들은 표착한 뒤 러시아 인과 만나게 됐는데, 러시아 인이 보트에 노 한 자루를 위로 곧게 세우자 이에 반응했다고 해서 일본인 판정을 받았다고 한다. 돛대가 하나 달린 범선이 바로 근세 일본 범선의 특징이었기 때문이었다.

복장이 국적 추정의 근거가 되는 경우도 있었다. 류큐 인이 중국에 표착했던 사례에 대해서는 와타나베 미스에가 더 자세히 검토하고 있다. 중국 저장(浙江) 근처에 류큐 배가 표착하여 그곳 지방관이 중앙에 보고를 올렸는데, 보고서에는 "머리는 틀어 올렸고, 의복은 소매가 크다" 따위가 기록돼 있었다. 류큐 인으로 추정되면 표착지에서 푸저우(福州)의 류큐 관으로 보내지고, 그곳에 머물고 있는 류큐 인에 의해 정식으로 류큐 인이라는 인정을 받게 된다. 국가의 입장에서 국적이 중요한 이유는 국적에 따라 송환 절차가 달라지기 때문이었다.

중국의 표류민 송환제도가 청조의 건륭 시대에 확립됐다는 이야기는 앞에서도 언급한 바가 있다. 행정 절차로는 최초에 표류민을 만난 지방관이 상부에 보고서를 제출해야 한다. 보고서를 수리한 총독·순무 수준의 고급관리는 황제에게 상주문(上奏文. 임금에게 아뢰는 글-역주)을 올린다. 자세한 과정은 생략하겠으나, 어쨌든 최종적으로는 황제가 주필(朱筆)로 보충하거나 고친 보고서의 원문과 베이징에서 서기관이 베낀 사본이 중앙에 보관된다. 이때 고급관리의 손에도 황제가 보충하거나 고친 상주문의 사본이 남겨지게 되었다.

표류를 경험한 사람들에 관한 기술은 국가마다 조금씩 차이가 있다. 조선의 경우 표류기록의 대부분은 '이조실록(李朝實錄)' 내지는 표류를 경험한 지식인에 의해 기록됐다.

조선에서는 일찍이 15세기에 제주도를 떠나 중국 저장에 표착한 뒤, 육로를 따라 베이징을 거쳐 송환된 관리의 기록이 남아 있다. 최부(崔溥. '표해록'의 저자는 최부인데 원문에는 최전崔傳이라 나와 있습니다-역주)는 《표해록(漂海錄)》에서 처음에 왜구(倭寇)로 오인 받아 사람들의 경계심을 샀지만 조선의 관리로 판명이 나자 순간 대우가 달라지는 상황을 생생하게 묘사했다. 어쩐지 한자 문화권의 깊은 유대감을 느끼게 해준다.

숙종(肅宗) 22년(1696년)에 일본의 에조치(蝦夷地. 에조치는 후에 홋카이도로 개명됐다-역주)에 표착한 조선 관리 이지항(李志恒)도 《표주록(漂舟錄)》이라는 일기를 남겼다. 이케우치의 《근세일본과 조선 표류민》에 이 글(원문과 번역문)이 수록돼있다. 기재된 글 가운데 이지항이 신야히 쥬로베이(新谷十郎兵衛)에게서 들은 에조(蝦夷)의 인물과 풍속은 《화한삼재도회(和漢三才圖繪)》제13

이국인물(에조)과 제64 지리(에조)를 요약한 것이라 생각되고, 여기에는 독특하고 섬세한 관찰력이 돋보인다.

한편 일본에 표착한 중국인이 문인(文人)으로서 환영을 받은 일은 야마가타 반토우가 묘사했던 사례에서도 잘 나타난다. 거기에는 반토우의 중국문화에 대한 동경이 깔려있다. 반토우는 조선통신사가 일본을 지나면서 마찬가지로 시문을 지어 응수했다는 내용을 묘사하기도 했다.

3-5 도사(土佐)에 표착한 중국인. '호송일기(護送日記)'에서 (일본 국립국회도서관 소장)

그런데 때에 따라 지나치다 싶을 정도로 과대평가를 하고 있어 중국문화에 대한 동경이라기보다 오히려 한자문화에 대한 동경으로 보는 편이 옳을 것 같다. 그러나 그만큼 환영받은 중국인 표류민이 일본문화에 관해서 거의 기록을 남겨놓지 않았기 때문에 상당한 대조를 이루고 있다.

중국인이 쓴 기록에 관해서는 정광주(鄭光祖)가 《일반록(一班錄)》이라는 수필에 기록한 간단한 글이 유일한 예이다. 이 글은 간단하지만 매우 흥미로운 내용을 담고 있다. 저자는 대외관계에 매우 흥미를 느꼈는지, 선주(船主)인 장용허(張用和)가 이끄는 배가 류큐에 표착한 사례, 이와는 별개로 역시 장용허 집안(張家)이 소유한 배가 일본에 표착한 사례, 류큐 배가 표착한 사례에 대해 기록해 놓았다. 이 가운데 1822년에 일본에 표착하여 나가사키에서 환송된 장가(張家)의 위엔타이이(源泰己)라는 배의 경우는 일본 풍속 따위를 기록하여 어찌됐든 일단 표류기의 체재(體裁)를 갖추었다고 볼 수 있다.

중국과 밀접한 관계를 맺고 있던 류큐의 경우도 문화사적(文化史的)인 표류기록이 적은 편이다. 류큐에서는 공식적으로 중국을 오가던 사절단이 풍부한 견문을 전해주었으므로 표류민의 견문이 중시되지 않았을 수도 있다.

이러한 점에서 중국 주변의 여러 나라들 중에서 자국의 표류민이 겪은 경험에 관심을 나타낸 나라는 일본과 조선뿐인 듯하다. '이조실록' 성종(成宗) 편에는 류큐에서 귀국한 금비의(金非衣), 강무(姜茂), 이정(李正)의 표류기가 한문으로 짧게 기록되어 있는데, 당시의 세난 제도(西南諸島)에 관한 관찰력이 아주 돋보인다. 옛날에는 이하후유(伊波普猷)가 이러한 내용에 관해 소개를 했던 적이 있고, 최근에는 코바야시 시게루가 뛰어난 논문을 발표했다.

일본에 표착한 조선인들에 관해서는 다음과 같은 기록이 있다. 1767년 9월 8일, 호키 국(伯耆國) 아세뉴 군(汗入郡) 우에만 촌(上万村)의 조지로(定次郎)라는 사람의 집 문 앞에 네 명의 남자들이 나타났다. 우선 그들과는 말이 통하지 않았다. 쇼야(庄

屋. 촌장과 같은 지위-역주)에게 이 사실을 알렸고 마을을 관장하던 관리가 달려왔지만 역시 사정은 마찬가지였다. 그들은 이상한 옷을 입고 낯선 도구를 몸에 지니고 있었다. 지필묵을 주어도 글을 쓸 줄 몰랐기 때문에 의견을 주고받기가 곤란했다. 다만 '나가사키, 조선'이라는 말만큼은 서로 통했다고 한다. 결국 조선 사람이라고 판명된 때는 나가사키에 도착한 후인 11월 25일로 표착한 지 약 3개월이 지난 후였다.

역시 같은 번(藩)에서 일어난 일로 1819년 정월에 12명의 남자들이 표착했다. 이 때는 필담을 주고받을 수 있었기 때문에 조선 강원도 평해주 사람이라는 것이 쉽게 판명됐다. 이곳 사람들은 예전에도 이러한 일을 경험했기 때문에 이들을 나가사키로 이송하는 일을 비교적 원만하게 처리할 수 있었다. 일행을 가마에 태워 돗토리 성(鳥取城)으로 보냈을 때는 구경꾼들이 많이 몰렸다. 이치에 밝은 상인들은 가게 앞을 장식하기 시작했다. 기둥에 융단을 깔고, 금과 은으로 만든 병풍이나 진귀한 물건들을 많이 진열했다. 기록에는 이러한 마을의 모습을 본 조선인들이 "치ち・요よ・우ㄢ・타た"라는 말을 계속 했다는 부분까지 나와 있다. 이케우치 빈은 일본어의 '良いなあ'에 해당하는 조선말 '좋다'를 들리는 대로 받아 적은 것으로 보인다고 했다. 돗토리성에서 표류자들은 일단 이국에서 온 '보기 드문 사람'으로서 환대받아야 할 존재였다. 이케우치는 언급하지 않았지만, 상인들이 했던 장식은 기온마쓰리(祇園祭. 일본 3대 축

3-6 '표류조선인지도(漂流朝鮮人之圖)'(부분) (토토리 현립 도서관 소장)

제 중 하나-역주)에서 가사보코(짐마차)와 가자리야마(가자리야마도 짐마차와 비슷한데 더 잘 꾸며지고 여러 가지 인형들이 장식된 상태의 가마를 말한다-역주)를 멘 돈 많은 상인이 관람객들에게 자신의 부를 자랑하고자 가게를 정성들여 장식했던 것과 너무나 많이 닮았다. 조선인을 맞이한 돗토리 마을은 아마도 축제 분위기로 한껏 들떠 있었으리라 생각된다.

　조선에 표류한 일본인의 기록도 그렇게 많은 편은 아니다. 그 중 1756년(조선 영조 32년, 중국 건륭 21년)에 쓰가루(津輕)에서 마쓰마에(松前)를 거쳐 데와(出羽)로 향하던 배가 도중에 표류하여 5월 4일에 조선의 강원도 강릉에 표착한 기록이 남아 있다. 쓰가루 가쓰요시 촌(石崎村)의 지우에몬선(治右衛門船) 선원 4명의 진술서에 따르면, 지방관의 심문을 받고 강릉에서 강원도를 거쳐 부산으로 호송되는 동안 구경꾼들이 많이 모여들었다고 한다. 말을 타고 강원 성(城)을 들어갔을 때는 환영을 뜻하는 철포가 쏘아졌는데, 소리에 놀라 앞서 가던 규노스케(牛之助)라는 사람이 말에서 떨어지고 말았다. 다른 사람들은 규노스케가 철포에 맞아 살해된 줄 알고 깜짝 놀랐다고 한다. 그러나 강원성에서 푸짐한 음식을 대접받고 무료함을 달래기 위해 곡예나 씨름 경기를 보는 등, 그들 역시 '보기 드문 사람'으로서 조선 국내를 통과했다. 이를 두고 이시이 겐도가 수집한 《진경선어치주담(津輕船御馳走譚)》이라는 사본은 이케우치 민에 의해 표류민이 다른 문화 속에서 살아남기 위해 노력했다고 해석한다. 그리고 지금 내가 그랬듯이 축제라는 측면을 강조해서 해석하는 일 또한 가능하다고 생각한다.

8. 이룰 수 없는 월경(越境)

근세 일본에서 최초로 간행된 여행기이자 교토 의사 다치바나 난케이(橘南谿)의 책인 《동서유기(東西遊記)》를 보면 표류를 통해 외국에 대한 관심을 드러낸 부분이 나온다. 필자는 늘 이 부분을 마음에 걸렸다. 덴메이(天明) 2년(1782년)에 나가사키를 방문한 다치바나는 당시 지식인이자 네덜란드 어에 정통한 요시오 고규(吉雄耕牛)를 찾아가 데 섬(出島. 외국인을 수용할 목적으로 만든 인공 섬으로, 에도시대 때는 네덜란드 인이 주로 거주했다-역주)의 이모저모를 듣는 데 열중했다. 또한 마루야마(丸山)의 유곽에서 외국인과 노는 일도 마다하고 카가(加賀)의 산중 온천장에 머물며 다른 손님들의 이야기를 듣는 데도 열심이었다. 다치바나가 옆방에 묵은 사람에게서 이야기를 전해 들으며 각지에 남아 있는 표류와 표착에 관한 기억을 수집했다는 점이 특히 인상적이었다. 옆방의 손님은 자신의 조카가 1781년 6월에 센다이의 긴카잔(金華山) 앞바다에서 표류하여 아마미오 섬(奄美大島)에 표착했다가 송환된 이야기, 에치고(越後)에서 전해들은 구호선(空穗船) 이야기 등을 들려주었다.

다치바나가 가고시마를 방문했을 때, 그는 중국에 표착한 경험이 있는 사스마 번사, 아야마 기미자에몬(池山喜三左衛門)을 만날 기대로 부풀어 있었다. 그러나 이야마는 이미 죽은 뒤였다. 하지만 그는 여기에서 포기하지 않고 아야마의 제자들에게 다른 표류기록에서는 볼 수 없는, 이야마 개인의 중국에 대한 감상을 캐물어 이를 하나의 이야기로 정리했다. 이야마에 대한 기록은 진술서에 바탕을 둔 표류기록《살주인당국표류기(薩州人唐國漂流記)》등이 이미 사본으로 유포돼 있었고, 다치바나 역시 읽었을 것으로 보인다. 이 기록에는 제자들이 이야마에게서 들었던 중국인의 성격이나 기타 문화적 요소에 대한 내용이 담겨 있었다.

《동서유기》는 기행문이라기보다 오히려 민속(民俗)에 관한 청취록(聽取錄)에 더 가깝다. 청취록하면 스가에 마스미(菅江眞澄. 스가에는 에도시대 후기에 인생의 대부분을 여행에 투자하며 그림을 곁들인 방대한 저작을 남겼다-역주)가 떠오른다. 방랑자 스가에 마스미는 칸세이(寬政) 4년(1792년) 10월에 4년 동안 살던 마쓰마에 성(城) 후쿠야마(福山. 마쓰마에쵸(松前町))를 뒤로 한 채 시모키타 반도(下北半島)의 서해안 항구, 오마 촌(大間村)의 오코쓰베(奧戶)로 건너갔다. 마침 그 때는 러시아에서 아담 라크스만이 이세(伊勢)의 다이코쿠야 코다유(光太夫)와 그 일행을 데리고 네무로(根室)에 내항하여 일본과 국교를 맺은 직후였다. 마쓰마에에서 오코쓰베로 가는 배 안에는 이에 관한 소문이 한창이었다고 한다. 다음날부터 주변을 둘러보던 스가에 마스미는 "사이(佐井) 마을에서 다케우치 젠우에몬(竹內善右衛門. 원문 그대로 쓰지만 도쿠베(德兵衛)로 써야 올바르다)이라는 자가 낯선 섬에 흘러들어가 거기 사람들과 함께 살았는데 그 후손을 올해 캄사츠카인이 데리고 왔다"라는 소문을 들었다고 했다. 이 내용은《목의 동고(牧の冬枯)》에 나와 있다.

   스가에 마스미는 이 비망록에 약간의 살을 덧붙인 뒤 다시 깨끗이 옮겨 적었다. 그런데 현대어판《스가에 마스미 유람기》를 편집한 우치다 다케시(內田武志)의 말처럼, 그가 사이 촌에서 이야기를 들었을 때가 정말로 칸세이 4년 10월의 일인지에 대해서는 의문점이 남는다. 그러나 잊혀졌던 러시아 표착민에 관한 기억이 서민들 사이에서(거짓말이 많이 섞였다고 해도) 새롭게 되살아나는 감동을 기록한 글인 것만은 틀림없다.

   사이(佐井)의 다케우치 도쿠베의 배가 캄차카 부근에서 조난당한 것은 엔쿄(延享) 원년(1744년)의 일이다. 도쿠베는 기타치 섬(北千島)의 온네코탄 섬에서 죽었고, 남은 16명의 선원들은 캄차카로 보내졌다. 후에 어떤 이는 야쿠츠크에서 통역 일을 했고, 어떤 이는 러시아의 시베리아 개발계획의 일환으로 페테르부르크에 창립된 일본어학교의 선생님이 됐다. 학교는 다시 이르쿠츠크로 옮겨졌다. 선생님이 된 구스케(久助)에게 일본어를 배운 토코로코프, 쿠스케와 러시아인 부인 사이에 태어난 타라페지니노프가 라크스만 일행에 속해 있었다.

　이렇듯 일본에서, 특히 지식인들이 표류에 관심을 가졌던 이유는 무엇일까? 내가 주목하고 싶은 것은 갑자기 유동성을 띠기 시작한 사회 속에서 객지를 떠돌던 지식인의 모습이다. 시바 고칸(司馬江漢)은 텐메이 8년(1788년)에 나가사키의 히라도(平戶)를 방문했다. 그는 히라도의 이키쓰키 섬(生月島)의 산 정상에 서서 바다 저쪽에 있는 중국과 유럽을 꿈꿨다.《강한서유일기(江漢西遊日記)》에서 알 수 있듯이 고칸은 도카이도(東海道)에 가던 도중 에지리(江尻. 시즈오카 현(靜岡縣)의 시미즈 시(淸水市)와 가까운 이하라(庵原)에 잠시 머물며 기요미지(淸見寺. 오키쓰쵸(興津町))를 방문했다. 이 곳에서 하룻밤을 묵은 고칸은 조선인이 쓴 글을 보고 뒷산에 올라 '류큐 인의 무덤'을 바라보았다. 당시 기요미지는 조선통신사의 숙박을 담당했던 절이며, 게쵸(慶長) 15년(1610년)에 시즈오카에서 죽은 류큐 왕자의 묘소가 꾸며져 있었다. 이런 고칸의 행동을 여행의 호기심일 뿐이라고 생각할 수도 있다. 그러나 고칸의 감각에 대한 일정한 인식을 갖고 읽는다면 그냥 지나칠 수 없는 일화임을 알게 된다.

분세이(文政) 원년(1818년)에 나가사키를 방문했던 라이산요(賴山陽)는 네덜란드 배가 축포를 쏘아 올리며 입항하는 모습을 보았다. 라이산요는 네덜란드 어 통역관의 도움으로 데 섬의 의사에게서 나폴레옹의 모스크바 원정 이야기를 듣고는 '네덜란드 선행(荷蘭船行)'과 '프랑스 왕의 노래(佛郎王歌)'를 지었다고 한다. 당시 한시(漢詩)의 주제로 삼기에는 상당히 놀랄 만한 내용이 아닐 수 없다. 그 후 라이산요는 배를 타고 사쓰마에 가던 도중 아마쿠사(天草)에 머물렀고, 이때 유명한 '아마쿠사양에 정박하다(泊天草洋)'란 시를 남겼다.

나는 근세 지식인의 여행이 일종의 자기 확인을 위한 과정이었다는 데에 주목하고 있다. 그들은 해외도항이 금지된 국내에서 국내 전역을 돌아다니며 다른 나라의 땅을 꿈꿨다. 그러한 과정에서 자기 정체성을 확인하려 했다. 근세의 지식인들은 여행을 통해 일본적인 것과 그렇지 않은 것의 경계를 찾아내고자 했다. 이러한 생각은 지식인인 자신이 '특별한 사람'이 되어 백성의 일상성(日常性)에 침입하는 것과 같았다.

분세이(文政) 시대는 불완전했지만 저 멀리 유럽의 나폴레옹 이야기는 전해들을 수 있었던 시대였다. '무엇인가가 바뀌고 있다, 그런데 그것이 과연 무엇일까, 그것이 어떤 의미를 가지고 있을까'라는 의문을 명확하게 풀 수 없는 시대, 곧 과도기이다. 라이산요는 이런 과도기에 존재했던 인물이다. 그는 시인

3-7 라이산요의 비석(구마모토 현 레이후쿠마치)

의 모든 감각을 동원해 자신의 내면을 표현하는 방법 외에 다른 방법은 찾을 수가 없었다. 그가 쓴 '아마쿠사양에 정박하다(泊天草洋)'를 감히 현대어로 풀어 쓰면 다음과 같다.

멀리 보이는 것은 구름인가 산인가, 오(吳)나라인가 월(越)나라인가. 드넓은 하늘과 바다가 만나 가느다란 선을 이루고 있네. 아아, 내가 가는 것을 허락하지 않는 중국 대지여. 이 끝이 보이지 않는 아사쿠사의 바다에 배를 대고 있으려니 어느새 선창 밖으로 해가 저물어가네. 이 웅장한 석양빛을 바라보고 있으려니 순간 커다란 물고기가 튀어 오르고, 이어 달처럼 훤히 빛나는 금성이 배를 밝혀주네.

하늘과 바다가 엇갈리는 곳을 산요는 정말로 보았을까? 바다 저쪽에 갈 수 없는 중국 대륙이 존재하는 것은 틀림없는 사실이었다. 하늘과 바다가 엇갈리는 곳을 중국이라고 생각하면서 그는 닿을 수 없는 먼 존재에 대한 갈망을 부풀렸다. 이로 인한 허무함은 라이산요 자신이 모질게 이어온 '보기 드문 사람'이라는 자리가 갖고 있는 불안과 맞닿아 있기도 했다. 그렇게 생각하지 않으면 이 시 전반부의 상상력과 후반부의 일상성 사이에 놓여 있는 심한 격차를 이해할 수가 없다. 필자가 "내가 가는 것을 허락하지 않는 중국 대지여"란 시구를 삽입했던 것도 바로 그러한 이유에서였다.

일본의 근세 지식인들이 다른 동아시아 세계의 지식인들에 비해 표류기록에 지나칠 정도로 관심을 보인 이유는 그들이 과도기에 놓여 있었기 때문이다.

바다의 신앙

도미야마 가즈유키 豊見山和行

    1999년 10월, 한국의 제주도에서 약 20킬로미터 떨어진 우도(牛島)에 갈 기회가 있었다. 규모가 중간 정도 되는 카페리(car ferry)로 약 25분정도 되는 매우 짧은 선로(船路)였다. 배 조타실에는 세로 50센티미터, 가로 30센티미터 정도 되는 관음화상(觀音畵像)이 걸려 있었다. 통역을 통해 이유를 물어보니 우도와 제주도 사이의 빠른 물살 때문에 안전을 기원하는 뜻에서 걸어두었다고 했다.
    일본의 어선이나 대형 화물선도 조타실이나 갑판에 곤피라(금비라(金比羅). 불교의 수호신으로 비를 오게 하고 항해의 안전을 수호하는 신-역주)의 신단(神壇)을 설치하여 안전을 도모하는 예가 많다. 대부분의 배가 동력선으로 바뀐 현대에 들어서도 항해 사고는 끊이지 않는다. 하물며 나무로 만든 돛단배 시절은 어떠했겠는가? 맹위를 떨치는 자연 앞에서 사람들은 해난 사고를 막기 위해 갖가지 신들을 등장시켰다. 배를 수호하는 항해 수호신은 민족과 지역에 따라 독특한 관념(觀念)으로 지탱돼 왔다.

일본에서는 예컨대 후나다마(船靈)나 에비스 신(神), 곤피라 따위의 각종 항해 수호신이 존재한다. 특정 영역이나 해변·곶 등을 성지(聖地)로 떠받들 듯이 극히 제한된 범위의 항해 수호신이 있는가 하면, 국가나 민족을 초월

3-8 웨이저우 섬(湄洲島) 마조 사당의 마조상
(마조는 중국 남방 연해 및 남양 일대에서 신봉하는 여신-역주)

한 광대한 해역에서 신봉되는 항해 수호신도 있다. 이러한 수호신들은 해상교통과 밀접한 관계를 맺고 있다. 또 선원들이 믿고 있는 종교 형태와도 깊은 연관을 맺고 있다. 제한된 범위에서 수호신을 믿는 형태로는 일본 미야코 섬(宮古島)에서 항해의 안전을 기원하는 '용궁기원'을 예로 들 수 있다.

광대한 해역에서 수호신을 믿는 예로는 인도양 해역을 자유자재로 항해하는 다우선의 히즈르 신앙을 들 수 있다. 이슬람

교도들의 항해 수호자인 히즈르는 오늘날에도 아라비아 해나 인도양에서 계속 배되고 있다. 특히 아랍에서 현세(現世)의 수역(水域)을 주관하는 수호자로서 신격(神格)을 부여받아 배의 난파나 여행객의 수난(水難)을 보호해 주는 존재로 떠올랐다. 광대한 인도양 해역에 히즈르 신앙이 확대된 것은 13~14세기부터이다. 이때는 유라시아 대륙의 카라반(caravane) 체제와 인도양의 해운 체제가 활발해져 광범위한 국제무역이 성행하던 시기다. 상인이나 순례자들이 대이동을 했기 때문에 무엇보다도 항해의 안전이 중요했다.

동아시아에서 동남아시아 해역을 왕래하는 정크 선들은 일반적으로 마조를 신봉했다. 마조는 10세기 경, 지금의 푸젠 성(福建省) 푸티엔 현에 있는 작은 섬 웨이저우 섬(湄洲島)에서 어업이나 항해에 영험(靈驗)이 있다고 알려진 민간 신앙에 뿌리를 둔다. 원·명·청대를 거치면서 중국 연해지방과 대만 등으로 널리 퍼졌고, 수많은 마조 사당이 세워져 중국의 민간 신앙에서 커다란 비중을 차지하게 됐다. 명·청대에는 상인이나 관리들의 해외 왕래가 성행했다. 당시의 풍조를 타고 류큐, 일본, 동남아시아 각지에 마조 신앙이 퍼지면서 마조 사당이 세워졌다. 말하자면 마조 신앙은 중국인의 해외 활동 및 이민 활동과 함께 확대되었다. 예컨대 일찍이 중부 베트남의 주요 교역 항구였던 호이안에 가면 푸젠회관(福建會館) 금산사(金山寺)에 안치된 마조상을 볼 수 있다. 또한 근세 일본의 나가사키에 세워진 고후쿠지(興福寺, 1620년 창건)와 후쿠사이지(福濟寺, 1628년 창건) 역시 마조 신앙이 일본으로 전파됐음을 나타낸다. 가고시마 현 가와나베 군(川邊郡) 가사사쵸(笠沙町)에 사는 하야시가(林家)는 명나라 사람의 후손으로 알려져 있다. 이들 역시 대대손손 자기 집에서 마조상(像)을 모시고 있었다. 마찬가지로 가세다시(加世田市)에는 마조와 그 협사(脇士. 본존의 양측에 서서 부처의 화도(化導)를 돕는 성문(聲聞)과 보살(菩薩)을 말한다-역주)인 순풍이(順風耳)와 천리안(千里眼)(순풍이와 천리안은 본래 나쁜 악령이었는데 마조의 가르침에 감화를 받은 후 선행을 베풀고 세상을 보살폈다고 한다. 대만에는 마조상 옆에 늘 두 신상이 따라다닌다-역주) 신상(神像)을 함께 진열하는 '선보살(船菩薩)'이 전해 내려온다. 이렇듯 규슈(九州) 지방에는 아직도 곳곳에 마조 신앙의 흔적이 남아 있다.

여기에서는 중국 연안, 일본 열도, 그리고 동남아시아 해역과 교차하는 류큐 열도 해역에 존재하는 항해 수호신에 초점을 맞추고, 이제까지의 연구 성과를 발판으로 여러 가지 양상을 검토해 나가겠다.

1. 마조 해역과 류큐 열도

나하(那覇)와 푸저우(福州) 사이의 마조

마조는 천비(天妃), 천비낭낭(天妃娘娘), 천상성모(天上聖母)

따위의 이름으로 불리기도 한다. 중국의 상업이나 해운업의 발달로 항해 수호신으로서 선원들이나 상인들에게 두터운 신앙을 받고 있다. 뿐만 아니라 마조는 역대 중국 황제들로부터 '영혜부인(靈惠夫人)'(1156년), '호국명저천비(護國明著天妃)'(1281년), '천후(天后)'(1684년) 따위에 책봉되었다. 또 황제가 직접 쓴 편액이 마조 사당에 하사되는 등, 관청의 지원을 받아 마조의 신격이 더욱 상승되기도 했다. 명조 때는 다른 여러 나라에 조공을 재촉함과 동시에 현지에서 왕권을 잡은 자에게 왕의 직위를 내려주기 위한 책봉 사절단을 해외에 파견하는 것이 통례였다. 책봉사절단은 항해 중에 난파할 위기에 처했으나 마조의 가호를 받아 무사할 수 있었다는 영이(靈異)하고도 영험한 전설을 많이 남겼다. 명과 청이 교체되던 동란기(動亂期)에는 청조 지배에 저항하는 쩡청공(鄭成功) 세력이나 주이꾸이(朱一貴)의 난을 평정하는 데 마조가 도움을 주었다며 관군(官軍)의 편을 드는 마조의 공적이 세상을 떠들썩하게 했다.

마조는 현재 중국과 대만에서 만능 신으로 추앙받는다. 그러나 본래 마조는 항해 수호신이었고, 지금도 그 성격은 계속 유지되고 있다. 이를 토대로 류큐 열도에서 마조 신앙이 어떠한 형태를 띠고 있는지 살펴보자.

14세기 중반부터 15세기 초에 걸쳐 명조와 조공·책봉 관계를 맺은 신흥 류큐는 1년에 수차례, 이어 2년에 1회에 걸쳐 진공선(進貢船)을 파견했다. 처음에는 명조에서 무상으로 대형 정크 선을 지급받았으나 곧 자력으로 배를 건조할 수 있게 됐다. 류큐의 진공선은 중국 배와 형태가 같았고 푸저우에서 내려오는 배의 관습, 즉 마조 신앙까지도 똑같이 수용하고 있었다. 그런가하면 나하항(那覇港)의 한쪽 구석에는 푸저우 출신자(민족은 푸젠 성에 사는 소수 민족을 말한다-역주)들의 거류지인 쿠닝다(久米村)(唐宋)가 자리 잡고 있었다. 이곳에 머무는 중국인들은 일본을 제외한 중국이나 조선, 동남아시아 여러 나라와의 대외관계를 책임지는 화인집단으로 류큐 왕조와 밀접한 관계를 맺고 있었다. 또한 16세기 이후에는 주로 명·청에서 들어오는 중국 풍속이나 문물의 창구 역할을 했다. 앞에서 언급했듯이 중국과 류큐 왕국의 책봉 관계에 따라 중국은 류큐로 책봉사선(冊封使船, 봉주(封舟)라고 한다-역주)을 두 척 파견했다. 책봉사 일행이 머물렀던 천사관(天使館)이 바로 쿠닝다에 있었다. 쿠닝다에는 쿠미텐비구(上天妃宮)와 시모텐비구(下天妃宮)라는 두 사당이 적어도 1424년에 건립되었고, 류큐에서 마조 신앙의 거점이 됐다. 1756년, 책봉사인 추엔쿠이(全魁)와 일행은 구메 섬(久米島)에서 폭풍을 만나 좌초됐다가 섬사람들의 도움으로 간신히 구조된 적이 있었다. 그들은 마조의 가호로 구출될 수 있었다며 이에 보답하기 위해 류큐에 자금을 제공하여 천후(天后) 사당을 건립하도록 했다. 그 결과 류큐 국에 세워진 마조 사당은 세 곳으로 늘어나게 됐다.

책봉사들이 얼마나 해난사고를 두려워했는지는 그들의 남긴

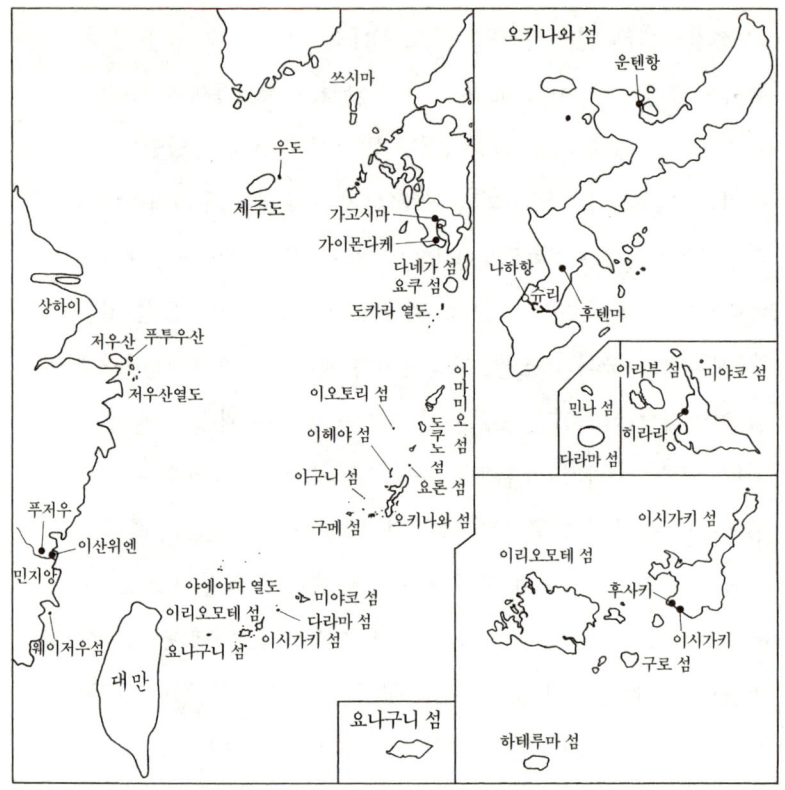

3-9 환지나해와 류큐 열도

책에도 잘 나와 있다. 특히 《사류구록(使琉球錄)》의 '천비령응기(天妃靈應記)' 편에는 책봉사가 천비(마조)에게 도움을 받아 이를 칭송하는 대목이 나온다. 예컨대 1543년에 책봉사인 천칸(陳侃)은 류큐에서 돌아오는 길에 태풍을 만나 돛대가 부러지고 키가 파괴되어 난파할 위기에 처했다. 선원들은 모두 천비의 가호를 필사적으로 기도했다. 그때 마침 붉은 빛이 하늘에서 내려와

배를 보호해 주더니 이튿날에는 한 마리 나비가 배 주위를 날아다녔고, 또 황금색 참새가 날아와 돛대에 앉았다. 서원들은 이를 마조의 화신으로 여겼고, 천칸 일행은 거센 물결과 센 바람을 넘어 푸저우에 무사히 귀환할 수 있었다. 이러한 천비의 가호와 영험을 드러내어 밝히는 일은 역대 책봉사들에게 계속 이어져 내려왔다.

류큐에서 푸저우로 파견된 진공선 역시 마조를 모셨다. 1844년에 실시한 마조 승선 의식은 다음과 같다. 중국으로 가려던 관리들은 5월에 슈리성(首里城)에서 국왕을 배알(拜謁)하는 '다비미하이(旅御拜)', 나하의 구미텐비구에 참배하는 '보사쓰(마조)미하이(菩薩御拜)'를 행했고, 나하에 있는 절과 신사를 순례(順禮)했다. 6월에는 슈리에 있는 기코에오오키미우돈(聞得大君御殿. 기코에 신녀 저택)과 미히라오아무시라레(三平等大阿母志良禮)(기코에는 류큐의 최고 신녀(神女)이며 밑으로 류큐 전역에 퍼져 있는 신녀들을 관할하는 세 명의 신녀 '미히라'가 있다. 미히라오아무시라레는 그 신, 또는 신녀들의 저택이다-역주)에 찾아가 항해의 안전을 기원하는 '미히라의 리츠간'을 행했다. 그리고 중국으로 건너가는 사람들의 명부(名付)를 작성한 뒤, 마조상(像)을 진공선에 운반하는 '보살어승선(菩薩御乘船)'을 행했다.

마조에 대한 실제 배례(拜禮) 상황을 알아보기 위해 푸저우로 건너가 책봉사를 영접한 마에자토(眞榮里)의 일기를 잠시 살펴보자. 1865년, 마에자토와 일행은 관례대로 중국에 건너갈 준비를 끝내고 배에 올랐다. 그 해 10월 7일에 순풍이 불어 나하를 출항했다. 배의 고물에 서서 멀리 슈리성을 향해 절을 올리고, 이어서 '어선보살가나지(御船菩薩加那志)'(배의 마조님)에게 절을 올렸다. 10월 15일에 파도가 거칠어지기 시작하자 선보살(船菩薩)을 향해 '삼백편경(三百篇經)'《천비경天妃經》)을 처음부터 끝까지 읽고, 밤부터 다시 파도가 거세져 선보살을 '어취차(御取次)'(매개)로 하여 푸저우 민지앙(閩江蟲) 연안의 이산위엔(怡山院)과 '미야노 우에' 천후궁(天后宮)에게 '대어삼미지어결원(大御三昧之御結願)'(성대한 공물을 약속)하며 평안을 기원했다. 이들은 무사히 푸저우에 도착했다. 이산위엔에서는 10월 19일에, '궁의상' 천후궁에는 11월 18일에 '대어삼미(大御三昧)'를 바쳐 기도를 끝냈다. 책봉사인 자오신(趙新), 위광지아(于光甲)와 그 일행의 봉주(封舟)에 마에자토도 승선하여, 다음 해 5월 민지앙을 내려가 6월 5일에 이산위엔 천후궁에서 책봉사에 의한 배례를 행하고, 이어 외양(外洋)으로 출항했다. 같은 달 12일에 구메 섬 부근에서 바다가 너무 잠잠하여 배가 나아가지 않자 책봉사는 선보살에게 기원을 올리는 등, 사소한 일에도 마조에게 기원을 올리는 모습을 볼 수 있다.

나하와 가고시마 사이의 마조, 그리고 수호신

한편, 나하와 가고시마의 왕래에도 진공선과 거의 같은 형태의 정크 선을 사용했다. 진공선을 일부 개조하거나 새로 건조

3-10 선보살, 중앙은 마조, 왼쪽은 순풍이, 오른쪽은 천리안 (가세다시 향토자료관(加世田市鄕土資料館) 소장)

한 이 배를 카이센(檞船)이라고 부르며, 마찬가지로 마조를 안치했다. 1762년, 가고시마로 향했던 카이센은 시코쿠(四國) 도사(土佐)에 표착했다. 그 당시를 기록한 《대도필기(大島筆記)》에는 천비(마조)를 '주보살(舟菩薩)'로 모셔 숭배했고, 만약 위험이 있더라도 무사히 목적지까지 도달하게 해주면 편액을 걸어 은덕에 보답하겠다는 기원 내용이 나와 있다.

이렇듯 나하와 푸저우 사이, 나하와 가고시마 사이를 오가던 진공선과 카이센은 중국 배와 마찬가지로 마조(선보살)를 항해 수호신으로 모시고 있었다.

이렇듯 마조는 중국 배, 또는 중국식 배의 항해 수호신으로 잘 알려져 있었다. 하지만 꼭 마조만을 신봉하지는 않았다. 구체적인 예를 들면, 1785년 푸저우의 민간 상선이 아마미오 섬(奄美大島)에 표착한 일이 있는데, 이 배의 적재물에는 천후낭낭상(像) 하나, 관음보살상 하나, 천리안 장군상 하나, 순풍이 장군상 하나가 포함돼 있었다. 1802년, 야에야마(八重山)에 표착한 쉬산관(徐三貫. 푸젠 성 취안저우 통안 현(同安縣))의 배는 언제나 관음불조(觀音佛祖), 천후성모의 제사를 지냈고, 또 관음과 마조 등 모든 신을 위해서도 향을 피워 제사를 지냈다고 한다. 그런데 1816년, 아구니 섬(粟國島)에 표착한 주페이산(朱沛三. 티엔진 부(天津府) 티엔진 현(天津縣))의 배는 관음보살에게만 제사를 지냈다. 마조와 상관없이 관음보살만을 모시던 티엔진의 배도 존재했다.

중국 불교계의 4대 명산 중 하나인 푸투오 산(普陀山)은 저장성 동북부의 저우산 열도(舟山列島)에 자리 잡고 있다. 이 산은 10세기 이후부터 관음 신앙의 영지(靈地)로 추앙받았다. 청대에는 푸투오 산도 웨이저우 섬(湄洲島)의 마조 사당과 마찬가지로 많은 어선과 상선의 선원들이 들러 항해의 안전을 기원하는 성지(聖地)로 떠올랐다. 앞에서 예로 든 티엔진의 배는 푸투오 산의 관음 신앙과 무관하지 않다. 항해의 수호신으로 마조뿐 아니라 관음을 모시기도 했고, 항해 수호신의 2대 거점이 모두 육지 건너편의 작은 섬이라는 사실은 매우 흥미롭다.

2. 관음 해역과 류큐 열도

관음과 류큐 왕권

당선(唐船. 중국의 배나 중국 양식으로 건조한 배-역주)에서 관음이 항해 수호신 중 하나였듯이 류큐 열도에서도 이와 똑같은 신앙 형태를 찾아볼 수 있다. 류큐에서 어떻게 관음 신앙을 수용했는지에 대해서는 분명한 못한 점이 많다. 그러나 적어도 17세기 초에는 왕도 슈리(首里)나 교역 항구를 끼고 있는 나하의 많은 절과 신사에서 관음을 모셨고, 어느 정도 관음 신앙이 류큐 사회에 전파돼 있었다고 볼 수 있다. 1603년부터 1606년까지 류큐에 체류한 다이츄(袋中) 스님은 류큐의 신불(神佛)이나 고유 신앙의 상황을《류구신도기(琉球神道記)》에 기록했다. 여기에는 관세음보살장(觀世音菩薩場)에는 소우겐지(崇元寺), 지온지(慈恩寺), 고토쿠인(五德院), 료소지(龍翔寺), 쵸온지(潮音寺), 다이토쿠지(大德寺), 니시라이인(西來院), 세타이지(淸泰寺), 게린지(桂林寺), 후쿠쥬지(福壽寺)를 열거했고, 천수관음도장(千手觀音道場)에는 료가지(楞伽寺), 센주인(千手院)을 열거했다. 관음도장과 항해 안전을 위한 신앙을 직접 결부시키는 사료는 없다. 그러나 항해 수호신으로서의 관음 신앙을 1610년대에는 확인할 수 있다. 시기는 분명하지 않지만 타이츄 스님이 류큐에 건너가기 전에 이미 관음 신앙이 항해 수호신으로 류큐에 뿌리내렸을 가능성이 크다.

근세 류큐에서는 중국이나 일본으로 여행을 떠날 때 항해 안전을 기원하는 절의 하나로 슈리관음당(首里觀音堂)이 있었다. 절을 조영(造營)한 이유는 왕권과 밀접한 관계가 있다. 1609년, 시마즈 이에히사(島津家久)의 군대에 패한 류큐 국은 왕족이나 슈리 왕부의 고관들을 사쓰마번에 인질로 보내야 했다. 인질 중 하나였던 쇼호(尚豊. 후에 국왕이 된다)가 1616년에 가고 섬에 갔을 때, 그의 아버지 쇼큐(尚久)는 천수안보살(千手眼菩薩. 천수관음)당에서 아들의 무사귀환을 기원했다. 쇼호가 하루빨리 돌아오기만 한다면 반자이레이(万歳嶺) 중턱에 새로 '관음대사당(觀音大士堂)'을 지어 우러러 받들겠다고 기도했던 것이다. 그해 겨울, 쇼호가 무사히 귀국하여 쇼큐는 소원을 성취할 수 있었다. 그리고 이듬해 천수관음과의 약속을 지키기 위해 관음대사당을 지었고, 이후 슈리관음당은 항해의 안전을 기원하는 곳으로 추앙을 받았다.

류큐는 왕권과 종교의 관계가 매우 밀접한 곳이었다. 항해 수호와 관음 신앙을 중심으로 간단히 설명하면 다음과 같다. 지금까지의 연구에서도 알 수 있듯이 국왕이 직접 신사나 예부터 내려오는 성역인 우타키(御嶽. 우타키란 마을을 지켜주는 신에게 제사를 지내거나 소원을 빌었던 매우 신성한 곳이다-역주)에서 참배를 올리며 항해의 안전을 기원하는 의식은 연중행사 중 하나였다. 예컨대 진공선이 출항하기 전에는 슈리성 근처의 벤가다케(弁が嶽), 벤자이텐도(弁財天堂), 스에요시구(末吉宮), 시키나칸노도

(職名觀音堂), 그리고 멀리 있는 후텐마구(普天間宮)에 가서 참배를 올리며 항해의 안전을 기원했다.

그러나 왕권과 관음 신앙의 관계는 항해 수호의 측면에만 한정되지 않는다. 연대는 확실하지 않지만 구메 섬에서 자신의 영토에 관음당을 건립하고 싶다는 의사를 왕부에 알렸던 사람이 있었다. 왕부는 이를 거부하면서 다음과 같은 내용의 회답을 보냈다. "애초 관음당이 당지(當地. 오키나와 섬)에 건립되어 국토 안위를 위해 국왕 스스로가 참배를 올리고 있으며 그 영광(靈光. 왕의 은덕을 비유하는 말-역주)은 멀리 있는 섬들에까지 두루 미치고 있다. 때문에 개별로 당(堂)을 지어 숭배할 필요는 없다. 국왕의 기원 위광(威光. 감히 범하기 어려운 위엄과 권위-역주)을 받들도록 하라."('류큐 자료-하(下)') 국왕이 직접 기원을 올리고 그 은덕이 섬 지방에까지 두루 미친다는 독특한 왕권 관념이 회답 속에 드러나 있어 흥미롭다. 또한 회답 속에는 국왕의 기원 목적이 '국가안위'에 있음을 알 수 있다. 곧 나라를 지키기 위해 관음이 숭배되었고, 국왕이 항해 안전을 기원하는 일은 바로 그 일환이었음을 말해준다.

오키나와 섬 남서쪽의 항해 수호신과 기원문(願文)

오키나와 섬 남서쪽에 자리 잡은 미야코 섬(宮古島)과 야에야마 열도(八重山列島)에서 관음과 항해 수호가 어떤 관계에 있었는지 살펴보자.

미야코 섬에 창건된 관음당은 한 관리의 개인 신앙에서 비롯됐다. 옛날, 신자토 윤츄(新里與人)는 오키나와 섬에서 돌아오는 길에 관음상을 하나 구했다. 그는 관음상을 집에 모셔두고 오랫동안 섬겼다. 그리고 그 손자가 1684년에 슈리 왕부에 관음당의 건립을 요청해 허가를 얻어냈다. 그러나 왕부는 아무런 지원을 해주지 않았다. 결국 관음당은 1699년이 돼서야 완성되었다. 미야코 관음당은 미야코 섬의 가장 주요한 항구인 하리미즈 항(張水港) 근처에 세워졌고, 이곳 관음 신앙의 거점이 됐다.

한편, 야에야마 열도에서도 관음당을 짓고 싶다고 왕부에 요청을 했다. 그러나 결과는 미야코 섬과 달랐다. 1730년, 야에야마 영주는 왕부에 이렇게 고했다. "십일면관음은 특히 여행에서 무사귀환을 관장하는 해상 수호신입니다. 고로 지난해에 그 목상(木像) 하나를 들여와 지금 토린지(桃林寺)에 모셔 두었는데 이번에 새로 당(堂)을 지어 숭상하고 싶습니다." 그러나 왕부는 그대로 토린지에서 숭상하라며 신당의 건립 요청을 받아주지 않았다. 그 이유는 확실하지 않지만, 적어도 십일면관음을 항해 수호신으로 인식했다는 사실은 분명하다. 이시가키 섬(石垣島)의 후사키(富崎)에 독립된 관음당이 건립된 것은 1742년의 일로, 왕부의 지원이 없어 지역 관리의 경제적 원조를 받아야 했다.

이처럼 미야코와 야에야마에서 특히 지역 관리의 도움으로 관음당이 건립될 수 있었던 이유는 무엇일까? 지역 관리의 공무가 항해와 관련돼 있었기 때문이다. 각 섬의 관리들은 왕부로 공물을 실어 나르기 위해 이시가키와 나하 사이, 히라라와 나하 사이를 자주 왕래해야 했다. 이는 오키나와 섬 주변에 있는 구메 섬이나 이헤야 섬 등도 마찬가지였다.

류큐는 중국(푸저우)·일본(가고시마)과 왕래했을 뿐 아니라, 류큐 열도 내의 각 섬들을

3-11 미야코 섬(宮古島) 히라라시(平良市), 후나타테 우타키(船立御嶽)의 백의관음상(白衣觀音像)

통치할 때도 해운 교통체제를 이용해야 하는 도서국가(島嶼國家)였다. 따라서 각 섬들과 나하의 왕래는 빈번할 수밖에 없었다. 그렇다보니 중앙에서 파견된 관리는 물론이고 각 섬들의 관리도 항해의 안전을 매우 중요하게 생각했다.

미야코 섬과 야에야마 섬의 관리들이 쓴 항해안전 기원문(祈願文) 중 몇 가지가 아직 남아 있다. 미야코 섬에서의 기원 대상으로는 신불 계통의 콘겐(權現. 일본에서 부르는 신의 칭호 중 하나. 부처나 보살이 중생을 구하기 위해 일본에 임시로 나타났다고 믿는 사상에 기인-역주), 토착신 계통의 하라미즈 우타키이베(張水御嶽威

部. 이베는 우타키 안의 신성한 영역을 말함-역주), 킨스카 우타키(金志川御嶽) 등이 있다. 야에야마에서의 기원 대상은 마찬가지로 신불 계통의 관세음대보살(觀世音大菩薩), 오콘겐(大權現), 토착신 계통의 나가사키 우타키이베(長崎御嶽威部), 미사키 우타키(美崎御嶽), 마이츠바 우타키(真乙姥御嶽老) 등이 있다. 기원문에는 이러한 기원 대상에게 향과 꽃 따위를 바치며 무사 항해를 기원했다고 나와 있다. 야에야마의 토착신에 대한 기원문에는 '오키나와 언어'(류큐어)로 된 문언도 기재돼 있다.

이러한 항해 안전 기원의 원문(願文)을 통해 당시 사람들이 신불과 토착신을 함께 믿었음을 알 수 있다. 이러한 현상이 꼭 국왕시대에만 나타난 것은 아니다. 미야코 섬의 후나타테 우타키(船立御嶽)에는 높이 20센티미터 정도의 백의관음상이 작은 콘크리트 사당에 안치돼 있다. 이처럼 오늘날에도 토착신과 관음이 조화를 이루고 있는 모습은 쉽게 찾아볼 수 있다.

3. 항해 수호신으로서의 기코에 오키미(聞得大君)

난파시의 기원과 기코에 오키미

관음이나 곤겐, 그리고 류큐의 토착신에 대한 항해 안전 기원은 앞에서 설명한 바와 같다. 그렇다면 출항하기 전에 기원을 올렸음에도 폭풍우를 만나 난파 위기에 처한 배들은 과연 어떻게 대처했을까? 지금부터 구체적으로 살펴보자.

1819년, 운텐 아지쵸에이(運天按司朝英)는 왕부의 명을 받고 사쓰마번주 시마즈 나리오키(島津齊興)의 중장(中將) 승진을 축하하는 사자(使者)로서 가고시마에 파견됐다. 그는 관례대로 먼저 기코에 오키미(聞得大君) 신전과 미히라(三平等)의 신전에 들러 무사히 항해를 끝마칠 수 있도록 기원했다. 이어서 사쓰마 배에 올라 승선의례(乘船儀禮)를 마치고, 나하 항을 출발했다. 때는 7월 15일이었다. 도중에 순풍을 기다리기 위해 오키나와 섬의 북부에 있는 운텐 항(運天港)에 들렀고, 세 차례나 출항을 시도한 끝에 마침내 순풍을 만나 바다로 나갈 수 있게 됐다. 그러나 이오토리 섬(硫黃鳥島) 근해에서 거센 비바람을 만나 그만 돛대에 문제가 생기고 말았다. 파도가 하늘을 찌를 듯하여 배가 침몰될 위기에 몰리자 선원들은 배에 싣고 있던 짐을 바다에 내던지기 시작했다. 7월 30일에 선원 전원이 머리카락을 자르고 하늘에 기도를 드렸지만 풍랑의 기세는 꺾일 줄 몰랐다. 9월 1일에 운텐은 향을 피우고 기코에 오키미에게 절을 올린 뒤 "배에 탄 모든 이가 기코에 오키미의 보살핌으로 무사히 귀국할 수만 있다면 류히(竜樋)의 물을 신전 아래에 봉헌하고 싶다"고 기원했다. 그러나 다음 날이 돼도 날씨는 좋아질 기미가 보이지 않았다. 그러자 운텐은 이번에는 후텐마콘겐(普天間權現)에게 절을 올렸고 무사히 귀환하는 날에는 7일간 참배하며 향을 피우겠다고 기원했다. 같은 달 5일, 풍랑은 더욱 맹위를 떨쳤다. 결국 선원들은 돛대를 잘라 배가 뒤집히는 것을 막았지만 이제는 표류 위기에 처했다. 게다가 마실 물도 점차 떨어져 하루에 두 잔 이상은 마실 수가 없었다. 8일에 운텐은 다시 향을 피워 벤자이텐(弁才天)에게 절을 올려 기원을 했고, 다음 날에는 덴손(天尊)에게 절을 올리며 무사히 귀환하는 날에는 종일토록 향을 피우겠노라고 기원했다. 17일이 돼서야 날씨가 수그러들기 시작했다. 때마침 섬이 보여 마실 물을 확보하기 위해 상륙했지만 물은 없었다. 다시 순풍을 기다리던 도중 갑자기 불어 닥친 폭풍에 배가 휩쓸리고 말았다. 다행히도 24일에 요나구니 섬(與那國島)에 표착하여 구조될 수 있었다. 그 후 운텐과 일행은 무사히 오키나와 섬에 귀환했다. 운텐 아지쵸에이와 일행은 멀리 남서 해상까지 떠내려갔다가 돌아온 셈이다.

   난파 위기에 몰린 운텐 아지쵸에이와 일행이 행한 기원은 다음과 같다. 첫째, 머리카락을 자르고 하늘에 기도를 올렸다. 둘째, 기코에 오키미에게 기원을 올렸다. 셋째, 후텐마콘겐에게 기원을 올렸다. 넷째, 벤자이텐에게 기원을 올렸다. 다섯째, 덴손에게 기원을 올렸다. 이처럼 류큐의 여러 신불(神佛)에게 차례로 기원을 올렸다. 여기에는 마조(천비)도 관음도 등장하지 않는다.

   또 다른 사례를 보자. 1894년, 증기선인 네세이간(寧靜丸)을 타고 이시가키 섬에서 오키나와 섬으로 떠났던 야에야마 섬의 수령 미야라 페친(宮良親雲上)의 일기에 다음과 같은 내용이 있다. 1894년 6월 29일에 이시가키 섬을 출항했는데 7월 4일에 바다가 매우 거칠어졌다. 증기선에 연료조차 보급할 수 없을 정도로 폭풍은 심했고, 배 일부가 파괴돼 표류하는 신세가 됐다. 그 때 미야라는 "배가 가야할 방향을 잃었습니다. 어디든 배가 닿을 수 있도록 부디 저희를 보호하소서" 하고 후텐마콘젠, 슈리관음당, 오키오테라(沖寺. 나하의 린카이지(臨海寺)), 나미노우에(겐곤)에게 소원을 빌었다. 그러나 풍랑은 더 거세어졌다. 침몰 위기에 몰리자 이번에는 정말 구사일생을 바라며 '향우타키, 벤자이텐, 벤노노타키(모두 슈리에 있는 우타키)', '메노신(나하 항 근처 관음상이 안치돼 있다)'을 향해 기도를 올렸고, 머리카락을 잘라 제사를 지냈다. 또한 기코에 오키미우돈(聞得大君御殿)에 슈리성 류히(竜樋)의 물을 바쳐 올리겠다고 기원한 뒤, 배에 싣고 있던 짐을 바다에 내던졌다. 마침내 바다가 잠잠해져 미야라와 일행은 무사히 나하로 입항할 수 있었다.

　이렇듯 조난을 당했을 때는 침몰을 피하기 위해 짐을 버려 선체를 가볍게 했고, 돛대도 절단하고, 신불에 기원도 올렸다. 기원을 올릴 때는 위의 사례와 같이 머리카락을 자르는 의식이 일반적이었다. 본래 이러한 기원 양식은 일본 배에서 아주 흔하게 볼 수 있다. 이러한 사례를 통해 류큐의 배도 이와 다르지 않았다는 사실을 확인할 수 있다. 또한 당선(封舟)이 조난을 당했을 때도 이와 비슷한 기원 양식을 보이고 있으므로 류큐, 중국, 일본의 배가 공통적으로 갖고 있는 풍속이라 단정 지어도 무방하다.

'류히(竜樋)의 물' 헌상(獻上)의례

류큐의 토착 신앙인 '노로·쓰카사(神女. 노로는 오키나와에서 부락의 제사를 맡는 세습 무녀를, 쓰카사는 미야코 섬이나 야에야마에서 신봉하는 신녀를 뜻한다. 이러한 신녀를 가리켜 모두 '노로'라고 했다-역주) 신앙'의 정점에서 군림했던 신녀는 기코에 오키미였다. 기코에 오키미는 자매가 형제를 가호한다는 오나리카미 신앙의 관념 속에서 태어난 노로·쓰카사나 촌락보다 넓은 영역을 통괄하는 지역 신, 예컨대 미야코·야에야마의 오아무(大阿母), 구메 섬의 친베(君南風) 등을 통괄하는 류큐 국가 최고의 신녀였다.(오키나와에서는 자매를 '오나리'라 부르고 형제를 '에케리'라 부른다. 그런데 이 지역에서는 오나리가 에케리보다 영적으로 더 우월하다는 신앙이 널리 퍼져 있었고, 후에 각종 의례가 생겨났다. 한편, 류큐 왕국은 대외적으로 중국의 책봉의례를 통해 정통성을 인정받았고, 내부에서는 신녀조직이 왕권을 지탱해 주었다. 최고 신녀인 기코에 오키미는 국왕의 여자 형제이기도 했다-역주) 지금까지의 연구에서도 잘 알려져 있듯이 기코에 오키미는 류큐 국가의 안녕, 국왕이나 왕족의 장수와 번영, 나라의 풍년, 그리고 중국, 일본, 미야코·야에야마 등을 왕래하는 모든 류큐 배의 항해 안전을 위해 매년 정기적으로 기원제를 지냈다. 그리고 하부조직인 촌락의 노로·츠카사나 오아무와 같은 신녀들은 지역별로 마찬가지의 기원 기능을 나누어 가졌다. 항해 안전을 기원하는 일도 노로·쓰카사와 같은 신녀들에게는 매우 중요한 직무였다. 예컨대 하라미즈 우타키, 비쓰시 우타키(廣瀨御嶽), 오지로 우타키(大城御嶽) 등에서는 배의 항해 안전을 위해, 그리고 항해하는 배의 소원 성취를 위해 기원제가 행해지기도 했다.

기코에 오키미가 국가의 안녕과 항해의 안전을 기원하는 존재였다는 사실은 그동안 많이 지적된 이야기다. 그러나 그 성격에서 관해서는 별로 언급된 바가 없다. 사실 기코에 오키미는 그 자체가 기원의 대상, 곧 항해 수호신으로서 널리 신봉됐다. 그것은 앞에서 언급한 운텐이나 미야라가 난파 위기에 몰렸을 때 기코에 오키미우돈에 류히의 물을 헌상하겠다는 내용만 보아도 쉽게 알 수 있다.

또한 조난 시에 기코에 오키미우돈에 소원을 빌었던 배는 비단 류큐 배만이 아니었다. 사쓰마 번과 류큐 국을 왕래하는 사쓰마 배(야마토선(大和船)이라 부름) 역시 마찬가지였다. 그 사례를 들어보자. 1855년, 야마토선의 선장인 기혜에(喜兵衛)는 미야코 섬의 조공을 운송하기 위해 류큐로 향하던 중 거친 파도를 만났다. 기혜에는 기코에 오키미우돈에 기원제를 올렸고, 무사히 나하에 도착할 수 있었다. 이에 감사를 드리기 위해 기혜에는 선원 2명과 함께 '류히의 물 한 짐, 청동 백 필(靑銅百疋)'을 바쳤고, 나하 수령에게 결원(結願) 의례를 신청하여 허가를 받았다.

3-11 슈리성 서천문(瑞泉門) 아래의 류히와 그 물

기헤에의 행위는 그리 특별하지 않았다. 야마토선의 선장들이 류히의 물을 헌상한 사례를 곳곳에서 찾아볼 수 있기 때문이다. 이는 류큐 해역에서 류큐 배(류큐 인)뿐 아니라 야마토선(사쓰마인)도 마찬가지로 기오에 오키미를 항해 수호신으로 섬기고 있었음을 말해 준다.

기코에 오키미우돈에 류히의 물을 바치는 결원 의례는 양식화되어 있었다. 이러한 양식은 미야코·야에야마 지역과 오키나와 섬을 왕래할 경우의 공무를 규범화한 '지선공사장(地船公事帳)'에 규정돼 있다.

'지선공사장'에 따르면, 미야코·야에야마로 건너가는 공용선(公用船)이 항해 도중에 키코에 오키미오돈에 기원을 올려 결원을 요청할 경우에는 날짜와 예배 인원수를 서면으로 제출하여 왕부 고관인 산시칸(三司官)에 알린다고 했다. 그리면 왕부에서 기코에 오키미의 가정(家政) 기관에 배례(拜禮)의 날짜가

좋으냐고 묻고, 그 결정을 서면으로 산시칸에게 회답한다. 산시칸은 항상 마지막에 국왕의 인가를 받아야만 한다. 결원 날짜가 결정되면 나하의 관리가 신청자에게 결과를 알려주고, 결원 전날에 예행연습을 한다.

결원 날이 되면 류히의 물을 뜨고 싶다는 취수요청(取水要請)이 슈리 성의 의례 담당자에게 전달되고, 국왕이 이를 허락한다. 물을 뜨는 용기는 전날 관계 부서에서 먼저 살펴보고, 기타 공물을 담는 도구는 기코에 오키미우돈에서 빌려 쓴다. 결원을 올리는 이들은 하얀색 옷을 입고 소매는 동여매며, 비녀(冠)이 벗겨지지 않게 상투를 틀어 꿰는 비녀-역주)를 뺀 뒤에 류히에 모인다. 성수를 뜨면 기코에 오키미우돈의 정원에 가져가서 우돈 관리에게 넘겨주고, 우돈 관리는 이를 우돈 정면 계단에 둔다. 이때 결원을 올리는 이들은 서서 절을 올린다. 또한 흰색 옷에서 조의(朝衣. 일반적으로 의례시의 정장)로 갈아입고, 우돈에 들어가 꽃을 장식하고 술을 진상한 뒤 다시 정원으로 나온다. 우돈의 우테다(御日. 태양신), 우치치우메(御月御前. 달의 신), 우히바치우메(御火鉢御前. 불의 신)께 배례를 올리면 결원 의례가 모두 끝난다. 그리고 별실(別室)에서 의례에 사용했던 음식, 술, 차 등을 차려놓고 함께 먹는다.

이상이 류히의 물 헌상에 관한 의례 양식이다. 바다 위에서 어려움을 극복하고 감사의 뜻을 표시하기 위해 행했던 결원 의례가 매우 질서 정연하게 규정돼 있음을 알 수 있다. 바꿔 말해

3-12 류큐 인들이 가고시마의 히라키키 신사(枚聞神社)에 봉납한 편액

면 그만큼 류히의 물 헌상 의례가 많이 치러졌음을 뜻한다. 또한 결원 날짜나 성수의 취수에 왕의 재가가 필요했다는 것은 결원이 기코에 오키미와 기원을 올리는 사람들의 관계를 넘어 왕권과 결부돼 있었음을 암시한다.

더욱 흥미로운 점은 앞에서 말한 야마토선의 선장들도 헌상 의례를 치렀다는 사실이다. 정치적으로 사쓰마 번과 류큐 국은 지배와 종속 관계에 있었다. 그런데도 류큐의 해역을 왕래하던 사쓰마 번의 배들은 기코에 오키미의 가호를 바랐던 점에 있어서는 류큐의 배와 전혀 다르지 않았다. 그런가 하면 앞에서 말한 《대도필기》의 기록처럼 류큐 배가 가고시마로 가던 도중 조난을 당했을 때 기원을 올렸던 사람들은 편액을 만들어 봉납하겠다고 약속했다. 이 약속의 실행 여부는 가이몬다케(開聞岳)의 산기슭에 자리한 히라키키 신사(枚聞神社)에 류큐 인들이 봉납한 수많은 편액을 통해서 확인할 수 있다. 류히의 물 현상 의례, 그리고 편액의 봉납 등은 항해 수호신과의 계약 이행이라 해석할 수 있다.

끝으로

동아시아에서 동남아시아에 걸친 해역에는 영험하다고 알려진 항해 수호신으로서 마조와 관음 등이 존재했다. 지금까지의 연구에 따르면 관음 신앙의 해역은 한반도, 일본, 중국 연안, 그리고 인도까지 그 영역이 확대돼 있다. 또한 우리가 살펴본 바와 같이 류큐 열도에서도 마찬가지로 관음 신앙이 항해 수호신으로 널리 전파돼 있었다. 따라서 관음 신앙이 아시아 해역에서 보편적인 항해 수호신으로 존재했으며, 류큐 열도의 관음 신앙은 그 일환으로써 존재했다고 해석할 수 있다.

마조 신앙의 해역은 중국 연안, 일본 열도 일부, 류큐 열도 일부, 그리고 화인(華人)사회가 퍼져있는 동남아시아 지역의 해역이다. 마조 신앙은 중국 사회와 밀접한 관계를 맺고 있지만 관음의 해역에 비하면 조금 한정되어 있다. 다우 선의 해역이 히즈르의 해역이었듯, 당선(唐船)의 해역은 곧 관음과 마조의 해역이었다. 그리고 본문에서는 언급하지 않았지만 일본 배에서는 후나다마(船靈/船玉) 신앙이 나타났고, 일본 열도에서 류큐 제도의 일부에까지 퍼져 있었다. 일본의 항해신인 후나다마의 해역은 일본 열도에서 류큐 열도에 걸친 한정된 영역이었다.

그리고 류큐 고유의 항해 수호신은 기코에 오키미였다. 그런데 기코에 오키미가 보살폈던 해역은 류큐 열도의 노로·쓰카사 신앙권과 중복되어 지역적으로 한정된 해역의 항해 수호신이었다고 할 수 있다. 류큐 제도 해역은 관음, 마조, 후나다마, 그리고 류큐 고유의 기코에 오키미라가 함께 존재했던, 항해수호신이 중복된 곳이었다. 국가와 민족을 넘어 교류·교착하는 해역세계의 특징이 항해 수호신을 중복시켰다. 또한 공통된 항해 수호신에 대한 관념은 물론 개성 있는 지역 고유의 항해 수호신을 만들어냈다.

제4장

이동과 교류

길이 이끄는 대로 가지 마라.
길이 없는 곳으로 가라. 다져 놓은 길을 피하라.
- 랄프 왈도 에머슨(Emerson Ralph Waldo)

앞 사진 | 구메 섬

종족 네트워크

세가와 마사히사 瀨川昌久

1. 중국 동남부에서의 '종족' 발달

이번 장에서는 바다를 향해 열려 있는 중국 동남부, 푸젠(福建)과 광둥(廣東) 사람들이 수백 년간 이어온 해외 활동이 고향 사회, 특히 종족(宗族)의 발달과 변화에 미친 영향에 대해 알아보고자 한다. 예전에는 종족이라고 하면 농지의 개발을 바탕으로 형성된 조직이라는 인식이 강했다. 따라서 국내의 농업 이주나 입식(入植) 활동과 관련해서 종족의 형성을 탐구하려는 연구가 주류를 이루었다. 이러한 '농본주의적' 종족연구는 육로를 통한 이주 역사나 내륙의 수계(水系. 지표의 물이 점차로 모여서 같은 물줄기를 이루는 계통. 수계의 주체는 하천이지만 호수와 늪도 이에 포함된다-역주) 개발에 대해서는 활발하게 분석했다. 하지만 바다 또는 해로(海路)를 통해 국외와 맺은 밀접한 관계가 종족의 형성과 번성에 어떠한 영향을 끼쳤는지에 대해서는 단편적인 연구를 했을 뿐이었다. 이번 장에서는 바로 이 점에 초점을 맞추어 종족의 본질을 다시 생각해 보고자 한다.

'종족'이라는 단어가 무엇을 뜻하는지 정확하게 말 할 수 있는 사람이 얼마나 될까? 종족이란 중국인의 혈연조직을 가리키는 말이다. 중국의 혈연제도는 일본에 비해 아버지에게서 아들로 이어지는 부계(父系) 계승을 철저하게 지키고 있다. 따라서 종족도 부계의 혈연만으로 이루어진 집단을 말한다. 특히 종족이 발달한 중국 동남부(푸젠 성, 광둥 성 등)에서는 수백 년 전의 공통 시조에서 갈라져 내려온 동성(同姓) 자손들로 마을이 형성되는 경우가 많았다. 단일 종족 구성원으로 구성된 촌락에는 같은 선조의 위폐를 모신 사당(祠堂)이 들어서 있고, 선조 때부터 내려오는 계보를 적은 족보(族譜)가 대물림되었다. 또한 촌락의 장로가 중심이 되어 선조를 위해 제사를 지내기도 한다.

같은 중국이라도 지역에 따라 조금씩 차이가 난다. 상하이나 난징(南京)이 속해 있는 화중 지방과 베이징이 속한 화북 지방에서는 종족이나 부계 혈연을 당연시해도, 일족이 모여 마을을 형성하거나 선조의 묘·사당에서 대대로 제사를 지내는 일은 어지간한 명문가가 아닌 이상 찾아보기 힘들다. 애초 중국의 북방 지역은 대부분 한 마을에 몇 십 개의 성씨가 뒤섞여 살았다. 때문에 푸젠이나 광둥처럼 일족이 한데 뭉쳐 사는 '단성촌락(單姓村落)'이 매우 드물다. 그러나 중국 동남부 지역에서는 몇 백 명, 몇 천 명, 때로는 몇 만 명의 부계 혈연자가 하나의 지역사회를 형성했고, 이는 그리 드문 일이 아니었다.

20세기 중반에 사회주의를 바탕으로 토지개혁과 농업 집단화가 이루

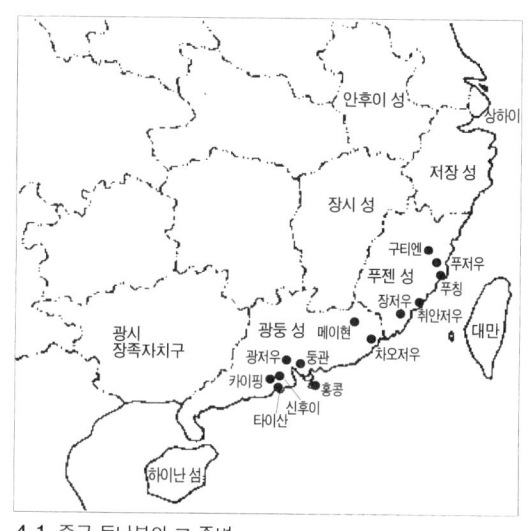

4-1 중국 동남부와 그 주변

어지기 전에는 이러한 종족에 '족산(族産)'이라는 공유재산이 존재했다. 족산은 제사를 비롯한 각종 종족 활동에 기반이 됐다. 1930년대 광둥 성의 총 경지면적 35퍼센트를 족산이 차지했다는 통계가 있다. 그러나 중국이 사회주의로 변모하면서 대부분의 족산이 해체됐다. 제사를 비롯한 종족의 활동은 미신이며 봉건적인 옛 관습이라는 이유로 금지됐다. 그러나 단수 및 소수의 부계 혈연집단이 하나의 촌락이나 지역사회를 구성하는 관습은 수많은 지역, 특히 농촌에서 맥을 유지했다. 그리고 개혁·개방정책에 따라 옛 관습이나 전통적 관념이 새롭게 조명되면서 종족을 재건하려는 움직임이 활발하게 일어났다.

왜 중국 동남부 연해 지역에 이러한 종족이 발달했을까? 여

기에 대해 역사학, 인류학, 사회학 등 다방면의 연구가들이 견해를 내놓았다. '쌀 이모작 고생산설(米二毛作高生産說)'도 그 가운데 하나다. 간단히 말해서 이 지역은 중국 북방 지역보다 기후가 온난해서 쌀의 이모작이 가능했다. 따라서 상대적으로 토지에서 거두는 생산량이 많았고, 이러한 잉여 생산 부분이 종족의 경제에 밑받침되어 종족이 발달할 수 있었다.

또 하나의 가설은 '동남 중국의 미개척(frontier)설'이다. 중국 동남부는 중국에서도 변경 지역에 속한다. 많은 농경지를 개간했던 부계 친족은 훗날 대규모의 종족으로 성장했다. 국가의 통제가 두루 미치지 않는 변경이다 보니 부계 친족이 스스로 땅을 개발하고 방위해야만 했고, 이것이 종족의 단결력을 강화하는 한 요인이 되었다고 주장한다.

그런가 하면 종족 발달의 직접 원인은 위의 두 가설이 아니라는 설도 있다. 이 설에 따르면 지역 개발은 오히려 토지와 자원의 부족을 가져왔다고 한다. 이로 인해 지역사회가 심한 갈등을 겪게 됐고, 자신들의 토지와 권익을 보호하기 위해 단결력이 강한 친족 조직이 생겨났다는 것이다. 또한 이민족(異民族)이나 도적의 표적이 되기 쉬웠던 초기의 개척 상황에서는 혼성 성씨로 집단을 구성하여 스스로를 방위하는 집단이 단일 성씨 집단보다 더 많았다고 한다. 또한 동성 혈연자들의 단결이 빠르게 진행되었던 시기는 개발이 한참 진행된 후라고 했다.

그러나 이러한 가설들은 모두 농업생산을 바탕으로 한다. 근대 이전의 중국 사회에서 농업이 생산에 커다란 비중을 차지했고, 중국 동남부의 종족 대부분이 농촌을 거점으로 삼은 것은 사실이다. 그러나 농업생산이나 생산의 기반인 농경지 개발만이 종족 형성의 초석이 되지는 않았다. 농경 이외의 경제적 요인, 나아가 문화적·사회적 요인을 함께 고려하지 않으면 안 된다.

실제로 중국에서 종족이 가장 발달한 푸젠과 광둥의 양성 지역(兩省地域)은 이른바 화교의 고향으로 잘 알려져 있다. 이 지역 출신자들이 바다를 건너 동남아시아나 미국 등 세계 곳곳으로 진출했기 때문이다. 시기적으로 보아도 중국인의 해외 도항이 활발했던 명말(明末. 16~17세기) 이후는 이 지역에서 종족의 형성과 발달이 본격화했던 시기와 일치한다. 또한 화교의 대량 출국이 시작된 19세기 후반은 광둥 지역 등에서 종족이 널리 보급되던 시기와 일치한다. 화교를 단순히 중국에서 살 길이 막막하여 '버려진 백성'으로 생각해서는 안 된다. 경제적인 부와 외국 문물, 그밖에 수많은 것들이 화교를 통해 다시 고향으로 유입되었기 때문이다.

물론 종족이 발달한 양성 전역이 화교의 고향, 곧 화교 모촌 지역(華僑母村地域)은 아니다. 대표적인 모촌 지역을 꼽는다면 푸젠에서는 남부 연안 지방인 취안저우(泉州)와 장저우(漳州) 주변(민난 지역(閩南閩)), 푸저우의 주변 지역인 구티엔(古田) 등을 들 수 있다. 광둥에서는 동부의 차오저우(潮州)와 메이 현

(梅縣) 지역(한장 강(韓江) 유역 지역), 중부의 주장 강(珠江) 델타 지역인 카이핑(開平)과 타이산(台山) 등을 들 수 있다. 그러나 대표적인 화교 모촌 지역은 아니더라도, 그 주변 지역들은 화교를 통해 유입되는 경제적·문화적 영향을 간접적으로 받고 있다. 전체적으로 보았을 때, 명말 이후의 푸젠·광둥 지역 사회는 바다를 건너간 사람과 물건, 금의 흐름으로부터 영향을 받아 지방 특색을 형성했다고 해도 과언이 아니다. 이곳의 특색 중 하나인 종족 발달도 그러한 관점에서 보아야 한다.

2. 종족, 씨에도우(械鬪), 화교의 해외 돈벌기

앞에서 대표적인 화교 모촌 지역으로 민난, 한장 강 유역, 주장 강 델타를 거론했다. 화교·화인의 대다수는 많은 사람들이 출국했던 청말 이후에 바다를 건너 해외로 간 사람들과 그 자손들이다. 화교 송출 역사에서 푸젠은 광둥을 조금 앞선다. 특히 남송 이후부터 해외 무역의 거점으로 떠오른 취안저우를 포함한 민난에서는 명나라 말기에 이미 동남아시아 방면으로 떠난 해외 도항자가 상당수에 달했다. 그런가 하면 광둥 동부의 한장 강 유역에서는 19세기 전반에 이미 차오저우 인이 태국에 진출했고, 메이 현에서도 루오팡보(羅芳伯)처럼 18세기 후반에 바다를 건너간 사람들이 있었다. 광둥 중부의 주장 강 델타 지역은 18세기 중반에 외국 무역을 위해 광저우가 개항을 한 후로 그 영향을 받긴 했지만, 본격적으로 화교 송출을 시작한 때는 아편전쟁 후, 그러니까 19세기 후반부터다.

이렇듯 주요 화교 모촌 지역 사이에서도 화교 송출 시기는 조금씩 다르다. 일반

4-2 중국 중부·남부의 영역(macro region)(1820년 전후)(Leong 1997:22, Map 1.1에서 가공작성)

적으로 푸젠 쪽은 지세가 험하고 인구밀도가 높은데 비해, 광둥 쪽은 토지가 넓고 비옥하여 과잉 인구의 발생이 늦어졌기 때문이다. 이러한 일반론을 더욱 치밀하게 분석하여 중국사의 역동성을 새롭게 파악하고자 했던 사람이 바로 미국의 인류학자 스키너(G. W. Skinner)다.

스키너는 중국 전체를 성(省)으로 구분하던 종래의 방법과 달리 수계(水系)나 산지와 같은 지형에 따라 몇 개의 '큰 영역(macro region)'으로 재구성했다(4-2). 그리고 각각의 영역은 사회적·경제적 활동에서 어느 정도 독립성을 지니며, 동시에

역사적으로 발전과 정체의 독특한 흐름을 지닌다고 주장했다. 다시 말해, 중국은 거대하기 때문에 자연재해나 전란으로 한 지역이 황폐해진다고 해서 다른 지역도 마찬가지로 황폐해진다고 볼 수 없다는 주장이다. 남송(南宋)과 1930~1940년대의 중국을 떠올려보면 쉽게 이해할 수 있다. 남송은 화북 지방이 이민족의 침입으로 혼란을 겪을 당시 강남으로 천도하여 번영을 누렸다. 또 1930~1940년대는 일본이 중국을 침략했던 시기다. 당시 중국은 화북에서 화남에 이르는 주요 연해 지역을 일본에 빼앗겼다. 그러나 쓰촨(四川)이나 산시(陝西), 윈난(雲南) 등의 내륙 지역에서는 항일 전쟁이 계속됐다.

이 장에서 우리가 문제 삼는 화교 송출 지역, 푸젠과 광둥으로 되돌아 가보자. 두 지역은 중국의 동남쪽에 치우쳐 있고 동남아시아 방면으로 바닷길이 활짝 열려 있다는 공통점이 있다. 그러나 스키너는 이 지역을 두 개의 영역으로 구분했다. 푸젠 성에서 광둥 동부의 한장 강 유역까지와, 북쪽으로 이웃한 저장 성 남부를 포함한 지역을 합쳐 '동남연해(東南沿海) 영역'으로 구분했다. 그리고 광둥 중부에서 광시(廣西)와 하이난 섬(海南島)을 합쳐 '링난(嶺南) 영역'으로 구분했다. 동남연해 영역은 창장 강(長江) 하류의 평야와 주장 강 델타 평야의 중간에 놓여 있다. 이 영역은 지형이 험하고, 한장 강, 주룽 강(九龍江), 민장 강(閩江), 오우장 강(甌江)과 같은 중간 규모의 하천 유역이 들어차 있다. 한편, '링난 영역'은 주장 강을 형성하는 시장 강(西

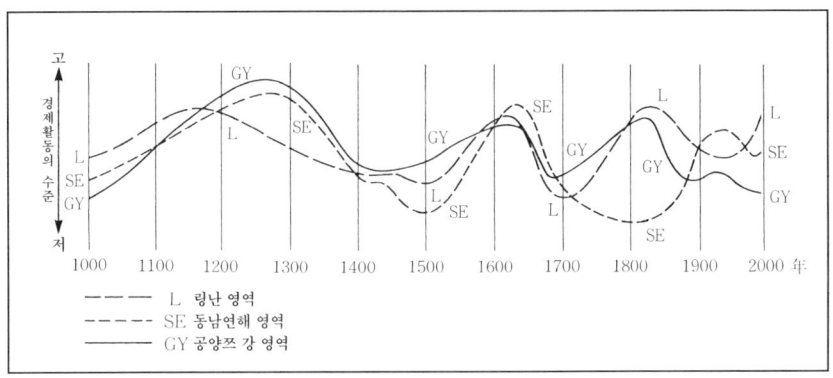

4-3 링난, 동남연해, 공양쯔 강의 발전 주기(1000-1995년)(Leong 1997:42, Fig 2.1에서 가공 작성)

江), 베이장 강(北江), 둥장 강(東江) 유역과 그 주변 지역으로 이루어져 있다.

스키너에 따르면 '동남연해'와 '링난' 영역은 역사적으로 발전과 정체의 흐름이 각기 다르다고 한다(4-3). 왜냐하면 각 영역의 경제적 중심지인 항만 도시 취안저우와 광저우의 성쇠(盛衰)가 다르고, 겪었던 전란과 반란이 다르며, 경제 개발이 진행된 정도가 다른 등의 여러 요인이 종합적으로 얽혀 있기 때문이다. 스키너는 화교들이 해외로 도항한 이유가 생활고를 피하기 위해서라는 '푸시(push) 요인'만으로 해석하지 않았다. 물론 이러한 요인도 있겠지만, 개인의 야망을 성취하기 위해 모촌 지역을 떠나는 경우가 더 많았다고 보았다.

청대에 이들 지역의 발전과 정체의 정도가 총체적으로 어떠했는가를 그림 4-3을 통해 살펴보자. 두 영역 사이에 커다란 차이가 있음을 알 수 있다. 푸젠에서 광둥 동부·한장 강 유역에 이르는 동남연해 영역은 17세기 초부터 19세기 초에 걸쳐 오랫동안 정체기를 겪었다. 한편 이웃한 링난 영역은 18세기에서 19세기 초까지 발전기에 있다가 19세기 중반에 들어 하강기를 그렸다. 앞서 중요 화교 모촌 지역인 민난, 한장 강 유역, 주장 강 델타 지역에서 화교를 송출한 시기가 각각 다르다고 했다. 그런데 스키너가 말한 영역 발전 주기의 위상 차이와 이 시기가 완전히 겹친다는 사실을 알 수 있다.

스키너가 말한 영역의 발전·정체 주기가 사실이라면 이러한 주기의 변동은 개인의 사회생활에도 큰 영향을 끼쳤음이 틀림없다. 그렇다면 화교를 포함한 인구 이동의 유형은 물론이고, 모촌 지역에 남은 사람들의 생활에도 분명 커다란 영향을 끼쳤을 것이다. 따라서 이들 지역에서 조직된 종족의 형성과 발전은 이 주기의 변동과 밀접히 관련되었으리라 추측된다.

사실 종족조직의 형성과 발전이라고 간단하게 설명했지만 여기에는 다양한 형태와 단계가 존재한다. 어떤 종족의 족보를 보면 마치 고대부터 종족으로서 통합을 유지해온 듯한 느낌이 든다. 그러나 실제로 사당을 만들고 족보를 편찬했던 연대를 따져보았을 때 명대 후기는 상당히 오래된 편에 속하고, 대부분 청대에 들어 조직적으로 통합되었음을 알 수 있다.

광둥 지역의 경우, 특히 홍콩 신지에(新界) 지역의 종족을 예로 들어보자. 이곳 종족을 분석해보면 종족이 형성된 시기는 크게 두 시기로 나뉜다. 하나는 17세기 말부터 18세기고, 다른 하나는 19세기 중반 이후다. 전자에 형성된 종족은 나름대로 명문(名門)에 속하는 일족이다. 다른 먼 곳에 사는 동성(同姓) 명문가와 연합하여 현(縣)의 중심지나 광저우 등에 공통 선조의 제사를 지낼 사당을 짓거나 공통 족보를 편찬했던 모습을 볼 수 있다. 이에 비해 청대 말기 무렵에 형성된 종족은 좀더 다른 양상을 나타낸다. 그들은 광범위한 연대(連帶)를 추구하기보다 자기가 속한 마을 집단의 결속력을 강화했다. 이들 집단의 목적은 공유지인 토지재산을 더욱 확실하게 보전하는 일이었다. 또 이웃에 사는 이성(異姓) 및 동성 종족과 무력을 이용한 세력 다툼을 반복했다.

이러한 주민 상호간의 무력 전쟁을 '씨에도우(械鬪)'라 한다.(씨에도우는 꼭 무력전쟁만을 가리키지는 않는다. 일반적으로 흉기나 무기를 가지고 싸우는 행위를 '씨에도우'라 한다-역주) 특히 명말에서 청대에 중국 동남쪽 연해 지역에서 많이 일어났다고 한다. 씨에도우는 단순한 맨주먹 싸움이 아니다. 농기구, 칼, 총, 때에 따라서는 대포를 사용하는 무력 전쟁이었고, 수많은 사상자를 낳기도 했다. 그런데 주장 강 델타 서쪽의 타이산 지역에서는 씨에도우가 종족간의 다툼으로 끝나지 않았다. 서로 다른 방언을 사용하는 두 집단, 곧 광둥 인과 커지아(客家)가 대립하여 상대편 마을을 불태우거나 학살했다. 두 집단의 씨에도우는 심지어 '칭지에(淸界)'라는 일종의 '민족정화(民族淨化)'로 번지기도 했다.

주장 강 델타와 홍콩 지역을 아우르는 광둥 중부에서 씨에도우가 격화(激化)된 때는 19세기 중반이었다. 이 시기는 종족 형성의 절정기이기도 했다. 스키너가 제시한 링난 영역의 발전 주기로 이야기해 보면, 이 시기는 정체기에 들어가는 시점이다. 즉, 지역 전체의 사회활동과 경제활동이 모두 하강기로 들어가 지역 내부에서 토지나 상업의 권익을 둘러싸고 경쟁이 심해졌다. 따라서 자원이나 권익을 보전하기 위해 부계 혈연집단이 강력하게 조직됐음을 짐작할 수 있다.

그런가 하면 민난에서는 명 말의 사회적 혼란기에 종족 결속과 무기를 사용한 자기방어가 하나의 풍습으로 굳어졌다. 특히 청대에 들어서는 종족 간의 씨에도우가 자주 일어나게 된다. 이러한 현상은 '동남연해 영역'의 명 말부터 청대 중기에 이르는 장기적인 쇠퇴 국면과 일치한다. 사회 정체로 인해 지역 내의 경쟁이 격렬해지면서 단결력이 강한 촌락 밀착형 종족이 형성되었다고 볼 수 있다. 민난 지역이 다른 지역에 비해 단일 성씨의 구성 비율이 높은 이유도 오랜 기간에 걸친 씨에도우의 영향이 아닐까 싶다.

이렇듯 민난과 광둥 중부를 비교해 보면 종족의 형성·발전 시기, 종족간의 씨에도우 격화 시기에도 시간차(timelag. 경제 활동에 어떤 자극이 주어졌을 때, 이에 대한 반응이 나타나기까지의 시간적 지체, 시차-역주)가 있음을 알 수 있다. 또한 이것이 동남연해와 링난 영역의 발전 주기와 중복한다는 사실도 이해할 수 있다.

그런데 씨에도우에서 한 가지 놓칠 수 없는 사실은 씨에도우의 자금을 마련하기 위해 해외로 나간 사람들의 원조가 있다는 점이다. 이들의 원조는 종족을 조직하는 데 큰 역할을 했다. 19세기 중반, 호콩 신지에 서쪽 지역에서는 덩(鄧)씨 명문 일족과 그 소작인이었던 신흥 중소 종족의 연합체가 씨에도우에 한창이었다. 당시 중소 종족 연합체가 캘리포니아나 하와이로 건너간 사람들에게서 기부금을 걷은 사실은 이 지역 사당의 비문을 통해 확인할 수 있다. 또한 주장 강 델타 서부에서 광둥 인과 커지아의 씨에도우가 큰 규모로 진행되었을 때 홍콩 상인들의 자금 원조가 중요한 역할을 차지했다. 따라서 해외에서 보낸 기부금도 동원되었으리라 생각한다.

해외로 나간 화교, 종족 조직의 형성·발전, 지역사회 내의 경쟁 격화에 따른 씨에도우의 발생은 중국 동남부 지역에서, 영역의 하강국면이라는 공통된 사회 배경 안에서 서로 관련을 맺으며 일어난 현상으로 이해되어야 한다. 물론 해외 자금이 모든 종족의 원동력이 됐다거나, 모든 씨에도우의 자금이 됐다고 말할 수는 없지만, 부분적으로는 영향을 미쳤다는 사실을 간관해서는 안 된다.

3. 화교와 종족 조직의 변용

중국 동남부 지역인 푸젠과 광둥은 부계 혈연집단인 종족이 눈에 띄게 발달한 곳이며, 화교의 주요 모촌 지역이기도 하다. '화교'와 '종족의 형성·발전'이라는 두 가지 현상이 청대에 들어 어느 정도까지 관련을 맺었는가에 대해서는 충분한 논의가 이루어지지 않았다. 예전에는, 종족은 일족 중에 과거(科擧)에 합격한 자를 배출한 사대부 계층이 형성한 조직이고, 화교는 먹고 살기가 힘든 하층민이란 선입관이 있었다. 때문에 청대의 종족 형성기까지 거슬러 올라가 양자를 적극적으로 결부시키고자 했던 연구자가 드물었다. 그러나 본래 양자는 이 지역이 겪은 일련의 사회·문화적 변화 속에서 종합적으로 이해되어야 하는 성격의 문제다.

한편, 모촌의 종족 조직 및 부계 혈연관계와 근·현대의 화교 현상에 대해서는 많은 연구가 이루어졌다. 가령 천다(陳達. Chen ta)는 1930년대에 민난 및 차오저우의 화교 모촌을 대상으로 실지 조사를 실시했다. 이 연구를 통해 천다는 화교가 보낸 돈이 사당의 건설이나 한 족속의 자제를 위한 학교를 짓는 데 쓰였으며, 화교 모촌의 가정이 대개 가부장적인 대가족이며, 제사나 부계혈연의 이념과 같은 전통적 관념을 보존하는 데에 적극적이었다고 지적했다. 1960년대 말에 홍콩 신지에의 이민 모촌인 신티엔(新田)을 조사한 왓슨(J. L. Watson)은 신티엔의 원

(文)씨 일족이 모두 영국으로 건너 가 돈을 버는 데 성공했지만 이들의 활동이 반드시 모촌 주민의 가치관을 변화시켰다고는 볼 수 없다고 했다. 왓슨은 영국에서 번 돈의 일부가 사당을 새로 짓고 고치는, 종족 활동의 활성화에 사용되었다고 지적했다.

청대에 조직을 확립한 종족이 근대에 들어 구성원의 해외 도항으로 새로운 활력을 얻었거나, 혹은 적어도 그 맥을 유지하는 데 성공했던 예는 얼마든지 찾아볼 수 있다. 구성원의 해외 도항으로 자금원을 확보했다는 점도 있지만, 해외에서 성공한 종족 일원이 고향에 남은 친족들의 소중함을 깨달아 종족 기구를 유지하고 확대하는 일에 적극적으로 나서게 됐다는 심리적인 과정도 무시할 수 없다. 왓슨은 이러한 과정을 '보수적 변화(保守的變化)'라 했다.

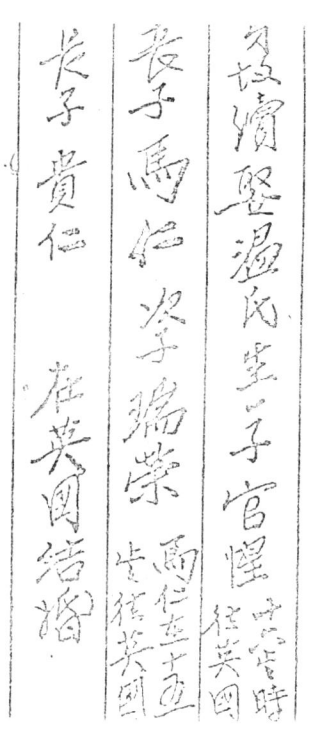

4-4 홍콩 신지에(新界)의 족보에 기록된 해외 화교 활동 기사. '十六歲時往英國' '在十五歲往英國' '在英國結婚' 이라 기록돼 있다.(차례대로 해석하면 다음과 같다. '열여섯 살에 영국에 가다' '열다섯 살에 영국에 가다' '영국에서 결혼하다' -역주)

또한 부계 혈연관계로 인해 해외에서 돈을 버는 일은 나아가 종족 단결의 중요성을 다시금 깨닫게 했다. 해외로 나가던 사람들 중에는 목적지에 도착하기도 전에, 혹은 목적지에서 행방

불명되어 돌아오지 못했던 사람도 많았다. 성공한 사람들의 처음에 품었던 목표는 모촌에 남아 있는 가족에게 돈을 부치거나 재산을 모아 금의환향하는 것이었다. 목적지에서 사업에 성공한 사람들은 고향에서 연고자(緣故者)를 불러들여 함께 사업을 확대하거나 유지하려는 경향이 강했다. 또한 성공한 사람들을 부러워하며 도항을 생각했던 사람들도 연고자가 있는 곳을 목적지로 선택했다.

주요 화교 모촌 지역인 중국 동남부는 이미 살펴본 바와 같이 촌락과 같은 지역 사회가 부계 혈연집단으로 형성된 경우가 많았다. 따라서 의존하려는 연고 관계 역시 부계 혈연관계인 경우가 많았다. 이러한 연고 관계에서 빚어진 연쇄이주(chain migration)는 사람들에게 부계 혈연관계의 중요성을 새롭게 인식시켰고, 나아가 부계 혈연조직의 활성화로 이어졌다고 추측할 수 있다. 농촌에서는 생활기반의 기초가 되는 토지를 공동으로 소유하고, 보호하는 일이 전통적으로 종족이 존재하는 이유였다. 그리고 해외 도항을 위해 연고를 제공하는 일도 종족이 존재하는 이유라고 할 수 있다.

그러나 해외 이주가 종족의 유지나 단결만을 촉진했다고 한다면 이는 너무나 단순한 생각이다. 앞서 언급한 대로 해외 도항은 혈연의 중요성을 다시금 깨닫게 하는 계기가 되었다. 그리고 모촌의 종족 활동을 위한 기부(寄附)는 성공한 해외 도항자가 자신의 부를 사회적 위신으로 나타낼 수 있게 한 중요한 기회가 되었다. 그러나 해외 도항자는 종족만을 위해 살지 않았다는 데 문제가 있다. 그들에게는 종족보다 더 가까운 가족이 더 중요한 관심의 대상이었다. 그리고 친족에게 자신의 부를 환원하는 것만으로도 성에 차지 않아 도로나 학교 건설 따위의 공적인 사업에 부를 쏟는 사람들도 있었으리라 생각된다.

사실 해외 도항자가 가족이나 친족들에게 먼저 부를 환원하는 경우, 부계 혈연자 전체의 단결보다는 오히려 분열을 일으켰다. 외부에서 바라본 화교 모촌은 빽빽하게 늘어서 있는 화려한 건물 때문에 마을 전체나 일족 전체가 번영을 자랑하는 것 같다. 모촌 내부로 들어가면 건물마다 앞을 다투며 부를 자랑하고 있어 성공한 가족과 그렇지 못한 가족 사이의 큰 격차를 나타내기도 한다.

예컨대, 홍콩과 광저우 사이에 위치한 둥관 시(東莞市)의 한 산간 지방은 높은 망루(望樓)를 갖춘 집이 무척 이색적인 곳이다. 20세기 전반에 화교가 자기 자신을 위해 망루를 지었다고 한다. 높이가 10미터에 달하기 때문에 멀리서도 쉽게 사람들의 시선을 사로잡는 망루들은 마치 마을을 대표하는 집처럼 우뚝 솟아 있다. 이런 망루가 몇 채나 늘어서 있는 마을은 성공한 화교 모촌임을 자랑하는 듯하다. 그러나 마을에 들어가서 이야기를 들어보면 망루는 마을이 아닌 가족 집단에 소속돼 있고, 망루를 가진 집과 그렇지 못한 집의 빈부격차가 매우 크다고 한다. 이렇듯 해외 도항은 종족을 단결시키는 요인이면서 동시에

4-5 광둥 성 카이핑 현(開平縣)의 화교 모촌에서 볼 수 있는 '포루(砲樓)'. 20세기 전반에 도적들로부터 가족을 보호하기 위해 세웠다. 건축물에 서양식 장식이 눈에 띈다.

분열을 촉진시키는 요인이기도 하다.

해외 도항이 동시에 종족의 단결과 분열에 관여했다는 실례로 홍콩 신지에의 작은 종족을 살펴보자. 이 일족은 홍콩 신지에의 서쪽에 있는 S마을에 사는 리(李) 씨 일족이다. 11가족에 인원수가 30명 안팎이다. 일단 사당과 조상의 묘, 그리고 공유지가 있긴 하지만 제대로 된 족보는 없다. 대형 명문 종족만을 연구하는 역사학자들이 본다면 종족이라고 부를 수도 없을 만큼 약소한 일족이다. 공유지로 약간의 토지를 가지고 있지만 일족 전체의 생활을 지탱시켜 주거나 타인에게 소작을 줄 정도의 크기는 아니다. 따라서 농업 생산의 기반이 되는 토지를 보유하고 보전하는 일이 종족을 형성하는 데 중요한 요소였다는 전통적인 종족상(像)에는 전혀 들어맞지 않는다.

리 씨 일족의 선조가 S촌에 정착했던 때는 19세기 전반으로 촌락이나 종족 간의 씨에도우 때문에 어지럽던 시기였다. 시조 부부와 두 명의 아들은 마치 식객처럼 S촌에 들어와 살았다. 19세기 말에 제3대, 제4대로 내려오자 이웃 마을에서 작은 장사를 하는 사람도 생기고 동남아시아에 나가 재산을 모은 사람도 생겼다. 이 일족은 19세기 말부터 20세기 초에 걸쳐 재산을 투자하여 사당을 짓고 시조의 묘를 보수했다. 그리고 마을의 가옥을 새로 지어 S촌 리 씨 일족을 작은 종족으로 통합했다. 따라서 청 말에 형성된 이 작은 종족은 조직의 형성하는 과정에 이미 해외 도항으로 얻어진 자금이 관여했음을 알 수 있다.

시조의 장남 계통의 자손들은 동남아시아 방면으로 진출하여 돈을 벌었고, 차남 계통의 자손들은 토지를 경작하거나 장사를 이어나갔다. 돈을 벌기 위해 해외로 나간 장남 계통은 처음 얼마간은 처자를 고향에 남겨 둔 채 해외에서 번 돈의 일부를 고향 땅을 구입하는 데 썼다. 그러나 1930년대의 제5세대로 내려오면서 장남 계통은 마을의 땅도 그대로 방치해 둔 채 대부분이 해외로 이주했다. 현재 마을에 남아 있는 장남 계통 자손은 두 가족 뿐이다. 이에 비해 차남 계통은 20세기 전반의 동남아시아 진출에는 그다지 관심을 보이지 않았다. 그저 마을을 기반으로 생활을 꾸려나갔을 뿐이다. 그러다 1960년대부터 제6세대를 중심으로 일부 자손이 영국으로 이주를 하기 시작했다. 결국 마을에는 노인과 아이들만 남았다. 심지어 가족 모두가 영국으로 건너가 사는 경우도 있었다. 영국으로 건너간 자손들 중에는 번 돈으로 마을에 큰 저택을 세우는 이도 있었지만, 종족의 공유재산과 제사는 기본적으로 마을에 남아있는 이들의 몫이었다.

S촌의 리 씨 종족처럼 청 말에 형성된 종족의 경우, 형성 시점에서 이미 해외 도항에 의한 자금이 들어왔다. 또 해외 도항에 대한 관심 정도가 마을에 자손을 남기느냐 그렇지 않느냐를 가르기도 했다. 해외 도항은 모촌의 종족조직을 형성하는 데 기여한 바가 크다. 그러나 이와 동시에 변화와 분화의 과정에도 깊이 관련돼 있다.

4. 종족의 부흥과 해외 이주자들의 공헌

1949년에 중화인민공화국이 성립된 이후, 중국 본토에서 종족은 봉건적인 옛 제도의 일부로써 비판의 대상이 됐다. 종족의 활동 기반이었던 공유지나 기타 재산도 없어졌거나, 이용할 수 없는 상태였다. 사당에 안치됐던 선조의 위패와 족보는 불에 태워졌고, 묘지는 경지정리를 위해 파헤쳐지거나 다른 데로 옮겨졌다. 또한 이 시기에는 해외와 왕래할 수 없었는데, 특히 반공정책을 채택한 나라와는 더욱 그랬다. 따라서 화교 모촌 지역에서도 연쇄 이주(chain migration)가 막히거나 끊어져 종족 활동에 대한 화교들의 헌신을 기대할 수 없었다.

문화대혁명(文化大革命. 1966년부터 76년까지 10년간 중국의 최고 지도자 마오쩌둥에 의해 주도된 극좌 사회주의 운동-역주)이 한창이던 무렵, 대부분의 사람들은 중국의 오랜 문물과 습관이 머지않아 사라질 거라고 예측했다. 영국의 유명한 인류학자이자 당시 종족 연구의 일인자였던 모리스 프리드만(Maurice Freedman) 역시 자신의 저서에서 토지개혁과 농업의 집단화 때문에 종족은 맥이 완전히 끊겼다고 딱 잘라 말했다. 그러나 약 4반세기의 휴면(休眠) 이후, 중국정부의 개혁·개방 노선이 실제의 효력을 거두기 시작한 1980년대 중반부터 종족의 부활이 빈번해지기 시작했다. 그리고 이러한 종족 부흥에 계기를 마련하고 실제로 커다란 추진력을 제공한 것이 바로 해외에 나가 있던 화교들이었다.

이러한 배경에는 중국정부의 정책 의도도 큰 몫을 담당했다. 개혁·개방정책을 추진했던 중국정부로서는 화교 자본을 푸젠·광둥의 경제특구와 그 주변에 끌어들이는 일이 실로 중요한 과제였다. 그 발판으로 재외 화교 및 홍콩 주민이 본토와 교류를 다시 시작해야 했고, 이 일은 홍콩 반환과 대만 통일을 위해서라도 반드시 필요한 절차였다. 당시 화교나 홍콩 주민의 '탄친(探親)', 즉 고향에 있는 친족 방문은 이러한 절차를 위해 가장 자연스럽고, 무리가 없는 구실이었다.

그 결과 80년대 초기부터 화교의 대대적인 모촌 방문이 실시됐다. 고향의 사당을 다시 짓거나 족보를 편찬하는 일에 막대한 자금이 쏟아졌다. 그 전까지 제사를 미신이라 비판하고 부계 혈연을 봉건적 요소라 비난하던 지방 간부들도 화교들의 이런 행동에 대해서는 비교적 관대한 자세를 취했다.

화교들은 고향의 종족을 부흥시키는 데 개인 자격으로만 힘을 쏟은 것은 아니었다. 중화인민공화국 성립에서 문화대혁명까지, 해외와 모촌의 관계가 약했던 시대에 홍콩, 동남아시아, 미국 등지에서는 같은 고향 출신이나 같은 성씨끼리 화교 조직을 결성했다. 같은 고향을 대표하는 조직은 '동향회(同鄕會)'였고, 같은 성씨를 대표하는 조직은 '종친회(宗親會)'였다. 화교들은 이러한 모임에서 고향에 대한 정보를 교환했다. 친척도 얼마 없는 타국 땅에서 서로 도우며 살 수 있게 해준 동향회와 종친회는 화교들의 안식처와 다름없었다. 물론 동향회는 현(縣)이나 주(州)를 단위로 모일 때가 많아서 수많은 성씨가 한 동향회를 이루기도 했다. 또한 종친회에는 직접적인 계보(系譜) 관계가 없는 사람들이 동성(同姓)이라는 이유만으로 모이기도 했다.

그러나 개중에는 특정 지역의 특정 마을을 단위로 한 동향회도 있었다. 그런 경우에는 동향회나 종친회가 실질적으로 단일 종족을 구성하기도 했다. 가령 요시하라 카즈오(吉原和男)의 연구에 따르면 주장 강 델타 서부 지역 출신자들이 홍콩을 거점으로 만든 동향회나 종친회 중에는 그러한 특정 촌락의 특정 종족으로 구성된 조직이 많았다고 한다. 그리고 이러한 재외 화교 조직은 개혁·개방정책에 따라 고향과의 유대 관계가 활발했고, 사당 부흥이나 족보 재편에 힘을 다했다.

이러한 움직임은 메이 현이나 차오저우 등의 화교 모촌 지역에서도 마찬가지였다. 그 결과, 각지의 화교 모촌 지역에서 무

4-6 홍콩의 친족이 보낸 기부금으로 보수한 사당의 벽면에 기부자 명단이 적혀있다. 광동 성 후이저우 시(惠州市) 근교.

너졌거나 한때 창고로 썼던 사당이 보수되어 제사를 지내는 본래의 기능을 되찾았다. 새로 옻칠한 벽면에는 "태국 종친 ○○만 바트 기부", "홍콩 종친 ××만 홍콩 달러 봉납" 따위의 기념패가 박혔다.

화교들에 의한 종족 부흥 활동이 광동에서만 볼 수 있는 현상은 아니었다. 푸젠의 민난 지역에서는 그 규모가 더욱 컸다. 이미 설명했듯이, 종족 형성의 역사 및 종족간의 씨에도우 역사가 오래된 민난 지역(그 중에서도 취안저우 주변)에서는 하나의 마을은 물론이고 하나의 향진(鄕鎭)이 단일 성씨로 구성된 경우도 많았다. 이곳은 또한 주요 화교 모촌 지역이기도 하여 종족 부흥 활동의 규모가 극히 커지는 경향이 있었다.

예컨대, 판훙리(潘宏立, 일본인인지, 중국인인지 정확하지 않아 일단 중국인으로 번역했습니다. 참고하시기 바랍니다-역주)가 최근에 보고한 연구 결과를 보면 취안저우 진지앙 현(晋江縣. 지금의 행정구분은 스스 시(石獅市))에 롱칭바샹(容卿八鄉)이라는 촌락 무리가 나온다. 이곳 주민은 약 8천 명 정도가 차이(蔡)라는 단일 성씨로 구성돼 있다. 그들은 14세기의 공통 시조에서 나뉘어져 지역 내의 각 촌락으로 흩어져 살다가, 청대에 많은 족산(族産)을 가진 강대한 종족을 형성했다. 그러나 이 종족 역시 1949년 이후에 부득이하게 해체되어 제사조차 지낼 수 없게 됐다. 그러다 1980년대에 종족 부흥이 왕성하게 일어나자 해외나 홍콩, 대만 등에서 살고 있던 친족들의 경제적 원조를 바탕으로 사당을 다시 짓고 족보를 재편하는 등 활발한 활동을 시작했다고 한다.

이 지역을 포함한 민난 지역은 1980년대 이후 경제가 눈에 띄게 발전했다. 따라서 화교 외에 고향이나 샤먼(廈門)에서 성공한 사업가들의 기부금과 일반 농민들의 기부금이 종족 부흥에 중요한 역할을 담당했다. 그러나 이곳에서 종족이 부흥할 수 있었던 계기는 역시 해외 거주자로부터의 경제적 도움과 선조를 중시하는 그들의 전통적 관념이었다. 이렇듯 화교 모촌 지역은 농업 집단화와 문화대혁명으로 완전한 휴면 상태에 빠졌다가 이 시기 동안 '대피' 해 있던 종족 이념이 개혁·개방정책 이후 역수입됨으로써 잠에서 깨어날 수 있게 됐다.

종족 부활 현상은 장시 성(江西省)이나 안후이 성(安徽省) 등, 중국 동남부의 화교 모촌 지역 이외에서도 얼마든지 찾아볼 수 있다. 이런 경우는 화교와 직접적인 관련은 없지만, 그와 유사한 외부 자극이 중요한 견인차 역할을 하고 있어 주목할 가치가 있다. 가령, 한민(韓敏)의 보고서를 보면 안후이 성 시아오 현(蕭縣) 리지아로우춘(李家樓村)이라는 마을 역시 1980년대 중반부터 종족의 부흥 운동이 일어났다고 한다. 1990년대 들어서는 시조의 묘를 재건하고 족보를 개편하는 종족 사업이 한창이었다. 화교 모촌 지역도 아니고 종족 출신자 중에 화교가 있는 것도 아니었다. 그러나 중화인민공화국 성립 당시에 국민당과 함께 대만으로 건너간 사람들이 개혁·개방정책 이후 고향인 안후이를 방문해서 성묘하는 모습을 본 본토 사람들이 자극을 받아 종족 부흥에 힘을 쏟게 됐다고 한다.

극단적으로 전통문화를 거부했던 토지개혁과 문화대혁명을 거친 종족 부흥 운동은 역사의 제자리 찾기, 혹은 노인 세대가 갖고 있는 노스탤지어(nostalgia. 고향을 몹시 그리워하는 마음. 또는 지난 시절에 대한 그리움-역주)의 발로임을 부정할 수 없다. 그러나 종족 부흥 운동은 단순히 이에 그치지 않는다. 현대인들의 사회 활동과 매우 밀착된 실리적인 요소를 가지고 있기 때문이다. 종족 부흥을 추진하는 화교 모촌 사람들 중에는 친족 관계로 끌어들인 화교 자금을 고향의 발전을 위해 사용하거나 자신의 사업 기반으로 사용하려는 기업가도 있다. 또한 그렇게까지 노골적인 실리주의는 아니더라도, 사회적 야심을 가진 중국인 중에서 종족 부흥을 위한 활동으로 먼 친족과의 유대 관계를 확인하고 개인적인 인맥을 넓혀나가는 일을 마다할 사람은 없다. 중국 사회에서 넓은 인맥은 사회적 위신과 직접 연결되기 때문이다. 또한 중국 문화에서 부계 혈연은 인맥을 확장하는 가장 자연스러운 구실로 명맥을 유지하고 있다.

중국 동남부 사회에서 종족은 아직 뿌리가 깊다. 특히 화교를 포함한 넓은 범위의 조직이 다시 형성되는 이유는 종족의 본래 기능, 즉 사람과 사람을 잇는 기능이 현대 사회에서 그대로 작용되기 때문이다. 종족의 기능이 농촌에서 다른 성씨와 싸워 자신들의 토지 자원을 지키는 데에만 국한되었다면 19세기 말, 혹은 적어도 20세기 초반에 이미 종족은 사라지고 말았을 것이다. 그러나 종족의 기능은 그보다 훨씬 유연하다. 바다를 넘나드는 그들만의 체제를 통해 종족은 새로운 시대에 새로운 의미를 가지고 또 한 세기를 이어가고 있다.

류큐 네트워크

마에히라 후사아키 眞榮平 房昭

최근 동아시아 해역에 관한 역사 연구는 국가와 민족을 초월하여 활동한 사람들의 역사에 집중돼 있다. 또한 다양한 시점에서 이에 관한 연구가 진행 중이다. '국경'을 넘은 이동과 교역이 빚어낸 조직 체계의 역사는 여러 민족의 긴장과 대립 속에서 전개되었다. 이 조직 체계는 일본, 중국, 한국 등 특정 국가의 영역을 넘어 자유롭게 활동했고, 민족도 다양하다.

예컨대 문헌에 등장하는 '왜인(倭人)'은 반드시 일본인만을 지칭하지 않는다. 동아시아 주변 지역의 사람들도 왜인에 섞여 있었다. 일본과 교류가 밀접했던 제주도의 어민들 중에서도 '왜복(倭服)'을 입고 '왜어(倭語)'를 쓰는 사람이 적지 않았다. 현대 '국적(國籍)'의 의미를 가지고는 이들의 실태를 충분히 파악할 수 없다. 국가나 민족이라는 틀을 상대화하면 환황해권에서 활동한 사람들은 그 경계를 살아가는 '주변인(marginal man)'으로서의 성격을 지닌다.

동아시아 해역에 등장한 '주변인' 중에서도 왜구는 특히 역사적으로 큰 의미를 갖는 해상 무장 세력으로 알려져 있다. 이 장에서는 15~16세기를 중심으로 '후기 왜구'에 초점을 맞춰 해적·인신매매·노비무역을 탐구하려고 한다.

해적 행위(piracy)란 무엇을 뜻할까? 역사적으로는 통상·무역의 일부이며, 때로는 국가의 지원을 받은 대외전쟁의 일부이다. 해적 행위의 성격은 다양하다. 서양사에서도 중세 유럽을 석권한 바이킹이나 엘리자베스 시대에 활동했던 유명한 드레이크(Francis Drake. 엘리자베스 1세 시대에 활동한 영국의 항해가·제독-역주)처럼 해적이라 불리던 세력이 각지에 존재했음을 유의해야 한다.

해적 행위는 오늘날에도 동남아시아 각지에서 발생하고 있다. 말라카 해협 주변에서 석유 유조선이 자주 습격당하자 필리핀·말레이시아·인도네시아에서는 국경을 초월한 공동경계망을 구축하며 해적을 단속하기 위해 제휴를 강화하고 있다. 또한 2000년 4월에는 동남아시아국가연합(ASEAN)과 중국 해상 경비 당국자들이 일본에서 '해적대책국제회의'를 개최하기도 했다.

국제연합(UN) 해양법 조약을 보면 공해(公海) 상에서 발생한 해적 행위에 대해서는 선박의 국적에 상관없이 단속할 수 있도록 돼 있다. 일본에서는 '국제수사공조법(國際搜査共助法)'이라는 국내법이 마련돼 있지만, 현행 제도에서는 외교 경로에 따른 수사 협력 요청이 필요하기 때문에 해적 행위에 대한 신속한 대응이 어려운 실정이다. 해적 행위 이외에도 마약 밀수, 밀입국 자와 같이 국경을 넘은 해양 범죄가 급증하는 것을 막기 위해 동남아시아 여러 나라와 일본은 새로운 협정을 체결하려는 방안을 검토 중이다. 이것이 21세기 초, 해적 문제를 둘러싼 국제사회의 현재 상황이다.

1. 동아시아 세계와 왜구

왜구와 해금

역사를 거슬러 올라가면 동아시아에서 왜구에 의한 해적의 역사는 '해금(海禁)'과 밀접한 관계를 맺고 있다. 해금이란 국가가 해외에 대한 교류를 엄격하게 관리하고, 민간인의 출입국이나 무역을 단속하는 정책을 말한다. 중국에서는 '하해통번지금(下海通蕃之禁)'의 약칭으로 쓰였으며, 명·청대를 중심으로 해금정책이 실시됐다. 일본의 '쇄국'도 기본적으로는 해금과 일맥상통한다.

해금령을 어기고 밀무역을 한 '왜구'는 일반적으로 합법적이지 않은 해적 집단으로 분류되었다. 그러나 그들의 입장에서 보면 '왜구'는 동아시아 국가간의 통상질서(책봉·조공체제)에 구애받지 않고 민간무역을 전개한 무리라고 할 수 있다. 그 내실(內實)은 시대에 따라 다르다.

왜구의 역사를 간단히 살펴보면 크게 두 시기로 나뉜다. 하나는 14세기 중반부터 15세기에 활동한 '전기 왜구'이다. 쓰시마(對馬)·이키(壹岐)·북부 쿠슈(北部九州)의 일본인을 중심으로 한 무장 세력을 말한다. 이들은 주로 한반도나 산둥(山東) 반도를 습격하여 식량을 약탈하고 사람을 납치했다. 또한 고려인이나 제주도 어민이 왜구 세력의 일부로 활동하기도 했다. 명·조선 왕조는 일본 측에 왜구를 진압해줄 것을 강하게 요청했고, 이와 동시에 명나라에서는 해금정책을, 조선에서는 왜구에 대한 회유책을 채택했다. 이로써 전기 왜구의 활동은 15세기 전반에 일단 진정되었다.

16세기에 중국 연안을 석권한 '후기 왜구'는 명나라 가정(嘉靖) 연간(1522~1566)에 가장 활발한 활동을 했기 때문에 가정의 대왜구(大倭寇)라 불리기도 한다. 대부분 중국인이며, 일본인이나 포르투갈 인도 섞여 있어 다민족 집단으로 치부하고 있다.

왜구의 생활환경과 풍토

16세기 전반, 저장(浙江) 총독은 왜구의 정황을 살피고자 정순공(鄭舜功)을 파견했다. 그가 쓴 《일본일감(日本一鑑)》은 명 말(明末) 중국인에 쓴 일본 연구서로 잘 알려져 있다. 이 책에서 정순공은 왜구의 근거지로 고토(五島)·히라도(平戶)·스오(周防) 등의 북부 규슈 연안과, 사쓰마(薩摩)·휴가(日向)·다네가 섬(種子島) 등 남부 규슈 연안 지역을 지적했다. 특히 사쓰마 반도의 여러 항구도(圖)가 자세히 묘사돼 있다. 그가 지적한 지역은 농경지가 적기 때문에 식량을 자급하기가 어려워 예부터 어업이나 교역을 통해 생활을 유지했다.

이러한 풍토 속에서 해적 활동이 거의 일상생활이 된 것에 대해, 포르투갈 인 선교사 루이스 프로이스는 그의 저서 《일본사(日本史)》에서 다음과 같이 이야기했다.

이 사쓰마 국(薩摩國)은 산지가 매우 많아 본디부터 빈곤하여 식료품의 보급을 (타국)에 의존하고 있었다. 이러한 곤궁을 피하기 위해 사람들은 오랫동안 바한(八幡)이라는 일종의 직업에 종사했다. 즉, 사람들은 중국의 연안이나 여러 지역으로 약탈을 위해 떠났으며, 그러한 목적에서 비록 크지는 않지만 능력에 따라 많은 배를 준비했다.

해적은 일본말로 바한(八幡)이라 하기도 하며, 바한 선(八幡船)은 "타국에 약탈하러 가는 도적"《일포사전(日葡辭典)》)을 의미했다. 왜구가 동아시아 각지에 엄청난 피해를 끼치고 있었음은 틀림없는 사실이다. 그러나 단순히 '악당'이라고 비난하기에는 그 본질을 충분히 이해할 수 없는 측면이 있다. 선교사 프로이

4-7 '왜구도권(倭寇圖卷)'(동경대학 사료편찬소 소장) 왜구가 상륙하는 장면. 앞쪽 배에 잡혀온 여자의 모습이 보인다.

스도 이야기했듯이 해적이 일종의 '직업'으로 존재할 수 있었던 이유는 그 바탕에 만성 같은 식량 부족과 빈곤이 깔려 있었기 때문이다.

중세에 왜구가 자주 출현했던 세토나이카이(瀨戶內海)나 규슈의 섬들은 이민을 발생시켰다. 또한 국경을 넘어 멀리 중국의 저장, 푸젠, 광둥 역시 화교 이민이 많이 배출된 곳으로, 예부터 해적이 발생했다는 역사적 공통성을 갖고 있다. 이러한 관점에서 동아시아 연해 지역의 생태환경 등을 서로 비교하며 더욱 깊이 연구할 필요가 있다.

은의 국제 유통과 왜구

동아시아 교역권이란 시점에서 살펴보면 왜구 활동은 국경을 넘은 세계적인 은 유통권과 관련이 있다. 16세기 이후, 스페인의 갈레온 무역(갈레온 선을 이용한 대양무역을 말함-역주)으로 태평양을 횡단한 신대륙의 풍부한 은은 필리핀의 마닐라 등을 거쳐 중국으로 흘러 들어갔다. 또한 왜구의 밀무역에 의해 다량의 일본 은이 중국으로 유입됐고, 조공무역을 통한 류큐의 '도당은(渡唐銀)' 역시 중국으로 흡수되는 은 유통망에서 벗어날 수 없었다.

16세기 후반에 해외에서 중국으로 유입된 은의 양은 이천백 톤에서 이천삼백 톤, 17세기 전반에는 오천 톤에 달한다. 이렇게 은이 대량으로 유입되면서 중국 사회는 '은(銀) 경제'로 전환하는 데 박차를 가했고, 이러한 경제 구조의 변화가 서서히 명나라의 해금정책을 흔들어놓게 됐다. 계속되는 은 유입의 압력이 해금정책의 벽을 무너뜨리려고 했던 시기에, 밀무역을 하던 왜구세력이 급성장했다.

일본과 명나라 사이의 주요 수출품이었던 은과 맞바꾸어 중국산 생사와 견직물 등이 다량으로 일본에 수입됐다. 대륙에서 100근당 은 50~60량의 생사를 일본에 운반하면 10배에 가까운 이익을 낼 수 있었다고 한다. 애초 견명선(遣明船)에 의한 강고무역(勘合貿易. 강고(勘合)는 일종의 도항증명서 또는 무역허가장으로, 견명선은 명으로부터 교부 받은 이 증표를 지참해야만 했다. 강고무역이란 막부가 대명무역의 독점권을 보장한 것으로 조공무역의 한 형태다-역주)과 밀접한 관계를 맺고 있던 생사무역의 이익은 그 쇠퇴와 함께 왜구와 포르투갈 인의 손에 넘어가게 됐다.

16세기 중반 이후, 국가간 교역 경로가 발달되면서 왜구의 성격을 띤 각종 해적 집단이 지역 교통의 주역으로 떠올랐다. 왕즈(王直)나 쉬하이(徐海)와 같은 중국인 해적이 활발하게 활동하던 시기가 바로 이 때다. 1543년, 다네가 섬에 표착하여 철포를 전수해준 포르투갈 인도 왕즈의 배에 타고 있었다고 한다.(1543년 남 규슈(南九州)의 다네가 섬에 커다란 중국선이 표착했는데, 중국인 와즈(王直)의 배였다. 영주인 다네가 섬 도키타카(種子島時堯)는 선객인 포르투갈 상인에게서 값비싼 총포(화승총) 2척을 구입하고, 가신에게 사용법과 제조법을 배우도록 했다-역주) 명나라가 강력하게 왜구를 진압하기 시작하자 저장을 도망 나온 왕즈는 나가사키의 고토에 근거지를 마련했다. 그리고 히라도에 저택을 짓고 살면서 푸젠과 광둥의 배들을 습격했다. 중국, 일본, 포르투갈 등의 해적은 닝보(寧波)와 가까운 저장 연해의 쌍위(雙嶼)나 푸젠의 위에강(月港)을 거점으로 군집하여 국제적인 밀무역을 전개했다.

이러한 상황을 그냥 방치할 수 없었던 명나라 조정은 저장순무(浙江巡撫) 주완(朱紈)에게 명을 내려 쌍위와 위에강을 습격하도록 했고, 왜구 세력은 큰 타격을 받았다. 그러나 이 일로 밀무역의 이익을 탐내는 연해 지역의 유력한 계층은 반발했다. 주완은 설 자리를 잃었고 큰 실의에 빠져 있다가 1550년에 독약을 먹고 자살했다.

왜구 세력과 류큐

14세기 후반부터 아시아 해양 무역에 편승한 류큐 왕국은 명나라와 맺은 책봉·조공관계를 이용해서 명의 산물을 일본, 조선, 동남아시아에 전매했다. 그리고 그 지역 특산물을 운반해 와 커다란 이익을 남겼다. 이러한 중계무역망을 통해 류큐가 급성장할 수 있었던 배경에는 명의 무역품을 거의 독점하고 입수할 수 있는 조공무역과 해금체제가 버티고 있었다. 그러나 왜구의 밀무역이 활발해짐에 따라 조공·해금체제는 뿌리가 흔들리기 시작했고, 류큐 왕국도 점차 번영의 빛을 잃어갔다.

16세기부터는 푸젠 해상(海商)들이 류큐에서 활발한 밀무역을 전개했다. 1542년, 해금령을 어기고 류큐에 내항한 푸젠 장저우(漳州)인 천꾸이(陳貴)와 그 일행은 조양선(潮陽船)과 무역의 이익을 다투다가 살상(殺傷)사건을 일으켰다. 류큐 국의 관리는 천꾸이와 그 일당을 잡아 화물은 몰수하고 사람은 푸저우로 송환했다(《명실록(明實錄)》가정 21년 5월 경자조(庚子條)).

당시 왜구 세력과 류큐 왕국은 동아시아무역의 이권을 둘러싸고 경합과 대립의 관계에 놓여 있었다. 류큐는 왜구의 습격에 대비하여 경계를 강화하고 각종 방위책을 마련했다. 1544년부터 슈리성을 에워싸는 동남쪽 성벽을 2중으로 쌓는 보강공사에 착수했고, 해적선의 침입에 대비하여 나하 항 입구에 군사

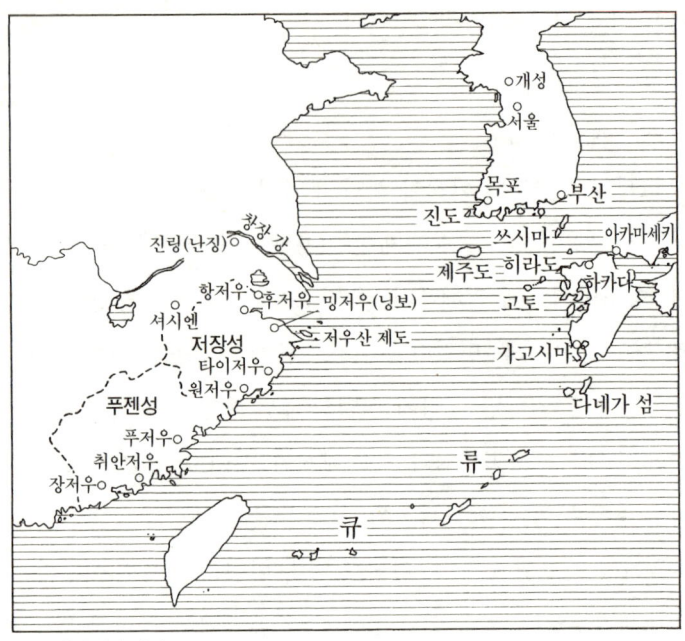

4-8 환지나해 지역도

적 방루(防壘)를 쌓았다. 1553년에 완성한 야라자모리 성(屋良座森城)은 항구의 건너편 기슭과 밖을 내다볼 수 있도록 활 쏘는 구멍이 설계돼 있고, 해적선으로 돌화살(대포)을 집중적으로 퍼부을 수 있는 시설이 마련돼 있다. 건너편 기슭에 축조된 미에 성(三重城)과 함께 "이들 남북의 포대는 강 입구에서 바다를 향해 쑥 내밀어져 있다. 그리고 돌로 축조된 긴 제방이 반 리(里) 정도 길게 이어져 있다"(《중산전신록(中山傳信錄)》제4권)고 했다.

당시 왜구가 푸젠 지방에서 저질렀던 악행은 《명실록》,《복주부지(福州府志)》,《주해도편(籌海圖編)》 등에 확실하게 기록돼 있다. 1557년, 왜구가 푸저우 근교의 마을들을 불태웠는데 맹렬하게 타오르는 불꽃이 푸저우 성(城) 안을 훤히 비추었다고 한다. 1559년에는 왜구가 푸저우 성밖에 대거 몰려들어 3개월 동안이나 성문을 걸어 잠가야 했다.

류큐는 왜구의 활동을 경계하여 해방(海防)체제를 강화했다. 1556년(가정 35년), 명나라 관헌에 패한 쉬하이의 잔당들이 류큐를 습격한 사건이 있었다. 당시 쇼모토 왕(尙元王)은 병사를 이끌고 쉬하이와 그 잔당들을 격퇴했으며, 그들에게서 구출한 중국인 6명은 본국으로 송환했다. 그러나 왜구는 계속해서 세력을 유지했다. 1561년에는 창장 강(長江) 하구 이남에서 푸젠 연해에 이르기까지 왜구가 각지를 습격하는 바람에 장난(江南), 푸젠, 광둥에서 방위군 20만 명을 동원한 일이 있었다. 명나라 황제에게서 류큐 국왕의 책봉을 명받은 꿔루린(郭汝霖)과 그 일행은 왜구를 두려워한 나머지 3년 동안 출항하지 못했다. 따라서 1562년까지 책봉이 연기될 정도로 사태는 매우 심각했다.

명은 해금령을 강화하여 밀무역을 엄히 단속했는데 이에 반발한 연해 주민은 1562년, 푸젠의 하이청 현(海澄縣) 위에 강(月港)을 중심으로 큰 규모의 반란을 일으켰다. 해금정책으로 생활에 어려움을 느낀 민간 상인, 어민, 염업민(鹽業民), 농민들의 불만이 폭발한 '위에강 24장(將)의 반란'이 바로 그것이다. 해금을 둘러싼 국가와 연해민의 대립이 얼마나 심각했는지를 잘 말해 주는 사건이라 하겠다.

2. 노비무역의 시대

왜구와 '피로인(被虜人)'의 매매

인간을 상품으로 취급하는 노비무역이 생겨난 배경에는 이민족과의 전쟁포로와 식민지 노비 이외에 또 한 가지 원인이 있다. 가재(家財)나 곡물의 비축이 충분하지 않았던 지역에서는 인간이 최대 수확물이었고 해적은 자신들의 수확물인 인간을 노비로 시장에 내다 팔았다. 해적·노비·인신매매는 구조적으로 깊은 연관을 맺고 있었던 셈이다.

동아시아 해역 세계에서 왜구가 맹위를 떨치게 되면서 '피로인(被虜人. 사로잡힌 사람)'의 매매 역시 성황을 이루게 됐다. 피로인의 송환을 통해 서(西)일본의 지역 세력은 명이나 조선과 통교(通交)관계를 맺었고. 영주들끼리는 일종의 유통망을 형성했다. 노비무역은 이렇게 국경을 넘은 인간의 약탈, 전매, 송환의 반복으로 생겨났다. 당시 피로인을 송환하면 공무역(公貿易)의 기회를 얻을 수도 있었기 때문에 그 이권을 노린 일부 해상들이 류큐 국왕의 사자(使者)를 사칭하여 피로인을 조선으로 송환하는 일도 있었다. 그 예로 쓰시마의 아소만(淺茅灣) 주변에 세력을 가진 소다(早田)라는 해상을 들 수 있는데, 그는 조선에서 쓰시마, 하카다, 류큐로 이어지는 길목에서 활동했다. 또한 표착민을 매입하는 일도 있었다. 1451년, 사쓰마와 류큐에 모두 속하는 사쓰난(薩南) 도카라(吐噶喇. 도카라는 사츠난 제도의 중앙부에 위치하는 화산 열도이다-역주)의 가자 섬(臥蛇島)에 조선인 4명이 표착했다. 당시 사쓰마와 류큐는 마치 이권을 나눠 가지듯이 조선인을 2명씩 매입했다고 한다.

류큐 왕국을 중계지로 한 피로인의 전매나 송환에 규슈의 해상들이 깊게 관여했다는 사실에서 "나하는 동아시아의 중요한 노비시장이었다"(다나카(田中), 1975년)고도 할 수 있다.

푸젠에서 일본을 거쳐 류쿠로 전매된 중국인의 예를 들어보자. 16세기 후반, 푸저우의 둥먼지에(東門街)에 사는 천송허(陳松鶴) 부부는 왜구의 우두머리에게 붙들려 도카라의 구치노 섬(口之島)에 연행됐다. 그곳에서 친미고자에몬(陳彌五左衛門)이라 개명한 후 류큐로 보내졌고, 구메 촌(久米村)에 영주했다고 한다(《陳姓家譜》). 또한 푸젠 순무 쉬푸위엔(許孚遠)의 기록을 보면 왜구가 데려간 저장·푸젠·광둥 사람들, 그러니까 고향에 돌아오지 못한 채 일본에서 성장하고 잡거(雜居)하는 자가 전국 66주(州) 가운데 약 10분의 3에 달한다고 했다. 일본 각지에 다수의 피로(被虜) 중국인이 있었음을 엿볼 수 있다.

이상 왜구에 의한 인신매매에 대해 알아봤는데, 여기에 포르투갈 상인이 관여한 노비무역도 빼놓을 수 없다.

포르투갈의 노비무역

대서양무역을 주도한 포르투갈 인이 아프리카 서해안에서 다수의 흑인노예를 남미 식민지 브라질 등에 전매하여 사탕수

수 재배의 노동력으로 혹사한 일은 이미 세계 역사상 잘 알려져 있는 사실이다. 그러나 16세기에 포르투갈 상인이 다수의 일본인 노예를 해외로 팔아넘긴 사실은 그리 잘 알려져 있지 않다. 포르투갈의 대항해 시대라고 하면 남만(南蠻)문화 등 화려한 이미지를 우선 떠올리게 된다. 휘황찬란한 역사의 뒷면에는 '노비무역'이 숨겨져 있다. 과연 '노비무역'이란 무엇이었는지 비참한 일면을 중국이나 일본과의 관계를 통해 알아보자.

중국산 비단과 금, 일본의 은 등을 교역한 포르투갈 상인에게 노예는 하나의 상품이나 다름없었다. 1562년 예수회 선교사의 보고에 따르면 사쓰마 보오노쓰(坊津)에 입항한 포르투갈배 안에는 중국에서 왜구에게 붙들려 포르투갈 인에게 팔린 수많은 여성들이 있었다고 한다. 《왜구도권(倭寇圖卷)》의 상륙장면에서도 여성 두 명이 묘사돼 있는데, 이들은 필시 붙잡혀온 사람들일 것이다. 노예 거래는 중국인뿐 아니라 일본인 노예도 함께 거래됐다. 포르투갈 국왕인 돈 세바스챤은 1571년에 일본인 노예무역을 금지하라는 칙령을 내렸으나 노예무역은 그 후로도 계속됐다. 마카오, 말라카, 고아 등 포르투갈 령 식민지 이외에 멀리 유럽, 남미의 멕시코, 브라질, 아르헨티나에까지 일본인 노예가 팔려나갔다고 한다.

1582년 로마에 파견된 덴쇼(天正) 소년사절단(천정견구사절(天正遣歐使節)이라 하며, 덴쇼(天正) 10년에 이토(伊東) 등 4명의 소년을 로마 교황으로 파견했다-역주)도 각지에서 일본인 노예가 살고 있는 모습을 목격했다. 그리고는 "우리 민족 가운데 저렇게 많은 남녀가, 그것도 어린 아이들까지 포함해서 세계 각 지역으로 저리도 싼 값에 팔려가 비참하고 천한 직업에 종사하는 것을 보고 연민의 정을 느끼지 않는 이가 어디 있을까"(《드 상드 천정견구사절기(天正遣歐使節記)》)하고 개탄했다. 1587년의 기록에는 포르투갈 배가 입항하는 고토·히라도·나가사키의 구로부네(黑舟)는 남녀에 상관없이 일본인 수백 명을 사들여 손발에 족쇄를 채우고, 배 밑에 처박아두면서 지옥과 같은 모진 고통을 주었다(《구주어동좌기(九州御動座記)》)고 하는 기술이 나오는데, 노비무역의 비참한 상황을 엿볼 수 있는 대목이다.

1587년, 도요토미 히데요시(豊臣秀吉)는 규슈를 통일한 직후에 하카다에서 일본 예수회의 총책임자 가스파르 코에료를 만나 "어째서 포르투갈 인은 이렇게도 열심히 개신교 선교에 야단인가, 그리고 왜 일본인을 노비로 사들여 배로 연행해 가는가?"라고 질문을 던졌다. 히데요시는 같은 해 6월 18일에 키리시탄(切支丹, 당시의 기독교-역주) 금지령을 내리면서 일본인 노예판매를 금지하고, 일본인을 '대당(大唐), 남만(南蠻), 고려(高麗)'에 팔아넘기는 행위는 위법이라고 못 박았다.

이리하여 포르투갈 인에 의한 일본인 노예판매는 어느 정도 금지됐으나, 중국인이나 조선인의 매매는 묵인된 채였다. 특히 1592년의 조선침략 이후에는 포로로 연행되어 온 많은 조선인들이 매매됐다. 또한 "류큐 인을 매입, 일본에 건너오는 것을 금지한다"는 법령이 발포된 사실은 1611년 시마즈(島津)의 가신들이 잇달아 서명한 '정십오개조(靖十五㑉)'를 통해 확인할 수 있다. 동아시아에서 맹위를 떨친 노예무역의 파도가 류큐에도 밀어닥쳐 적어도 17세기 초까지 계속됐음을 알 수 있다.

3. 근세 동아시아 국제관계와 해적문제

통일정권의 해적대책

일본은 명과의 강고무역을 부활시키기 위해 먼저 해적을 진압하여 '바다의 평화'를 회복시킬 필요가 있었다. 1588년, 도요토미 히데요시가 발포한 '바다의 가타나가리 령(刀狩令)'(가타나가리는 서민들의 무장을 강제로 해제한 정책을 말한다. 바다의 가타나가리 령이란 바다에서 칼, 즉 무기를 회수할 것을 명령했다는 뜻이다-역주)을 계기로 해적의 활동은 대부분 사라지게 됐다. 중세의 해적 무리는 통일정권 아래서 수군(水軍) 조직으로 편입되거나 스스로 다이묘(大名. 일본의 봉건영주-역주)로 전환하는 등 변모를 거듭했다.

17세기에 들어서자 근세 동아시아 국제질서를 바탕으로 도쿠가와 막부(德川幕府)는 히데요시의 조선침략으로 파국을 맞은 일명국교(日明國交)를 회복하기 위해 대명강고(對明勘合)의 부활을 요구했다. 1600년, 이에야스(家康)는 시마즈에게 일본에서 인질로 잡혀 있던 명나라 장군 마오꿔커(茅國科)를 송환하라는 명을 내렸고, 이를 받아들인 명나라는 푸젠에서 사쓰마로 매년 상선(商船) 두 척을 보내기로 했다.

그러나 1602년에 파견된 명나라 배가 이오 섬(硫黃島) 앞바다에서 해적에게 습격당하는 바람에 강고무역은 수포로 돌아가고 말았다. 당시 막부는 명나라와 교섭을 진행시키는 한편, 왜구 세력을 배제한 중국무역의 독점관리를 노리고 있었다. 앞서 이오 섬 앞바다에서 명나라 배를 습격한 범인은 상인 출신의 이타미 야스케시로(伊丹屋助四郎)라는 왜구 일당이었다. 막부의 무역독점에 불만을 품은 왜구가 상인과 손을 잡고 사츠마 경로의 일명(日明)무역을 교란시키지 않았나 싶다.

16세기 후반부터 왜구의 활동 범위가 황해 남부에서 필리핀 제도로 확대됐다. 1574년에는 리마본(林鳳)이 이끄는 선단(船團)이 마닐라를 습격하여 스페인 사람들을 공포에 휩싸이게 했다. 마닐라 대사교(大司敎, 가톨릭 대주교-역주) 미겔 데 베나비데스는 왜구에 대해 다음과 같이 기록했다. "일본인은 중국인보다 더욱 험악하고 싸우기를 즐긴다. 그들은 때때로 무력을 사용해서 이 나라를 위협하고, 약탈을 하기 위해 타고 온 자신들의 배로 이미 이 나라와 해안을 어지럽혀 놓았다."

해적 때문에 고심하던 필리핀으로부터 단속을 강화해 줄 것을 요구받은 도쿠가와 이에야스(德川家康)는 해적의 처벌과 함께 슈인센(朱印船) 제도의 확립 방침을 전했다. 정규 일본상선에게 오늘날의 여권과도 같은 슈인조(朱印狀)를 교부하고 이를 휴대하지 않은 배는 무역을 허락하지 않는 슈인센 제도가 확립되면서 왜구의 무역활동은 더욱 제한됐다.

네덜란드 배의 해적 활동

17세기 초, 아시아의 무역 시장을 둘러싼 유럽제국의 경쟁이 극심해지자 유럽인 끼리의 해적 사건이 빈번하게 일어났다. 포르투갈 세력에 대항하여 영국과 네덜란드는 영란(英蘭)방어동맹을 맺고, 포르투갈 배나 중국 배의 추적과 나포(拿捕)를 반복하면서 함께 항쟁을 전개했다.

당시 적대국에 대한 해적 행위는 정당한 임무로 간주됐다. 마카오와 나가사키를 잇는 항로에서 은이나 생사를 수송하는 포르투갈 배도 때때로 네덜란드 배에 약탈당했다. 1616년 5월에는 영국·네덜란드 배 두 척이 포르투갈 배와 우연히 만나 류큐 앞바다에서 교전을 벌였는데 배에서 도망친 몇 사람이 사츠마를 경유해서 나가사키로 되돌아왔다는 풍문을 히라도 영국 상관장(商館長) 리처드 콕스가 기록으로 남기기도 했다.

당시 히라도 네덜란드 상관이 취급하는 화물의 대부분은 해적에 의한 약탈품이었다. 1617년에 즈바르텐 레우 호가 파타니 반탄을 향해 싣고 가던 화물의 96퍼센트, 1618년에 아웨 존네 호가 실었던 화물의 62퍼센트가 '포획품(捕獲品)'이었다.

네덜란드의 해적 활동으로 골치를 앓고 있던 스페인 인, 포르투갈 인, 중국인은 1617년 9월 막부에 직접 상소를 올려 네덜란드 인을 일본에서 추방해 달라고 호소했다. 그러나 쇼군 히데타다(秀忠)는 외국 배의 문제점은 당사국끼리 해결하라면서 개입을 꺼려했다. 그 후로도 해적이 횡행했기 때문에 막부는 마침내 1621년에 "네덜란드 인, 영국인은 일본 근해에서 약탈행위를 해서는 안 된다"고 명을 내렸다. 해적금지령에 대해 히라도 네덜란드 상관장 스페크스는 다음과 같은 의견을 내놓았다.

일본에서 해적이라는 말은 매우 수치스러운 것으로 인식된다. 따라서 네덜란드 인의 행위가 해적 행위로 보고 되지 않도록 주의를 기울여야 한다. 또한 이 문제는 일본 상인의 이익과 무관하지 않으며, 막부는 포르투갈 인, 스페인 인에게 호의를 가지고 있는 것으로 보인다. 따라서 일본 근해에서 네덜란드 인의 약탈을 당하고 있는 그들이 일본의 영토 범위를 확장해주고 있는 듯하다. 나는 바다 위의 어디까지에 일본 법률의 재판권이 미치는지 명확한 경계를 나타내야 한다고 생각한다.

포르투갈 배나 스페인 배에 대한 약탈 행위가 일본인으로부터 '해적'이라 비난받는 것을 두려워하면서도 네덜란드 상관장은 막부의 해적금지령에는 불만을 품고 있었다. 일본의 '영해' 개념이 애매하여 외국배끼리의 해상 분쟁을 일본의 법률로 판가름할 수 있는 근거가 분명하지 않다고 의문을 나타냈기 때문이다. 막부가 해적금지령을 내린 이유는 쇼군이 지배하는 영토와 영해 안에서 어떠한 폭력도 인정할 수 없었고, 외국인에게도 이러한 쇼군의 권위를 확실하게 인식시키고 싶었기 때문이다. 즉, 쇼군 세력을 확립하기 위해서는 육상뿐 아니라 해상에서의 통치권이 필요했고 따라서 네덜란드 인에게도 해적금지령이 적용될 수밖에 없었다.

17세기의 동지나해 정세와 류큐

17세기 중반의 명청(明淸) 교체 이후, 대만을 거점으로 하는 쩡청공이 청에 계속해서 저항했기 때문에 황해남의 정세는 매우 불안정했다. '고쿠센야캇센(國姓爺合戰. 겐로쿠(元祿)시대의 대표적인 작가 지카마쓰 몬자에몬(近松門左衛門)의 작품-역주)의 모델로 일본에서도 잘 알려져 있는 쩡청공의 선단이 해상의 패권을 장악하여 상선을 습격했던 것이다. 1660~1670년대 대만을 둘러싸고 네덜란드 동인도 회사와 쩡청공 세력의 항쟁이 날이 갈수록 격해지자 중국의 푸젠 연해 지역과 대만 해협에서는 군사적 긴장이 고조됐다. 류큐 배 역시 이러한 위험에서 완전히 벗어날 수 없었다.

류큐 배는 쩡청공의 배와 똑같은 정크 선이었기 때문에 쉽게 분간이 되지 않아 네덜란드 배에게 공격당할 위험이 있었다. 이를 피하기 위해 류큐 배는 네덜란드 상관으로부터 통항(通航) 허가증과 '깃발'을 발부받았고, 만약의 사태를 대비하여 네덜란드 깃발을 내걸어야 했다. 먼 바다에서는 멀리 있는 배가 적군인지 아군인지 쉽게 식별하기 어렵다. 그래서 먼저 깃발을 내걸어 상대편의 나포와 포격을 피하고, 통항 허가증을 제시하여 분쟁을 피했던 것이다. 다시 말해 '바다에서의 안전 보장'을 목적으로 하는 독특한 해사관습(海事慣習)이라 할 수 있다.

막부의 해적금지령은 네덜란드 배의 활동에 어느 정도 효과를 발휘했다. 그러나 대만의 쩡청공은 막부의 금지령에 아랑곳하지 않고 계속해서 해적 행위를 일삼았다. 그렇다 보니 류큐가 청과 책봉 관계를 맺은 1663년 이후에는 류큐의 진공선이 자주 피해를 입었다. 청과 적대관계에 놓여 있는 쩡청공으로부터 공격 목표로 오인되어 좋든 싫든 명·청 교체 후의 해상 항쟁에 휩쓸리고 말았다.

1670년, 푸젠의 하이탕산(海塘山) 앞바다에서 습격을 당한 진공선은 적재 화물을 약탈당했고, 선원의 대다수가 살해됐다. 1673년에는 저장의 딩하이(定海) 방면에서 온 해적선 13척이 푸저우 앞바다에서 류큐 배 두 척을 습격했다. 3월 18일 새벽, 해적선은 일제히 징과 북을 울리고 함성을 지르며 활과 철포로 공격을 퍼붓기 시작했다. 류큐 배는 해적선의 공격을 막으며 간신히 우후먼(五虎門)으로 도망쳤지만 사망자는 5명, 부상자는 24명에 달했다.

이 소식을 들은 막부는 제재조치를 취했다. 류큐 배를 습격한 해적이 대만 쩡청공의 일당임을 밝혀내고, 이를 근거로 나가사키 부교(奉行. 주군의 명을 받드는 집행관-역주)가 은 300관을 배상하라고 명했던 것이다. 범인은 쩡청공의 장남인 쩡징(鄭經)이 이끄는 일당이었다. 이 해적사건은 세간에 널리 퍼지기 시작했다. 구마모토(熊本) 우토 호소카와(宇土細川) 번의 가신 앞으로 보낸 나가사키쵸(長崎町) 사람의 편지에는 "나가사키 부교는 대만에 연행된 류큐 인 6명의 반환을 명령했지만 아직 도착하지 않아 아마도 살해된 듯 하다"라는 내용이 적혀있다.

끝으로

국경이나 민족의 테두리를 넘어 사람들이나 물건이 서로 왕래하는 해역 세계에서는 다양한 교역 체제가 탄생했고, 해상무역의 이권을 둘러싸고 극심한 항쟁이 반복됐다.

명의 책봉관계를 기반으로 시작된 무로마치(室町)막부의 감고무역은 16세기경부터 왜구에 의한 사무역 발달로 점차 쇠퇴했다. 이는 류큐의 조공무역도 마찬가지였다. 해금령을 어긴 사무역은 국가의 무역독점에 대한 왜구 세력의 저항이며, 민간 상인의 필사적인 생존 전략이기도 했다. '북로남왜(北虜南倭. 명나라 때 북과 남으로부터 받은 외환(外患)에 대한 총칭-역주)라고 하듯이, 사무역의 담당자인 왜구의 대두가 명왕조의 쇠퇴를 초래한 하나의 요인이었음은 더 말할 필요도 없다.

16세기 후반, 동아시아 해역은 국가 권력의 통제가 미치지 않는, '왜구적 상황(倭寇的狀況)'이라고도 할 수 있는 질서변동기를 맞이했다. 이 속에서 왜구나 포르투갈 상인에 의한 인신매매, 노비무역이 횡행했다.

16세기 말부터 17세기 초에는 도요토미와 도쿠가와 정권이 바다의 질서회복과 일명 무역의 부활을 목표로 왜구진압을 강행했다. 근세 이후의 해적금지령을 둘러싼 활동을 요약해 보면, 1588년에 히데요시가 발포한 '해적금지령'을 계기로 왜구의 활동이 어느 정도 종식되면서 일본 근해의 해적이 점차 진정 국면을 맞이했다. 이는 일본 국내의 인신매매 금지정책과 연동하면서 전국시대의 종언을 고했다.

이 시기를 거쳐 동아시아의 '근세'가 시작되자 적어도 일본 근해만큼은 '바다의 평화'가 일시적으로 회복됐다. 그러나 해적 세력이 완전히 진압된 것은 아니었다. 17세기 초에는 아시아의 무역시장을 둘러싼 유럽 제국의 경쟁이 격해졌고, 네덜란드 배가 포르투갈 배나 중국 배 등을 습격하는 해적 행위가 빈번했다. 더욱이 대만을 둘러싼 네덜란드 동인도 회사와 쩡청공 세력의 항쟁이 격해지면서 17세기 후반은 황해 남부에서 국제 분쟁의 소용돌이가 휘몰아쳤다. 그리고 류큐 배도 어쩔 수 없이 이러한 분쟁에 휘말리고 말았다.

사진으로 읽는 바다

아시아 바다의 역사와 문화

고다마 후사코 兒玉房子

　오키나와를 방문한 사람은 바다의 아름다움과 독특한 생활양식, 예전부터 지켜져 내려온 문화에 매료되고 만다. 그리고 이 나라의 역사가 갖고 있는 특성을 생각해 보지 않을 수 없다.
　오키나와의 섬들은 수많은 전통 제사와 신사(神事)를 거행한다. 실제로 오키나와의 어디를 가보아도 선조에 대한 제사나 다양한 신앙을 나타내는 의식이 매우 일상적으로 치러지고 있음을 알 수 있다. 그 가운데 하나가 청명제(오키나와에서는 시미라고 한다)인데, 청명제는 음력 3월 초하룻날 묘 앞에 일족이 모여 손수 가지고 온 음식을 선조께 바치는 풍습이다.
　요미탄 촌(讀谷村)에 사는 친구가 토리이스테이션 기지(基地) 안에 있는 몇 군데 묘를 안내해 주었다. 널찍한 미군기지가 들어서기 전, 이곳에 묘지가 있었던 것은 물론이고 요미탄 촌 사람들이 생활을 꾸려나가는 터전이기도 했다. 평상시에는 비록 기지 안에 있는 논밭의 주인이라 할지라도 출입이 엄격하게 제한되지만, 이날만큼은 "시미예요"라는 말만으로 자유롭게 기지를 드나들 수 있다.

바다를 향해 만든 귀갑묘(龜甲墓)의 앞뜰에는 어느 집이나 할 것 없이 형제나 친척이 모두 모여 각각 찬합에 싸 가지고 온 음식을 묘 앞에서 먹고 마시며 담소를 나눈다. 특히 나이 드신 분들이 많은 묘소에는 그곳에 모여 있는 사람들과 느긋하게 시간을 공유하고 있는 듯한 느낌이 든다. 그렇지만 모두가 전통적인 음식을 싸 가지고 오는 것은 아니다. 프라이드 치킨에서 햄버거, 과자, 캔 맥주에 이르기까지 선조에게 바치는 음식은 매우 다양하다. 젊은 사람이 많은 가족이라면 일이 없는 시간에 몰려와서 서둘러 음식을 먹고는 재빨리 치우는 경우도 있다. 그래도 묘 앞에서 찬찬히 음식을 나눠 먹는 모습은 어느 집이나 마찬가지다. 이날 이곳은 되찾은 장소이기도 하면서, 귀갑묘의 긴 역사와 함께 살아 숨쉬고 있던 생활의 시간을 느낄 수 있는 장소이기도 하다.

중국은 예부터 내려오는 청명절(淸明節)에 묘제(墓祭)와 답청(踏靑. 청명절에 교외를 거닐며 자연을 즐기던 일-역주)을 했다고 한다. 답청은 문자 그대로 봄에 교외로 나가 푸른 풀을 밟으며 야산을 산책하는 일을 말한다. 일본에서도 3월 3일에는 들놀이를 하는 풍습이 있었다고 한다. 그러고 보니 어렸을 때 나라 현(奈良縣)에 있는 할아버지 댁에 갔던 일이 생각난다. 할아버지 댁에서는 3월 3일이면 명절이라면서 기노카와 강 상류의 모래밭에 모여 어느 집이나 할 것 없이 모두 초밥이나 도시락을 나눠 먹었다. 그것이 봄에 치르는 커다란 행사였다. 꼭 무엇을 하는 것도 아니고 단지 모두가 빙 둘러앉아 밥을 먹을 뿐이지만 평상시와 다르게 기분이 들떠 있던 어른들의 모습은 아직도 잊을 수가 없다.

시장은 그 나라의 생활문화를 한 눈에 알아볼 수 있는 곳이기 때문에 어느 나라든 어느 지방이든 여행할 때마다 빼놓지 않고 들르는 곳이다. 나하의 번화가인 국제거리(고쿠사이도리)에 발을 내딛기 시작하면 그 순간부터 오키나와의 다채로운 문화를 접할 수 있다.

국제거리에 인접한 마키시(牧志) 시장은 서울의 동대문시장, 타이페이의 야시장, 마라케슈의 시장, 파리의 무프타르 시장처럼 내게는 특히 흥미진진한 곳이다. 강한 햇살과 풍부한 바다의 혜택 속에서 자란 생선, 야채, 고기 등, 모든 먹을거리가 마치 자신의 존재를 강하게 주장하는 듯하여 시장은 신선한 색채로 넘쳐흐른다. 그리고 시장에서 일하는 사람들의 활기가 손님에게 그대로 전달돼 시장의 매력이 한층 깊게 다가온다.

돼지 머리가 진열된 정육점 앞에는 살결이 반들반들하고 얼굴이 둥글둥글한 아주머니가 사진기를 들고 몇 번이나 왔다 갔다 하는 내게 수상쩍은 눈초리를 보내기는커녕 오히려 수고한다는 위로의 말을 건넨다. 어떤 아주머니는 신선한 빛이 감도는 심해의 물고기를 들어올리고는 놀라는 손님을 바라보며 즐거워하기도 한다. 오키나와 특유의 기름으로 튀기는 과자를 맛보고는 재료도 신선하고 맛도 좋다며 칭찬을 하자 주인집 아주머니는 가게에 있던 있는 쓰보야야키(壺屋燒) 머그 컵을 건네줬다. 2층에 있는 식당 거리는 마을 사람들이나 멀리서 온 손님들 그리고 근처에 사는 할아버지, 할머니들이 끼니를 해결하기 위해 올라가는 곳이다. 나는 그 사람들의 모습을 바라보며 함께 마주보고 밥을 먹는 것이 좋아서 매일 내입에 딱 맞는 고야참푸르(고야는 우리말로 여지, 여주라 한다. 고야를 잘게 썰어 두부, 고기, 계란과 함께 볶는 요리. 오키나와 특선 요리-역주)를 먹으러 그곳에 들렀다.

 도자기를 굽는 쓰보야(壺屋)와 사쿠라자카(櫻坂)로 가기 위해서는 미로 같은 골목길을 통과해야 한다. 암시장이었던 그 골목길의 어느 길모퉁이를 돌고 있노라면 대만차(茶)를 파는 아저씨, 브라질에서 가져온 음료수를 파는 가게, 인도에 자주 다녀오는 옷감집 주인을 만날 수 있다. 그리고 무엇보다 이곳을 걷고 있을 때 느껴지는 개방감과 사람들로부터 반사돼 나오는 열기가 '아, 여기가 아시아의 시장이구나' 하는 느낌을 갖게 한다.

감수를 마치고

이미 출간된 바다의 아시아 시리즈 1, 2, 3, 4권에서 우리는 인도양, 동남아시아의 바다, 월리시아 다도해를 여행할 수 있었습니다. 이 책들에는 멀고 낯선 곳의 지명과 문화, 풍습, 자연 등이 나와서, 다소 생소한 감을 주었습니다. 그러나 바다의 아시아 5권 '국경을 넘는 네트워크'는 우리에게 한층 가까이 다가옵니다. 바로 한반도를 둘러싸고 있는 동해와 황해를 배경으로 우리 나라를 비롯한 중국, 일본의 이야기가 주로 수록되어 있기 때문입니다. 홍길동, 광개토대왕, 독도, 신안 유물 등 우리에게 친숙한 단어를 반갑게 만나볼 수도 있습니다.

동해는 우리 나라와 일본 사이에 명칭의 문제를 놓고 의견 차이가 있는 곳입니다. 우리는 기원전부터 한반도 동쪽에 있는 바다를 동해라고 불러왔습니다. 그러나 일본의 국력이 강해지기 시작했던 19세기말부터, 국제적으로 동해의 명칭이 일본해라고 더 많이 표기되기 시작했으며, 1928년 국제수로국(IHO)은 동해를 일본해로 표기한 해도를 만들었습니다. 우리 나라의 국력신장과 최근 동해의 이름을 되찾으려는 노력에 힘입어, 지금은 북태평양해양과학기구(PICES)를 비롯한 국제기구에서 동해와 일본해를 병기하고 있습니다. 우리는 강한 해군력을 바탕으로 세계의 바다를 주름잡았던 나라만이 강대국이 될 수 있었다는 것을 역사를 통해 알고 있습니다. 이 책에서도 19세기말 서양 열강의 힘에 시달리던 중국이 국력을 기르기 위해서는 바다를 지배하는 힘을 키울 필요가 있음을 깨닫기 시작하는 내용을 볼 수 있습니다. 우리가 바다를 잘 알고, 바다를 통해 세계로 뻗어나가는 힘을 길러야 하는 이유도 여기에 있다하겠습니다. 일본의 독도 영유권 주장도 결국 우리의 힘이 강해지면 자연스럽게 철회되리라 봅니다.

황해는 역사적으로 인적왕래와 물류이동이 빈번하던, 국경을 초월한 바다의 세계였습니다. 우리 나라와 중국, 일본 사이에도 이 바닷길을 통해 활발한 교역이 이루어졌습니다. 그러다 보니 황해의 바다 속에는 지금도 발굴의 손길을 기다리고 있는, 침몰 당시 생활상을 보여주는 타임캡슐인 침몰선이 많이 있을 것으로 생각됩니다. 그 예로 우리 나라에서도 1975년 어부의 그물에 걸려 올라온 청자가 계기가 되어, 1976년부터 신안 앞바다에서 대대적인 침몰선 인양작업이 진행되었습니다. 침몰선에서는 중국 원나라 시대의 도자기 2만여 점을 비롯하여 엄청난 숫자의 동전, 금속 및 목제품 유물 등이 인양되어, 약 700년 전 과거 생활을 엿볼 수 있는 귀중한 자료를 가질 수 있게 되었습니다.

한 점 미미한 존재로 바다에 떠있었던 적이 있는 사람이라면, 바다라는 광대한 자연 앞에 우리 자신이 얼마나 무기력한지 금세 느낄 수 있습니다. 그래서 바다에서는 많은 신앙이 싹텄고, 바닷길을 가기 위해서는 항해의 수호신이라도 만들어 위안을 받지 않을 수 없었을 것입니다. 이 책 속에서 이러한 바다의 신앙에 대한 재미있는 이야기를 만날 수 있습니다. 비록 책의 내용이 다른 동북아시아의 역사책에서도 읽을 수 있는 이야기이지만, 그러한 역사적 사실을 바다라는 배경을 가지고, 즉 바다의 패러다임에 맞추어 재조명하였다는데 이 책의 의의가 있습니다. 독자들은 이 책을 읽으며 역사의 바다를 탐험할 수 있을 것입니다.

한국해양연구원 해양자원연구본부
김웅서 박사

집필자 소개

하마시타 다케시(濱下武志) 1943년생. 근대 중국사. 도쿄대학 동양문화 연구소. 《근대중국의 국제적 계기》(東京大學出版會), 《홍콩》(筑摩書房), 《오키나와 입문》(筑摩書房)

모테기 도시오(茂木敏夫) 1959년생. 중국 근대 사상사. 도쿄여자대학 현대문학부. 《변용하는 근대 동아시아의 국제질서》(山川出版社), 《지역의 세계사 3》(共著, 山川出版社), 《이와나미(岩波)강좌 근대일본과 식민지 1》(共著, 岩波書店)

후루마야 다다오(古厩忠夫) 1941년생. 중국 근현대사. 니가타(新潟)대학 입문학부. 《우라니혼(裏日本)》(岩波書店), 《동북아시아의 재발견》(編著, 有信堂高文社), 《니가타 현(懸)의 백년(百年)》(共著, 山川出版社)

시라이시 다카시(白石隆) 1950년생. 동남아시아연구. 교토대학 동남아시아 연구센터. 《수카르노와 수하르토》(岩波書店), 《바다의 제국》(中央公論新社), 《인도네시아》(NTT出版), An Age in Motion(Cornell Univ. Press)

모리모토 아사코(森本朝子) 1934년생. 무역도자기사(貿易陶磁史). 후쿠오카(福岡)시교육위원회. 《당물천목(唐物天目)》(共著, 茶道資料館·푸젠청(福建省)박물관), 《하카타(博多)에서 출토된 고려·조선 도자기의 분류 시안(試案)》(共著,〈하카타연구회지(博多研究會誌)〉제8호), Vietnamese Ceramics(共著, Art Media Resources)

우라노 다츠오(浦野起央) 1933년생. 국제관계론. 니혼(日本)대학 법학부. 《남해제도(諸島) 국제분쟁사》(刀水書房), 《팔레스티나를 둘러싼 국제정치》(南窓社), 《현대의 혁명과 자결》(パピルス出版)

하루나 아키라(春名徹) 1935년생. 동아시아지역사. 쵸후(調布)학원단기대학. 《닛뽄 오토키치(音吉) 표류기》(晶文社), 《섬 민족, 섬 사람》(世界文化社), 《동아시아의 표류민 반환화제도의 성립》(《쵸후일본문화》4호, 1993년)

도미야마 가즈유키(豊見山和行) 1956년생. 류큐사(琉球史). 류큐대학 교육학부. 《새로운 류큐사상(像)》(共編, 榕樹社), 《중세일본 열도의 지역성》(共著, 名著出版), 《지역의 세계사 11》(共著, 山川出版社)

세가와 마사히사(瀬川昌久) 1957년생. 문화인류학. 도호쿠(東北)대학 동북아시아 연구센터. 《중국인의 촌락과 종교》(弘文堂), 《객가(客家)》(風響社), 《족보(族譜)》(風響社)

마에히라 후사아키(眞榮平房昭) 1956년생. 류큐·동아시아교류사(史). 고베(神戶)여학원대학 문학부.《근세일본의 해외정보》(共編, 岩田書院),《바쿠한(幕藩)체제 국가의 외교의례와 류큐》(《역사학연구》620호),《류큐왕국의 해산물무역》(《역사학연구》691호)

고다마 후사코(兒玉房子) 1945년생. 사진가.《사진집 クライテリア》(IPC),《천년후에는・도쿄》(現代書館)

조영화(曹永和) 1920년생. 동양사・대만사. 국립대만대학.《중국해양사론집》(聯經出版, 대만),《대만조기역사연구논집》(聯經出版, 대만)

무라이 쇼우스케(村井章介) 1949년생. 일본중세사. 동경대학대학원 인문사회계연구과.《중세왜인전》(岩波書房),《아시아 속의 중세일본》(校倉書房),《바다에서 본 전국일본》(筑摩書房)